长江设计文库

刘先进

专业模型驱动的数字孪生水利智慧管控关键技术研究与实践

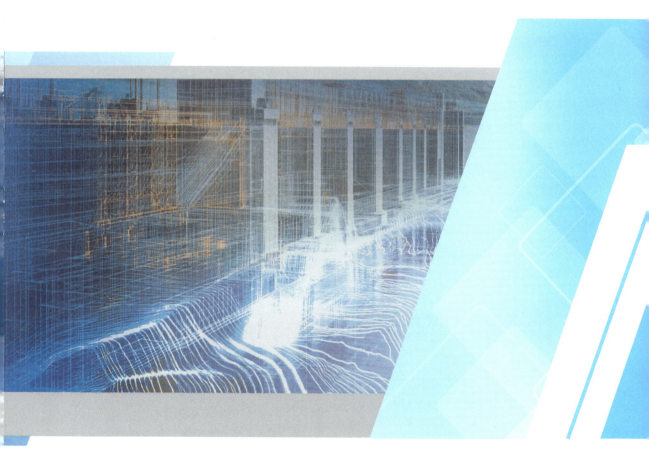

长江出版社

CHANGJIANG PRESS

图书在版编目（CIP）数据

专业模型驱动的数字孪生水利智慧管控关键技术研究与实践 /
刘先进，王帅，陈石磊著 . -- 武汉：长江出版社，2024. 11.
ISBN 978-7-5492-9921-8

Ⅰ．TV6-39

中国国家版本馆 CIP 数据核字第 2024KE9171 号

专业模型驱动的数字孪生水利智慧管控关键技术研究与实践

ZHUANYEMOXINGQUDONGDESHUZILUANSHENGSHUILIZHIHUIGUANKONGGUANJIANJISHUYANJIUYUSHIJIAN

刘先进　王帅　陈石磊　著

责任编辑：	李春雷	
装帧设计：	汪雪	
出版发行：	长江出版社	
地　　址：	武汉市江岸区解放大道 1863 号	
邮　　编：	430010	
网　　址：	https://www.cjpress.cn	
电　　话：	027-82926557（总编室）	
	027-82926806（市场营销部）	
经　　销：	各地新华书店	
印　　刷：	武汉盛世吉祥印务有限公司	
规　　格：	787mm×1092mm	
开　　本：	16	
印　　张：	24	
字　　数：	580 千字	
版　　次：	2024 年 11 月第 1 版	
印　　次：	2024 年 11 月第 1 次	
书　　号：	ISBN 978-7-5492-9921-8	
定　　价：	178.00 元	

前 言

PREFACE

　　数字孪生水利是发展水利新质生产力的重要标志,是实现水利现代化的关键举措,要继续坚定不移推动数字孪生水利建设,加快发展水利新质生产力,为推动水利高质量发展、保障我国水安全提供有力支撑。自2021年水利部作出系统部署以来,经过各级水利部门近3年来积极行动、科学规划、有力推动,我国数字孪生水利建设取得阶段性成效,已经由积极探索、先行先试进入全面深化和强化应用的新阶段。

　　长江信达软件技术(武汉)有限责任公司积极响应水利部关于数字孪生建设的号召,依托国家重点研发计划项目"流域变化环境下流域超标准洪水及其综合应对关键技术研究与示范"(项目编号:2018YFC1508000)、长江设计集团自主创新项目"面向农村水厂运行智能控制和管网智慧运维的数字孪生关键技术研究"(项目编号:SLKS3992)、"长江大保护智慧水务平台框架搭建及核心业务应用"(项目编号:CX2020Z34)及多个智慧水利生产项目,在长期研究与实践的基础上,形成了一套基于专业模型驱动的数字孪生水利解决方案。该方案综合运用云计算、物联网、大数据、人工智能、移动互联、数字孪生等先进技术,在整合共享各类数据资源,搭建智能物联感知、人工智能分析、水利专业模型、可视化仿真等基础能力平台的基础上,聚焦水资源、水灾害、水环境、水生态,以专业模型为核心、业务"四预"为主线,强力驱动灌区水资源、"互联网+农村供水"、长距离引调水、中小流域防洪、厂网河湖一体化调度的智慧化管控。方案成果在数字孪生西北口水库、都江堰渠首数字孪生平台、万州智水、宁夏水资源、鄂北调水等项目中成功应用,并取得了显著的社会效益与经济效益。

　　本书共分为10章。第1章介绍了数字孪生水利智慧管控平台的研究背景及发展现状;第2章阐述了平台的设计思路、技术路线与平台框架;第3章从数据资源、数据模型、数据加工、数据质检、数据更新等几个方面详细介绍了数字孪生水利数据底板的建设方案;第 4 章介绍了智能物联感知平台、人工智能分析平台、数据治理平台、水利专业模型平台、可视化仿真平台等数字孪生工程关键技术;第 5 章介绍了灌区来水预报、需水预测、水量优化配置、输配水模拟等关键技术与数字孪生灌区水资源智慧管控平台;第 6 章介绍了农村供水前端智能感知、管网运行诊断和运维保障等关键技术与"互联网＋农村供水"智慧管控平台;第 7 章介绍了活水调度、厂网河湖一体化调度等关键技术与长江大保护智慧水务管控平台;第 8 章介绍了短期降雨—径流集合滚动预报、调度预演、应急避险等关键技术与流域水旱灾害防御智慧管控平台;第 9 章介绍了长距离引调水工程智能化供水计划编制、渠道运行控制、调度模拟等关键技术及其智慧管控平台;第 10 章对本书的研究成果进行了总结和展望。

本书主编为刘先进,副主编为王帅、陈石磊,参编人员包括刘康、江山、韩锁、肖宏宇、杨刚、杨云龙、王源楠、申乾倩、李小静。第 1 章由刘先进、王帅、陈石磊、刘康、韩锁、杨刚、申乾倩撰写,第 2 章由刘先进、王帅、杨云龙、王源楠撰写;第 3 章由王帅、肖宏宇撰写;第 4 章由江山、陈石磊、肖宏宇撰写;第 5 章由王帅、申乾倩撰写;第 6 章由刘先进、韩锁撰写;第 7 章由刘康、刘先进、李小静撰写;第 8 章由陈石磊、杨云龙撰写;第 9 章由杨刚、王源楠、李小静撰写;第 10 章由刘先进撰写。全书由刘先进主持,具体由陈石磊组稿、统稿,王帅校稿,刘先进核准。

由于作者水平有限,编写时间仓促,书中难免有不足与缺陷之处,有些问题还有待进一步深入研究,敬请有关专家学者与广大读者给予批评指正,以利于本书今后进一步修改与完善。

作 者

2024 年 11 月

目 录

CONTENTS

第1章 绪 论

1.1 背景

党中央、国务院高度重视水利工作,习近平总书记提出"节水优先、空间均衡、系统治理、两手发力"治水思路;对推动长江经济带发展发表系列重要讲话,提出"把修复长江生态环境摆在压倒性位置,共抓大保护、不搞大开发";在黄河流域生态保护和高质量发展座谈会上提出"共同推进大保护、协同推进大治理,让黄河成为造福人民的幸福河",为新时代水安全保障和江河保护治理工作提供了思想武器和愿景目标;在推进南水北调后续工程高质量发展座谈会上,习近平总书记强调了国家水网建设的重要性,对"加快构建国家水网主骨架和大动脉"给予希冀,为推进南水北调后续工程高质量发展提供了根本遵循,为新时代治水指明了方向。

以习近平同志为核心的党中央高度重视网络安全和信息化,将信息化作为我国抢占新一轮发展制高点、构筑国际竞争新优势的契机。《中共中央关于制定国民经济和社会发展第十四个五年规划和2035年远景目标的建议》要求"坚定不移建设制造强国、质量强国、网络强国、数字中国"。《国家信息化发展战略纲要》强调"当今世界,信息技术创新日新月异,以数字化、网络化、智能化为特征的信息化浪潮蓬勃兴起。《中华人民共和国国民经济和社会发展第十四个五年规划和2035年远景目标纲要》明确提出"构建智慧水利体系,以流域为单元提升水情测报和智能调度能力"。智慧水利建设被提到前所未有的高度。

为了贯彻落实习近平总书记关于网络强国的重要思想和"十四五"规划纲要明确的"构建智慧水利体系"的要求,水利部高度重视智慧水利建设,提出智慧水利是新阶段水利高质量发展的最显著标志和六条实施路径之一。为加快推进智慧水利建设,推动新阶段水利高质量发展,水利部2021年先后出台了《关于大力推进智慧水利建设的指导意见》《智慧水利建设顶层设计》《"十四五"智慧水利建设规划》《"十四五"期间推进智慧水利建设实施方案》等政策文件,2022—2024年先后印发了《水利业务

"四预"基本技术要求(试行)》《数字孪生流域共建共享管理办法》《数字孪生流域建设技术大纲(试行)》《数字孪生水利工程建设技术导则》《数字孪生水网建设技术导则(试行)》《数字孪生农村供水工程建设技术指南》《数字孪生灌区建设技术指南(试行)》和《关于推进水库、水闸、蓄滞洪区运行管理数字孪生的指导意见》等指导性文件,并发布了《数字孪生流域数据底板地理空间数据规范(试行)》《数字孪生流域可视化模型规范》《数字孪生平台模型封装规范》等一系列技术规范文件,为新时期智慧水利和数字孪生建设厘清了技术路线。

经过多年的发展,智慧水利建设全面推进,各级水利部门网信综合体系不断完善,有力支撑了各项水利业务工作开展,提高了工作效率和现代化管理水平。水利信息基础设施明显改善,各级水利部门信息采集体系基本构建,水利业务网络基本实现多级联通,计算存储方面基本满足现有算力要求。数据资源分析利用不断深化,通过数据汇集、整合共享,基本构建了水利数据资源体系。业务应用建设全面推进,通过国家防汛抗旱指挥系统建设等工程的建设,各级水利部门构建了覆盖防汛、水资源、河湖长制、农村水利管理、水利工程建设与运行管理等业务领域的信息系统,支撑业务工作。水利网络安全体系不断加强,为水利网信发展提供了安全保障。

与国家信息化总体要求、其他行业信息化发展程度、水利改革发展需求、信息技术日新月异进步相比,智慧水利及数字孪生水利建设仍存在不少短板和薄弱环节。在感知采集方面,透彻感知覆盖范围和要素不全,距离构建天空地一体化的数字孪生智能感知体系还有一定差距。信息化基础设施"算力"难以满足大数据分析计算、流域洪水滚动预报计算、数字孪生场景分析计算等需要。在数据资源方面,数据整合共享程度不够,数据分析挖掘还需进一步提升。在业务应用方面,智能化水平不高,距离能够在物理水利及其影响区域的数字化映射中实现"四预"功能差距较大。

针对新发展阶段智慧水利及数字孪生水利建设中存在的问题,本书编写团队通过长期的研究与实践,形成了一套基于专业模型驱动的数字孪生水利解决方案。在数字孪生水利数据底板方面,通过整合、接入和新建相关数据资源,建立各类水利数据模型和数据资源目录,为数字孪生水利提供"算据"支撑。数字孪生工程方面,通过构建智能物联感知平台、人工智能分析平台和可视化仿真平台等内容,实现海量感知设备的统一接入管理和水利业务场景智能 AI 分析,并为数字孪生场景构建提供支撑。数字孪生灌区方面,针对水资源管控的"来水预报、需水预测、水量优化配置、输配水过程分析模拟"全业务流程,基于数字孪生场景构建相关水利专业模型和"四预"智能管控平台。在农村供水方面,通过前端智能感知监测,结合供水管网分析诊断和多场景智能 AI 分析等关键技术,辅助水厂运行管理,提高管理效率。在长距离引调水工程管理方面,通过构建基于数字孪生场景的智慧管控平台,实现供水计划编制、渠道运行控制、调度过程模拟的全过程动态预演。流域水旱灾害防御与应急管控方面,结合短期降雨—径流集合滚动预报、防洪调度高保真高效率预演等技术,基于数字孪生场景实现水旱灾害防御的"四预"管理。厂网河湖一体化调度方面,结合活水调度模型、厂网河湖一体化调度模型等关键技术实现基于数字孪生情景的厂、站、网的运行情况分析模拟,辅助科学指挥调度。

1.2 国内外发展现状

1.2.1 数字孪生灌区水资源智慧管控

在探讨如何更高效、智能地管理灌区水资源时,数字孪生技术作为一种前沿的信息化手段,正逐步成为国内外研究的热点。通过构建与现实世界相对应的虚拟模型,结合先进的模型算法和数据分析方法,为灌区水资源的智慧管控提供了全新的解决方案。灌区水资源管控的模型算法业务主要集中在来水预报、需水预测、水资源优化配置和渠系输配水等方面,通过建设数字孪生灌区水资源智慧管控平台,实现对灌区水资源的全面感知和精准调控。

灌区水源来水预报的难点在于如何解决中长期来水预报及缺乏资料的小型水源的来水预报问题。通常采用物理成因分析方法、数理统计方法、机器学习智能算法、基于数值天气预报的综合预报方法等多种方法进行中长期水文预报,2009 年,张俊采用基于蚁群算法的支持向量机长期水文预报模型解决了福建安砂水电站月径流的长期预报问题。2023 年,许晶晶将长短时记忆网络 LSTM 与 Prophet 模型等耦合,建立了径流预测模型,可利用降雨、温度、大气环流等因素对径流量进行预测。对于缺少入库径流观测资料的供水水库,通常采用水文比拟等方法计算来水量。2023年,王刚等采用降雨径流系数法、水文比拟法解决了大江洞水库的来水计算和兴利调节计算问题。

随着水资源日益紧缺和农业高效节水需求的不断提升,灌区水资源优化配置和渠系输配水优化调控成为研究的热点。一直以来,国内外众多学者都投身于田间需水及输配水模型算法研究中,人工智能模型与传统物理模型相结合是近年热点。遗传算法、粒子群算法、模拟退火算法等都是常见的用于预测灌域来水、田间作物需水及求解最佳输配水方案的智能优化算法。Kennedy 和 Eberhart 在传统粒子群算法(PSO)的基础上改进并提出离散二进制粒子群算法(BPSO),用于优化离散空间约束问题;农翕智等基于布谷鸟优化算法对灌区渠系输配水水量进行了优化调控模型研究,实现了减少配水时间、均匀稳定配水流量和降低输水渗漏损失的目标。孟玮、何淑林等将神经网络用于求解作物需水量,DALIBOR Petkovic、冯禹等利用遗传算法计算田间蒸腾发量。通过众多研究可以看出,将人工智能技术与传统物理计算相融合,是达成模型便捷应用并追求更优解的卓越途径。

随着信息化技术的快速发展,国内众多灌区利用物联网、大数据、云计算等技术建设水资源调度智能管控平台,主流的平台建设思路是通过前端感知设备实时采集和监测灌区的各类数据,包括降雨、蒸发、土壤墒情、水情等数据,并对数据进行处理、分析和可视化展示。其中基于传统水利模型结合视频 AI 识别、深度学习等技术构建高精度的作物需水模型、水资源配置模型、输配水过程模拟模型、实时调度模型是实现水资源调度管控平台智能化的重要手段。董增川等将多目标优化算法与水资源调度相结合,提出了多目标时变决策模型,用于优化多目标场景下水资源调度策略。柴福鑫等根据实时调度原理及农业水资源配置特点,建立了分层耦合的水资源实时优化调度模型并集成水资源调度智能管控平台。国外在灌区水资源调度管控平台的技术研发方面起步较早,拥有较为成熟的技术体系和管理经验,相比于国内,其智能化水平更高,不仅实现了对水资源的实时监测和调度,还融入了生态环保、气候变化等多元因素,形成了一套综合性的水资源管理体系。Heshmati 等提出了一种综合调度模型,用于提高水资源的利用效率。

综上,数字孪生灌区水资源智慧管控平台的建设,是将传统水利模型与深度学习等计算机技术结合,是推动灌区管控平台朝着智能化迈进的重要手段。而模型又需要结合典型应用区特点增加其实用性,让其服务于灌区,实现灌区现代化的"顶层设计"。

1.2.2 "互联网＋农村供水"智慧管控

农村饮水安全工程是脱贫攻坚工作的重要任务,关系到广大农村群众健康福祉,历来是中央和各地方政府重点关注的重大民生问题。2021 年 8 月,水利部等 9 部门印发的《关于做好农村供水保障工作的指导意见》明确指出,按照全面推进乡村振兴战略的要求,各地要按照"统一规划、持续提升,突出管理、完善机制,政府主导、两手发力,广泛参与、社会监督"的工作原则,完善农村供水设施。2021 年 11 月,水利部在北京召开农村供水规模化发展视频会,落实党中央、国务院决策部署,加快推进农村供水规模化发展,大力提升农村供水保障水平,全面支撑乡村振兴发展。要按照"需求牵引、应用至上、数字赋能、提升能力"的要求,逐步实现"四预",提升风险防范能力。在党中央的大力推动下,我国农村先后实施生命工程、农村饮水解困工程和农村饮水安全项目,形成了覆盖广泛的农村供水管网体系。随着近年来农村用水方式增多、新农村、小城镇等建设,人均用水量逐年增加,加之管道漏失等原因,在用水高峰或上游管道破坏维修期间,供水区停水现象严重,蓄水池调节能力不能满足实际用水需求。而且项目地区多为分散的农村,地形起伏较大,给供水管网的养护管理带来诸多不便。目前,完全依靠人工管理手段的方式,虽然投入了大量人力,但难以保证管网巡检的范围和频次。同时,乡村群众存在饮水服务信息获取及缴费不便等现实问题。由此可见,提升农村供水运维保障水平势在必行,而农村供水信息化无疑是其重要手段。

在前端感知方面,农村有别于城市环境,在农村进行互联网供水改造面临点多线长、地形起伏、高温多雨、供电不易、网络不稳等诸多困难。若RTU依赖自身集成电池实现长达几年的续航,可有效克服农村供水环境带来的诸多困难。目前国内外普遍使用具有低待机电流、高转化效率的进口电源芯片,配合带有休眠模式的进口MCU,实现几十微安的静态值守功耗,延长电池使用寿命。面对国外势力的技术竞争,我国芯片行业在巨大压力下飞速发展,定时芯片、低功耗逻辑芯片,以及ARM处理器都有了质和量的提升。当前国产芯片技术已经可以实现不依赖国外高性能芯片的低功耗待机以及远程唤醒方案。除芯片层面外,国产电池行业也已经走在世界前列,各种低自放电率、高能量密度的高性能电池层出不穷,可为智能感知设备提供稳定支持。在国内4G、5G网络全面覆盖,北斗卫星全面组网的大背景下,我国无线通信,尤其是物联网通信,具有极其良好的网络环境。因此我们有能力、有条件,研发新一代不依赖国外芯片、自持能力强、适应各种通信条件的前端感知设备。在供水诊断分析方面,农村供水工程点多、线长、面广的特点突出,与城市供水形成显著差异,也带来了跑冒滴漏严重、运行管理困难等现实问题。在城市供水水量预测方面,黄传连等提出利用时间序列三角函数分析法进行用水量预测,体现了用水量增长趋势和周期性变化。丁祥等提出基于灰色马尔可夫模型的天津市供水总量预测,提高了对波动性较大序列的适应性。刘洪波等提出利用小波神经网络的方法对城市供水管网水量进行预测,提高了预测精度。农村集中供水的建设时间尚短,尤其是农村供水监测的实施近几年刚刚兴起,农村供水规律及用水量预测等相关研究仍处在起步阶段。在供水工程运维保障方面,国外一些发达国家研究起步较早,从二十世纪六七十年代就开始对供水系统计算机应用进行探索,如美国的费城、丹佛和加拿大的多伦多等城市,主要采用遥测设备将管网中控制点的压力、水厂出厂压力和出厂流量、水位、功率及温度等实际运行参数自动适时地传送到中心调度室,并对超常现象做出自动报警,以此作为管理人员调度操作的依据。

1.2.3 厂网河湖一体化调度智慧管控

随着城市化进程加快、信息技术产业的快速发展和用户体验式服务提高,水务行业的市场化、产业化程度正在加深,作为水务行业的重要环节——排水、污水处理以及客户服务,其原有的单一的粗放式管理模式已不能满足行业需求。智慧水务管理系统概念是在智慧城市的基础上延伸而来,时间较短,是以计算机、移动互联技术,以及大数据、云计算等信息手段为支撑,精准挖掘和集成水务企业日常运营管理的各类信息资源,通过系统对数据信息的采集、传输、存储、分析、决策和共享,实现水务企业运营管理的数字化、协同化、智慧化和决策的科学化,提升水务企业运营管理的效率和效益。宏观的智慧水务管理系统涵盖水务发展规划、标准,以及水利、水文、水资源、给排水、防洪应急等各个方面,连接智慧城市管理系统,为城市智慧化管理服务提供有效支撑。

进入 21 世纪,水务管理智慧化逐渐进入人们的视野,从单一系统到多系统集成、从单一数据运算到多维数据集合运算是这一时期的主要特征。国外早期智慧水务管理系统研究方向主要集中在单一系统方面,近年来,水务管理系统已逐渐由计算机辅助和业务技术支持走向系统化、多元化研究。Lee 等介绍了将信息与通信技术应用到智慧水务管理系统的方法,该系统在水量的配置上、数据的交换上、资产管理上和运行维护上相比传统水务管理具有明显优势。波兰学者 Lily 和 House-Peter 综述了城市水资源与环境的需求调度系统的研究现状,较多团队从调度的不确定性的量化和模型内各机理因素的耦合作用等层面开展蓄水模型和水文水动力调度系统研究,动态与城市水环境调度模型相结合。

国内智慧水务概念提出较晚,多数研究仍停留在水务管理信息化阶段,水务管理智慧化研究仍然较少。朱晓庆等认为解决智慧水务应用体系中的系统功能单一、系统孤岛、缺少统筹规划、多系统问题是智慧水务应用体系建设的核心,以服务对象和监管需求等为导向,在统一大数据资源中心的基础上,形成"1+3+N"(即 1 个大数据中心,专题业务、政务服务和工程管理 3 类业务,N 个智慧应用系统)的智慧水务应用架构是解决原有问题的关键。梁涛等认为构建覆盖供排水全过程是智慧水务的建设核心,其涵盖水量、水质、水压、水设施的信息采集、处理与控制体系,建设综合性城市运行管理数据库,实现多源信息整合和共享。吕建伟等认为智慧水务管理系统仍处于初级阶段,水务监测设施未全面覆盖、水务数据与整合不足、未新建办公系统、信息化决策支持程度低等问题是影响智慧水务发展的主要因素,规范标准化和监测体系建设、运维管理体系建设、水务基础设施网建设,以及指挥中心建设和智慧水务监测管理应用平台建设是完善智慧水务管理系统的重要手段。

综合国内外案例及经验来看,智慧水务的发展主要经历信息化、数字化、智慧化3个阶段。当前欧美很多发达国家已完成信息化和数字化阶段工作,正向智慧化迈进。相比之下,我国智慧水务还处在信息化、数字化起步阶段,呈现整体发展滞后、发展不均衡但加速发展的态势。各地现存水务信息化系统主要由部门条块根据自身的业务需求制定,标准各异,孤岛现象严重,尤其是涉及监测设备和仿真计算模型软件,大多依赖于国外产品与技术,尚未结合长江大保护水环境治理工作,建立起一套将水务业务与先进IT前沿技术进行深度融合的智慧水务科研体系、研究内容和实施路径。

1.2.4 流域水旱灾害防御与应急管控

在气候异常加剧背景下,我国洪涝灾害呈现出频率增加、影响范围增大、灾害影响程度加深的特征,洪涝灾害严重威胁人民的生命安全和制约国民经济发展。国家"十四五"规划纲要提出"构建智慧水利体系,以流域为单元提升水情测报和智能调度能力";水利部明确要以构建数字孪生流域为核心,按照"需求牵引、应用至上、数字赋能、提升能力"的要求,以数字化、网络化、智能化为主线,以数字化场景、智慧化模拟、精准化决策为路径,全面推进算据、算法、算力建设,强化"四预"(预报、预警、预演、预案)功能。数字孪生流域逐渐被认为是防洪减灾的重要工具,是智慧水利建设的关键和核心,基于数字孪生技术的数字孪生流域"四预"和各部门多跨协同是水灾害防御的重要举措,包括雨水情实时监测、洪涝高精度预报、水灾害高效预警、水工程调度多方案预演、最优调度方案制定、部门多跨协同抢险等。

近期,国内外都加大了数字孪生流域水旱灾害防御的研究力度。如丹麦建立了100m分辨率的水文信息模型,构建了数字孪生系统,可实现未来5～10d来水的模拟预测;我国在汉江流域、岷江流域(成都锦江段)、乐安河流域、浏阳河流域、黄河流域(三门峡—济南段)、曹娥江流域、谭江流域等诸多流域开展了数字孪生流域防洪建设,深入研究了流域地理空间要素二三维建模、专业模型驱动、可视化表达等数字孪生技术,以解决流域防洪"四预"业务的实际问题。基于对防洪业务的系统分析与梳理,仍有以下重难点问题亟待解决:

(1)流域洪水预报精度低、预见期短

洪水预报以监测、预报降雨为输入,基于水文模型对流域重要断面的径流过程进行预报,及时地发出洪水灾害预警、为减少洪灾损失争取宝贵时间。然而,由于降雨预报误差大、水文模型结构存在不确定性,流域洪水预报的精度低、预见期短,限制了洪水预报的使用价值。有研究表明,基于预报降雨后处理技术(如多源预报降雨集合—订正技术)改善预报降雨质量,可为水文模型提供更加可靠的数据输入;采用径流集合预报模型(如 BMA)对多个水文模型的径流预报成果进行集成,可减弱水文模型结构不确定性影响,提升径流预报的鲁棒性;利用径流误差校正模型(如 ARMA、AR-GARCH 等)对径流集合预报成果进行误差校正处理,可有效减小径流预报误差。

(2)小流域山洪灾害风险高、预警可靠性差

小流域(尤其是我国南部山区)山洪灾害风险高、破坏性强,及时有效的山洪预警对于保护人民生命财产安全至关重要。当前山洪灾害预警方式主要包括雨量预警、水位预警两种,其中,雨量预警因雨量站易于布设、监测而被广泛应用。在山洪灾害预警中,判断一个居民点是否会发生山洪灾害,最终都要归结为比较山洪沟关键断面洪水位与成灾水位的关系。雨量预警通过水文模型刻画由雨转为水的过程,将成灾水位转化为成灾雨量。然而,一方面,小流域山洪沟产汇流机制复杂、山洪骤涨骤落、突发性强,加之观测资料难获取,极难构建较准确的水文模型。与雨量预警相比,水位预警省去了由雨转化为水的过程,明确直接、可靠性更强。另一方面,山洪沟地势起伏大、水流流态极不平稳,河床狭窄,传统的水位监测设备(如雷达水位计、超声波水位计)不具备良好的安装监测条件。近年来,视频 AI 技术蓬勃发展,通过视频 AI 技术读取水尺读数,实现山洪沟洪水位与现场实况画面的实时监控,为山洪预警指引了新的方向。

(3)防洪决策多依赖经验、科学化程度不足

防洪决策具有动态性、多目标性、非线性的特点,这些特点使得管理者仅凭借过往经验进行防洪决策很难取得满意效果。为提高决策的科学化、精细化水平,基于调度推演模型(即防洪调度模型、一二维水动力推演模型)的预演方法被越来越广泛地研究与应用。该方法通过在数字孪生流域中对典型历史事件、设计、规划或未来预报场景下的防洪调度进行模拟仿真,正向预演出洪水风险形势和影响,逆向推演出水利工程安全运行限制条件,及时发现问题,迭代优化方案,制定洪水风险防御措施。作为防洪决策支撑方法的核心驱动,调度推演模型尽管已取得长足进步,但在预演场景下仍存在以下突出问题:

①防洪调度模型(包括常规防洪调度模拟模型、防洪优化调度模型)、一维水动力模型、二维水动力模型之间的耦合程度不足,难以协同考虑流域各洪水要素间的相互影响,预演仿真度低;

②二维水动力模型计算极为耗时,预演效率低,难以满足防洪决策的高时效要求。

(4)应急响应方式传统、效率低下

在洪水风险区,风险预警、避险转移等应急响应的实施工作一般由乡镇防指负责组织实施,实行乡镇干部包村、村干部包组、组长包户三级责任制,通过传统方式(电话、口头、鸣锣、现地喇叭喊话等)通知到风险人群,做好避险转移工作。但是,传统的应急避险方式存在通知效率低、应急响应慢、安置转移低效等问题,特别是在新的经济形势下,人员流动大,对以往基于户籍的人员转移方式提出了新的挑战。应急响应如何与日益发展的信息技术相结合,实现基于人群属性动态反馈驱动的应急避险值得深入研究。国内外该研究方向基本属于空白,大部分关于人群属性的研究都集中在纯粹的移动互联网应用场景中,极少见于洪水应急响应领域。基于位置服务的人群属性及电子围栏等分析技术和应用场景,具备应用于洪水风险区人群识别、预警与避险转移的可能性,是创新应急响应的重大科技应用。

综上,围绕预报预见期短、山洪预警可靠性差、防洪决策难、应急效率低等重难点问题,研发短期降雨—径流集合滚动预报、基于视频 AI 监测水位的山洪分级预警、防洪调度高保真高效率预演、基于 LBS 的应急避险等关键技术,并在此基础上搭建数字孪生中小流域防洪"四预"智慧管控平台,对于提升流域洪水防御能力意义重大。

1.2.5 长距离引调水工程智慧管控

我国水资源时空分布不均,用水形势严峻,水资源的可持续利用事关社会经济的长久发展,水资源优化调度、加强管理是缓解当前形势的重要举措。自 20 世纪 50 年代以来,我国先后建立了南水北调、引滦入津、引黄入晋、鄂北水资源配置工程等一大批长距离引水工程,长距离引水工程运行调度管理是水资源优化配置中的重要途径,是缓解水资源时空分布不均的重要举措,初步形成我国水资源"四横三纵,南北调配,东西互补"优化配置的总格局。

随着计算机和物联网技术的飞速发展,信息化水平的不断提高。目前,长距离引水工程的运行调度管理正处于信息化水平提升的发展阶段,调度管理平台经历了从无到有,从引进到自主研发,从部分工程应用到全面应用的过程。通过信息化的手段进行工程运行调度管理已经成为一种共识和必然趋势。长距离引水工程点多、线长、面广,运行调度管理难度较大,运行复杂,运行调度管理技术理念的先进与否直接关系到长距离引调水工程的社会经济效益。因此,考虑对长距离引调水工程集成更多先进技术,优化运行管理,实现现代化、数字化管理,保障工程高效安全运行一直是研究重点。宋立松等利用物联网、数据库等技术开发了基于二维 GIS 的浙东引水调度管理系统。张小博依托 GIS 技术对供水调度系统进一步优化设计,并利用 MapInfo 设计开发了基于 GIS 的城市供水调度平台。白秦涛依托 GIS 技术,结合动态仿真等技术手段进行了延安黄河引水工程管理调度系统总体架构与调度控制设计。陈翔等对南水北调中线工程应急调控与响应进行研究,开发了南水北调中线应急调控与应急响应系统。从上述研究来看,长距离引调水工程运行调度管理正在向信息化管理转变,运行调度管理平台主要为 C/S 架构模式,也开始逐渐从 C/S(Client/Server,客户端/服务器模式)架构向 B/S(Browser/Server,浏览器/服务器模式)架构转变,使得用户不再需要进行烦琐的软件配置与安装更新,降低了客户端的维护要求,极大地提高了用户体验和便捷性。

综上所述,长距离引水工程调度管理方面的研究大多侧重于常规引水工程运行管理信息化的实现,随着计算机、物联网、云计算、仿真分析、BIM+WebGIS 等新兴技术的飞速发展,在工程领域的应用不断深化,长距离引水工程的运行管理也需继续深入研究。长距离引水工程点多、面广、线长,长距离引水工程通常沿线连接建筑物较多,在输水过程中,倒虹吸、隧洞与明渠、渡槽等有压、无压流进行交替变化,运行调度管理难度较大,运行复杂,运行调度管理技术理念的先进与否直接关系到长距离引调水工程的社会经济效益。因此,考虑对长距离引调水工程集成更多先进技术,优化运行管理,实现现代化、数字化管理,保障工程高效安全运行一直是研究重点。实现运行管理过程业务数据集成可视化管理,提高运行管理工作效率。

1.3 本书主要内容

本书共包括 10 个章节,各章节主要内容如下:

第 1 章:绪论。介绍了数字孪生水利建设的研究背景及发展现状。

第 2 章:总体设计。阐述了基于专业模型驱动的数字孪生水利智慧管控平台设计的设计思路、技术路线、平台框架等内容。

第 3 章:数字孪生水利数据底板。本章从数据资源、数据模型、数据加工、数据质检和数据更新等几个关键方面对孪生水利中数据底板建设进行了详细阐述。

第 4 章:数字孪生工程关键技术。本章详细介绍了数字孪生工程建设中涉及的智能物联感知平台、人工智能分析平台、数据治理平台、水利专业模型平台、可视化仿真平台等关键技术。

第 5 章:数字孪生灌区水资源智慧管控。本章从灌区管理的来水预报、需水预测、水量优化配置、输配水模拟的业务处理全过程详细介绍了相关的关键技术，并详细阐述了水资源智慧管控平台构建的相关内容。

第6章："互联网＋农村供水"智慧管控。本章从前端智能感知、管网运行诊断、运维保障3个方面详细介绍了农村供水智慧管控中的关键技术。

第7章：厂网河湖一体化调度智慧管控。本章分别对活水调度、厂网河湖一体化调度及长江大保护智慧水务管控平台的系统架构、业务功能进行了详细阐述。

第8章：流域水旱灾害防御与应急管控。本章详细介绍了短期降雨—径流集合滚动预报、防洪调度高保真高效率预演、基于LBS的应急避险等关键技术，并对数字孪生流域水旱灾害防御智慧管控平台的系统架构及业务功能进行了详细介绍。

第9章：长距离引调水工程智慧管控。本章从引调水工程业务管理的供水计划编制、渠道运行控制、调度模拟3个方面详细介绍了业务流程、模型构建和应用实践，并详细阐述了长距离引调水工程智慧管控平台的系统架构及平台功能。

第10章：总结与展望。对本书的研究内容进行了总结和展望。

第 2 章　总体设计

2.1　设计思路

2.1.1　以业务"四预"为主线

水利部将推进智慧水利建设作为推进新阶段水利高质量发展的最显著标志和六条实施路径之一,提出要加快构建具有"四预"(预报、预警、预演、预案)功能的智慧水利体系。水利业务"四预"不仅是智慧水利建设的重要组成部分,也是数字孪生水利建设的出发点和落脚点,是检验数字孪生水利建设成果的重要标志。

基于专业模型驱动的数字孪生水利智慧管控平台,以水资源优化配置、水旱灾害防御、工程运行管理、农村供水、灌区管理、河湖管理等业务"四预"为主线开展设计,聚焦业务关键环节,确保风险提前发现、预警提前发布、方案提前制定、措施提前实施。

2.1.2　以数字孪生为建设抓手

数字孪生技术是以数字化方式创建物理实体的虚拟模型,借助数据模拟物理实体在现实环境中的行为,通过虚实交互反馈、数据融合分析、决策迭代优化等手段,为物理实体增加或扩展新的能力。数字孪生技术利用物联网、云计算、人工智能等多种科学技术的集合,构建高精度数字孪生场景,将物理世界和数字孪生世界进行相互映射,具有传统智慧水利手段所不具备的优势。

基于专业模型驱动的数字孪生水利智慧管控平台,以数字孪生技术为抓手,结合水利专业模型,支撑水资源优化配置、水旱灾害防御、工程运行管理、农村供水、灌区管理、河湖管理等业务场景实现智慧化模拟、精准化决策。

2.1.3　以共建共享为重要保障

经过多年的信息化建设,智慧水利建设已经具备了一定的基础,各级水利部门已经建设了一定规模的感知采集设备,构建了相关的基础业务应用系统,积累了部分数据资源。

基于专业模型驱动的数字孪生水利智慧管控平台对标最新的智慧水利及数字孪生水利建设要求,按照"整合已建、统筹在建、规范新建""横向到底、纵向到边"的思路,重点处理好与"上下、左右、前后"的关系,充分衔接各级已建的成果,打通数据共建共享的通道,重点提升智能化决策水平。

2.1.4 以水利管理为核心需求

"十四五"智慧水利建设规划提出要建设"2+N"项水利智能业务应用,要在重点业务、重点区域率先实现"四预"。"2"是指流域防洪、水资源管理与调配,"N"是指水利工程建设和运行管理、河湖长制及河湖管理、水土保持、农村水利水电、节水管理与服务、南水北调工程运行和监管、水行政执法、水利监督、水文管理、水利行政、水利公共服务等。

全国各地水利特点和业务管理痛点各不相同,数字孪生水利建设的重点不同。在开展数字孪生水利智慧管控平台的设计过程中,要充分结合当地水利特点及核心需求开展设计,围绕"2+N"业务体系中的核心业务打造数字孪生水利体系。

2.1.5 以重点先行为关键路径

全国各地水利信息化建设现状不一、水利特点不同、管理痛点存在差异。为满足各级水利管理部门提升水利业务管理智能化水平的需求,应以"急用先建,重点先行"为关键路径,快速提升能力,逐步推进数字孪生水利建设。采取先整合内外部涉水信息化资源,后补充建设相关数据底板;先构建统一的软件平台、模型平台、知识平台等,后基于业务需要扩展前端监测设备;先围绕防洪调度、灌溉调度、农村供水、工程安全运行管理等重点业务先行试点建设业务应用后续逐步推广至"2+N"项业务。

2.2 技术路线

基于专业模型驱动的数字孪生水利智慧管控平台,充分运用云计算、物联网、大数据、人工智能、数字孪生等相关技术进行构建。

2.2.1 云计算

云计算是一种基于网络的超级计算模式,基于用户的不同需求,提供所需计算资源、存储资源、网络资源等。数字孪生水利智慧管控平台充分利用云计算技术弹性扩容、资源共享、集中运维、容灾备份等方面的优势,通过自建或租用等方式,打造安全可靠、运行稳定、网络通畅的计算存储环境。云计算能够为专业模型驱动的数字孪生水利智慧管控平台提供强大的算力支撑。

2.2.2 物联网

物联网指通过信息传感设备，按约定的协议进行连接和信息交换、通信，以实现智能化识别、定位、跟踪、监管等功能。数字孪生水利智慧管控平台充分利用物联网技术，通过构建智能物联感知平台，实现前端建设的水位、流量、雨量、水质、视频监控、位移监测、变形监测等海量监测设备的统一接入管理，实现各类水利工程对象的全面动态监控，实时掌握工程及设备运行状态。

2.2.3 大数据

大数据技术是利用数据可视化技术、机器学习技术、统计学技术等一系列技术、方法和工具来获取、存储、处理、分析大规模数据集的总称。数字孪生水利智慧管控平台中数据分析处理量大、对数字可视化要求高，通过应用大数据技术实现水利专业模型的大规模并行计算、实现数字孪生场景的可视化呈现，从而支撑数字孪生水利数字化场景、智慧化模拟、精准化决策。

2.2.4 人工智能

人工智能(简称 AI)是研究、开发用于模拟、延伸和扩展人的智能的理论、方法、技术及应用系统的一门新的技术科学。数字孪生水利智慧管控平台将人工智能与水利视频监控结合，实现各类行为的主动识别分析；将知识图谱与水利知识、调度规则库等内容进行结合，实现水利知识智能问答辅助工程运行管理；将人工智能与遥感监测分析结合，实现河湖四乱等问题的分析预警。

2.2.5 移动互联网

移动互联网是移动通信和互联网融合的产物，继承了移动通信随时、随地、随身和互联网开放、分享、互动的优势。数字孪生水利智慧管控平台通过开发移动端App、微信公众号等方式，满足水利管理部门工作人员移动办公、移动巡检等需要，同时支持社会公众实现问题上报、便捷缴费等。

2.2.6 数字孪生

数字孪生技术指通过综合利用传感器、物联网、虚拟现实、人工智能等技术，对真实世界中物理对象的特征、行为、运行过程及性能进行描述与建模的方法。数字孪生水利智慧管控平台基于水利业务需要,将数字孪生场景与水利专业模型集合,实现各类业务场景的动态分析、仿真模拟,从而实现水利对象物理实体与数字实体的相互映射,实时反映物理实体的状态和行为。

2.3 平台框架

基于专业模型驱动的数字孪生水利智慧管控平台框架见图 2.3-1,平台具体分为信息基础设施层、数字孪生平台层、业务应用层。

2.3.1 信息基础设施层

信息基础设施层包含水利感知网、水利信息网、信息基础环境等内容。

（1）水利感知网

水利感知网方面,充分运用气象监测、水情监测等传统水利感知手段与遥感、无人机、智能视频监控等新型水利监测感知手段相结合的方式,组成"天、空、地"感知网,满足大尺幅范围动态监控和精细化场景机动监控的多样化需求,形成"天空地"三位一体的感知网络。

（2）水利信息网

水利信息网方面,根据不同环境条件,采用自建光纤、租用运营商网络等方式,构建满足水利业务运行的业务网、工控网,实现各类信息的互联互通。

（3）信息基础环境

信息技术环境方面,全面升级现有指挥调度、实时监控实体环境,为会商决策、视频会商、研判分析提供支撑;通过自建与租用相结合的方式,打造满足数字孪生场景构建和专业模型分析计算要求的计算存储资源。

2.3.2 数字孪生平台

数字孪生平台包含基础支撑服务、数据底板、模型平台、知识平台等内容。

（1）基础支撑服务

基础支撑服务包含统一认证、消息队列、全文检索、工作流等内容,为业务应用构建提供基础的支撑服务。

（2）数据底板

数据底板涵盖了基础数据、实时监测数据、业务管理数据、跨行业共享数据、地理空间数据以及多维度时空尺度数据模型,为数字孪生水利提供坚实的算据支撑。

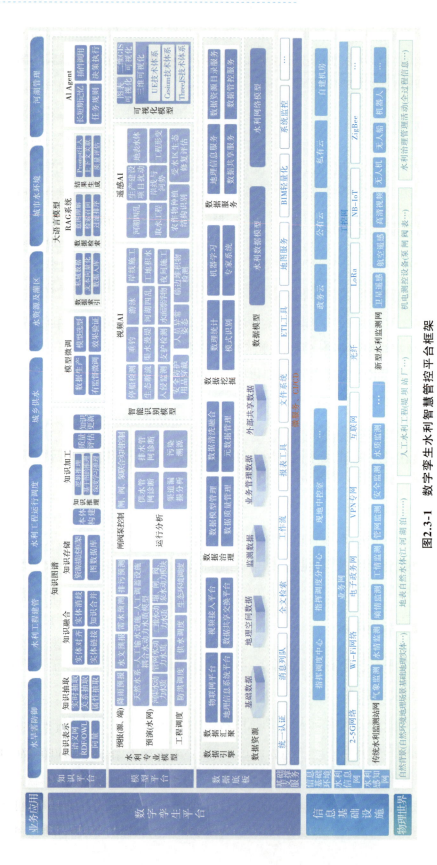

图2.3-1 数字孪生水利智慧管控平台框架

（3）模型平台

模型平台集成了水利专业模型、智能模型和数字模拟仿真引擎，实现数学模型的装配组合和在线计算，为各类业务的模拟仿真和精准决策提供算法支持。

（4）知识平台

知识平台将各类业务规则和经验转化为知识图谱，并利用大模型技术高效使用相关知识，让知识智能驱动模型开展业务计算。

2.3.3 业务应用

业务应用围绕水旱灾害防御、水利工程建管、水利工程运行调度、城乡供水、水资源及灌区、河湖管理等业务内容，基于各级水利部门管理工作特点，构建融合高效、智能分析、实用便捷的智慧水利应用系统，并通过 Web 端、大屏端、App 端、微信端等多种方式，为各层级管理人员会商决策提供大数据支撑。

2.4 本章小结

本章首先阐述了数字孪生水利智慧管控平台设计的总体思路，并详细分析了云计算、物联网、大数据、人工智能、移动互联网、数字孪生等新型技术在数字孪生水利中所发挥的作用。最后，给出了平台的总体框架，并对各层的建设内容进行了概述。

第3章 数字孪生水利数据底板

数字孪生水利数据底板指在水利工程和水资源管理中,为实现数字孪生技术而建立的基础数据平台。数字孪生技术通过创建物理系统(如水库、河流、供水系统等)的虚拟模型,实时监控、分析和优化这些系统的运行。数据底板可以帮助整合来自各种传感器、测量仪器和历史记录的数据,建立实时的虚拟模型,并进行实时监控和数据分析,以优化水资源管理和应急响应。数据底板是构建水利数字孪生系统的基础,是知识模型、水利模型的"算据",主要包括数据资源、数据模型、数据处理、数据质检、数据更新等内容。

3.1 数据资源

数据资源指可以用于分析、决策、预测和管理的各种数据集合,这些数据资源可以来源于内部或外部系统,主要包括基础数据、监测数据、业务管理数据、跨行业共享数据、地理空间数据等内容。

3.1.1 基础数据

基础数据数据资源中的一个核心组成部分,通常指未经加工和分析的原始数据,这些数据是其他数据分析和处理活动的基础,是理解业务和环境的根本要素。基础数据具有原始性、结构化、稳定性三个特性,其中,原始性指基础数据通常是从实际操作或传感器中直接收集的原始信息,不经过复杂的处理或分析;结构化指基础数据通常以结构化的格式存在,如表格或数据库记录,便于存储和检索;稳定性指基础数据相对稳定,除非数据源发生变化,否则数据本身通常不会频繁变化。水利数字孪生数据资源中的基础数据主要包括流域数据、河流数据、湖泊数据、水利工程数据等。

3.1.1.1 流域基础数据

流域数据是指与特定流域(一个地理区域内所有水流汇集并最终流向同一水体的区域)相关的各种数据。这些数据用于描述、监测和管理流域内的水文、生态和环境条件。通过综合这些数据,可以更好地理解流域的水文循环、环境状况和资源利用情况,从而制定科学的管理措施和政策。流域基础数据通常包括以下内容:

(1)流域地理和地形数据

1)流域边界

流域的空间范围和地理边界,通常通过流域分界线确定。流域边界的定义对流域内水文和生态特征的分析至关重要。

2)流域面积

流域的总面积,通常以平方千米(km^2)表示。该数据影响流域内的水量平衡和水文过程。

3)地形起伏

流域内的地形变化,包括山脉、丘陵、平原等地形特征。这些数据有助于理解水流路径、积水和径流特征。

4)坡度和高程

流域内的地形坡度和高程数据,用于分析流域的水流动力学和侵蚀情况。

(2)土壤和土地利用数据

1)土壤类型

流域内土壤的类型和特性,如沙土、黏土、壤土等。这些信息影响水的渗透性、径流量和土壤侵蚀。

2)土地利用类型

流域内的土地利用情况,包括森林、农业、城市、湿地等。土地利用类型影响流域的水文过程、径流特性和水质。

(3)水文数据

1)降水量

流域内的降水数据,包括降水的总量、分布和变化趋势。降水数据通常以毫米(mm)为单位记录,对水资源管理和洪水预警至关重要。

2)蒸发量

流域内的蒸发数据,包括蒸发量的总量和变化。这影响水体的水量平衡和流域的水资源管理。

3)径流数据

流域内的径流量,包括地表径流和地下径流的数量。径流数据用于评估流域的水量和洪水风险。

（4）水质数据

1）水体质量

流域内主要水体的水质数据，包括水温、溶解氧、浊度、污染物浓度等。这些数据用于评估水体健康和污染水平。

2）水质变化

对流域内水质变化的记录和分析，包括季节性变化和污染事件。

（5）气象数据

1）气温

流域内的气温数据，包括日最高气温、日最低气温和日均气温。气温影响降水、蒸发和水体温度。

2）风速和风向

流域内的风速和风向数据，影响蒸发量和气象条件。

（6）水资源和利用数据

1）水资源分布

流域内主要水体的分布和储量，包括湖泊、河流、地下水等。这些数据用于水资源的管理和规划。

2）水资源利用

流域内水资源的利用情况，包括农业灌溉、工业用水和生活用水。了解水资源的分配和使用情况，有助于合理管理和调度。

3.1.1.2　河流基础数据

在水利数字孪生系统中，河流基础数据是实现动态模拟、实时监控和预测分析的关键组成部分。这些数据为水资源管理、洪水预警、生态保护等提供了基础支持。河流基础数据通常包括以下内容：

（1）河流几何数据

1）河流长度

河流从源头到入海口的总长度，通常以千米（km）表示。

2）河流宽度和深度

在不同断面处测量的河流宽度和深度。这些数据用于计算河流的流量和流速。

3）河道断面形状

河道的断面形状，包括河床的宽度、深度和形状（如"V"形、"U"形等），影响水流的流速和流量。

4)河道坡度

河道的坡度或倾斜度,这影响河流的流速和能量损失。

(2)水文数据

1)流量数据

在不同测量点记录的河流流量,通常以立方米每秒(m³/s)表示。流量数据可以用于评估河流的水资源状况和变化趋势。

2)水位数据

记录河流不同测量点的水位高度,通常以米(m)为单位。水位数据用于计算流量和预测洪水。

3)径流量

在一定时间段内流域内的总径流量,通常以立方米(m³)或毫米(mm)表示。这有助于了解河流的入水量和水文条件。

(3)水质数据

1)水温

河流中的水温数据,通常以摄氏度(℃)为单位。水温影响水体生态系统和化学过程。

2)溶解氧(DO)

水体中溶解氧的浓度,以毫克每升(mg/L)表示。溶解氧是衡量水体健康和生态系统质量的重要指标。

3)浊度

水体的浑浊程度,通常以NTU(浊度单位)表示。浊度影响水质和生态系统。

4)污染物浓度

如氮(N)、磷(P)、重金属等污染物的浓度,以毫克每升(mg/L)表示。这些数据用于评估水体污染和水质改善措施的效果。

(4)气象数据

1)降水量

流域内降水量的数据,降水量通常以毫米(mm)为单位记录。影响河流的流量和水位。

2)气温

影响河流水温和冰雪融化等水文过程。通常记录日最高气温、日最低气温和日均气温。

3)蒸发量

河流周边区域的蒸发量,影响水体的水量平衡。

(5)河流状态和事件数据

1)洪水事件记录

历史上的洪水事件记录,包括洪水发生的时间、规模和影响。用于洪水风险评估和预警。

2)冰雪覆盖

河流流域的冰雪覆盖情况,影响河流的水量和流速。数据包括冰雪的厚度和覆盖面积。

3)水文灾害

包括干旱、洪水、泥石流等水文灾害的记录和分析。

3.1.1.3　湖泊基础数据

湖泊数据指对湖泊及其相关环境的详细数字化描述,湖泊数据通常包括以下内容:

(1)湖泊地理数据

1)湖泊边界

湖泊的空间范围和地理边界,通常通过湖泊轮廓线确定。这些边界数据有助于了解湖泊的实际分布和面积。

2)湖泊面积

湖泊的总面积,通常以平方千米(km^2)或公顷(ha)为单位。湖泊面积影响水量计算和生态系统评估。

3)湖泊形状和深度

湖泊的形状特征和深度分布,包括最深点、平均深度和底部起伏。这些数据有助于了解湖泊的水动力学和沉积物分布。

4)湖泊轮廓

湖泊的轮廓数据,包括湖岸线长度和湖泊的形状。这些信息对于水文模型和湖泊管理都非常重要。

(2)水文和气象数据

1)水位数据

湖泊的水位变化,包括水位的日常波动和季节性变化。水位数据对洪水预警和水资源管理至关重要。

2）流入和流出量

湖泊的入流量和出流量数据，包括河流、降水和地下水对湖泊水量的影响。这些数据用于评估湖泊的水量平衡。

3）降水量

湖泊流域内的降水量数据，包括总降水量和分布情况。降水量直接影响湖泊的水位和水资源。

4）蒸发量

湖泊表面的蒸发量数据，影响湖泊的水量平衡。

（3）生态和生物数据

1）水生生物

湖泊内水生生物的种类和分布，包括鱼类、浮游生物、底栖生物等。这些数据有助于了解湖泊的生态系统健康。

2）植被覆盖

湖泊周边及水体内的植被类型和覆盖情况，如水草、湿地植物等。这影响水体的生态功能和水质。

3）栖息地信息

湖泊及其周边栖息地的特征，如湿地、森林边缘等，对生态保护有重要意义。

（4）人文和社会经济数据

1）周边人口分布

湖泊周边地区的人口分布情况，包括城市和乡村人口密度。人口分布影响湖泊水资源需求和水质保护。

2）社会经济活动

湖泊周边的社会经济活动，包括农业、工业、商业等。这些活动对湖泊的水质和生态系统有直接影响。

3.1.1.4　水利工程基础数据

水利工程基础数据为水利工程的设计、建设、运营、维护和管理提供支持。水利工程基础数据通常包括以下内容：

（1）工程地理数据

1）工程位置

水利工程设施的地理坐标和位置数据，包括坝体、渠道、泵站等的具体位置。

2）工程范围和边界

水利工程设施的覆盖区域和边界，如水库、灌溉区等。这些数据有助于了解工程的实际范围和影响区域。

（2）工程结构数据

1）坝体结构

坝体的设计和施工数据，包括坝的类型（如重力坝、拦河坝）、坝高、坝宽、坝基等结构信息。

2）水库结构

水库的设计数据，包括水库容量、库区面积、库区深度分布等信息。

3）渠道和管道

渠道和管道的设计数据，包括长度、宽度、深度、流速、材质等。

4）泵站和闸门

泵站和闸门的设计和运行数据，包括泵的流量、扬程、闸门的开度和控制方式等。

（3）工程运行和维护数据

1）设备运行数据

水利工程设施的设备运行状态数据，包括泵、闸门、发电机等设备的工作状态、运行时间和维护记录。

2）维护和检修记录

工程设施的维护和检修记录，包括检修日期、内容、发现的问题和处理情况。

3）故障记录

设备和设施的故障记录，包括故障类型、发生时间、原因分析和处理结果。

3.1.2 监测数据

水利数字孪生监测数据主要包括水文、水资源、水生态环境、水灾害、水利工程、水土保持等水利业务的监测数据。

3.1.2.1 水文监测数据

水文监测数据主要涉及降水、蒸发、气象、风速等参数，以及河流、湖泊、水库等水体的水位、流量、流速、水质等信息，主要用于跟踪和分析水体及其相关气象条件的变化。

（1）降水数据

降水数据记录了降水的量、强度和分布情况。常见的降水监测数据包括：

1)降水量

通常以毫米为单位,表示单位时间内的降水总量。

2)降水强度

表示单位时间内的降水量,比如每小时降水量。

3)降水类型

包括雨、雪、霰等不同形式的降水。

4)降水分布

降水在空间上的分布情况,通过雨量计、气象雷达等设备收集。

(2)蒸发数据

蒸发数据记录了水体蒸发的速率。常见的蒸发监测数据包括:

1)蒸发量

表示单位时间内从水体或土壤表面蒸发的水量,通常以毫米为单位。

2)蒸发速率

单位时间内的蒸发量,比如每小时的蒸发量。

(3)气象数据

气象数据为水文监测提供了背景信息,主要包括:

1)气温

对水体蒸发、降水和水质等方面有影响。

2)风速

风速影响蒸发速率,较高的风速通常会增加蒸发量。

3)湿度

影响蒸发和水体的蒸腾作用。

(4)水位数据

水位数据是监测水体变化的核心,包括:

1)河流水位

记录河流的水位变化,通常由水位计测量。

2)湖泊水位

监测湖泊水位变化,用于分析湖泊的水量变化和潜在风险。

3)水库水位

记录水库的蓄水量,用于调度和管理水资源。

(5)流量数据

流量数据记录了水体的流动情况,表示单位时间内通过某一点的水量,常以立方米每秒（m³/s）为单位。

（6）流速数据

流速数据表示水流的速度，通常以米每秒（m/s）为单位，衡量水体流动的速度，对水文分析至关重要，包括：

1）平均流速

测量水体在某段时间内的平均流速。

2）瞬时流速

在特定时刻的流速测量值。

（7）水质数据

水质数据对于评估水体的健康状态和变化非常重要，包括：

1）溶解氧

影响水体生态系统的健康，通常以毫克每升（mg/L）为单位。

2）浊度

测量水体的浑浊程度，通常以 NTU（Nephelometric Turbidity Units）为单位。

3）pH 值

测量水体的酸碱度，影响水体的生态和化学反应。

3.1.2.2　水资源监测数据

水资源监测数据关注的是水体的数量、质量和分布情况，具体来说，监测数据通常涉及地下水位、水库蓄水量和河流流量等关键指标。这些数据用于评估水资源的可用性和分配情况，并帮助制定合理的水资源管理政策。水资源监测数据通常包括以下内容：

（1）地下水位

地下水位指地下水面相对于地表的高度，通常以米或英尺为单位表示。地下水位的变化可以反映地下水储量的变化情况。

（2）水库蓄水量

水库蓄水量指水库中储存的水量，通常以立方米或千立方米为单位表示。蓄水量受水库水位和水库容量曲线的影响。

（3）河流流量

河流流量指单位时间内通过某一点的水量，通常以立方米每秒（m³/s）为单位表示。流量的变化反映了河流的水资源状况。

3.1.2.3 水生态环境监测数据

水生态环境数据涉及水体的生态健康状况，比如水质指标（如溶解氧、氮/磷含量、污染物浓度）、生态系统的生物多样性等。这些数据对评估水体的生态功能、监测水体污染和保护水生物具有重要作用。

3.1.2.4 水灾害监测数据

水灾害数据包括洪水、干旱、滑坡等自然灾害的监测信息。洪水监测数据包括水位、流量的实时变化，干旱监测则涉及降水不足和土壤湿度等信息。这些数据有助于灾害预警和应急响应。

3.1.2.5 水利工程监测数据

水利工程数据涉及各类水利基础设施的运行状态，如水坝、水闸、泵站等。监测数据包括工程设备的运行情况、维护记录以及结构健康状态等。这些数据对确保水利工程的安全性和有效性至关重要。

3.1.2.6 水土保持监测数据

水土保持数据主要涉及土壤侵蚀、植被覆盖、水土流失等信息。这些数据可以帮助评估和管理土壤保持措施的效果，减少水土流失对环境和工程的影响。

3.1.3 业务管理数据

水利数字孪生业务管理是现代水利管理中的一个前沿领域，主要依靠先进的数字化技术对水利系统进行建模和实时监控。它通过数字孪生模型将实际水利系统的状态、行为和环境进行虚拟化，提供实时数据和预测信息，帮助进行更高效的管理和决策。主要涉及流域防洪、水资源管理与调配等"2＋N"业务应用数据。

（1）流域防洪管理数据

流域防洪管理数据指用于监测、分析和管理流域范围内的洪水风险和防洪措施的数据。流域防洪管理数据涉及以下几个方面：

1）降水数据

包括降雨量、降雨强度和降雨分布等。

2）流量数据

流域内主要河流和支流的流量监测数据。

3）洪水历史数据

历史洪水事件的记录，包括洪水发生时间、强度、影响范围等。

4)水库蓄水和调度数据

水库的蓄水量、泄洪计划、调度策略等。

5)防洪设施数据

包括堤坝、排水系统、泄洪闸等设施的状态和运行情况。

（2）水资源管理与调配数据

水资源管理与调配业务涉及对水资源的有效利用、保护和分配，通过运用各种技术和方法，确保水资源的可持续利用，以满足当前及未来的需求。水资源管理与调配的业务管理数据包括：

1)水资源分布数据

地表水和地下水的分布情况，包括水源地、水库、水塘等。

2)用水需求数据

农业、工业、生活等不同领域的水需求量。

3)水资源利用效率数据

水资源的实际利用情况与预期目标的对比。

4)水质监测数据

水体的污染状况、含氧量、pH 值等水质指标。

5)用水计划和调度数据

各类用水需求的优先级、用水时间和用水量计划。

6)节水措施数据

节水技术应用情况、节水设施的运行数据。

（3）水利工程建设和运行管理数据

水利工程建设和运行管理指对水利工程项目的规划、设计、施工、运营和维护全过程进行系统管理和控制，以确保水利工程的有效性、安全性和可持续性。水利工程通常包括水坝、水库、渠道、排水系统、泵站等，主要用于水资源的开发、利用和保护。水利工程建设和运行管理数据主要涵盖以下内容：

1)工程设计数据

水利工程的设计图纸、设计参数、施工计划等。

2)施工进度数据

工程施工的进度、施工质量监测、施工记录等。

3)工程设施数据

包括水坝、水渠、泵站、输水管道等设施的运行状态、维护记录等。

4)安全监测数据

工程的安全状况,包括结构稳定性、设备运行状态等。

5)运行成本和效益数据

工程的运行成本、维护费用及其带来的经济效益。

(4)河湖长制及河湖管理数据

河湖长制及河湖管理是中国针对水资源管理和水环境保护实施的一种制度化管理方式。其主要目的是通过明确责任,推动河湖治理和保护工作,实现水资源的可持续利用和水生态环境的改善。河湖长制及河湖管理数据主要包括:

1)河湖长制管理信息

各级河湖长的职责、管理范围、工作记录等。

2)河湖水质监测数据

对河湖水体质量的定期检测数据。

3)河湖生态环境数据

包括水生植物、鱼类等生态环境的监测数据。

4)管理措施数据

针对河湖管理的政策、措施、执行情况等。

5)公众参与数据

公众对河湖治理的反馈、投诉、建议等。

(5)水土保持业务管理数据

水土保持业务管理数据指在水土保持工作中涉及的数据和信息,用于支持水土保持的规划、实施、监测和评估等各个环节。这些数据对于优化水土保持措施、评估其效果、指导决策具有重要作用。水土保持业务管理数据主要涉及:

1)水土流失监测数据

土壤侵蚀、流失情况的监测数据。

2)水土保持措施数据

实施的水土保持措施、效果评估等。

3)植被覆盖数据

植被种植情况、覆盖率、恢复效果等。

4)土壤质量数据

土壤的物理和化学性质、土壤改良效果等。

5)政策实施数据

水土保持相关政策的执行情况及其效果。

（6）农村水利水电业务管理数据

农村水利水电业务管理数据指在农村水利水电工程管理和运营中所涉及的数据和信息，用于支持项目的规划、建设、维护、运行和评估等各个环节。这些数据对于提高水利水电设施的管理效率、优化资源配置、确保工程的可持续性具有重要作用。农村水利水电业务管理数据包括：

1）农村水利设施数据

包括水井、灌溉系统、小型水库等的建设与维护情况。

2）水电站运行数据

小型水电站的发电量、运行状态、维护记录等。

3）用水计划与调度数据

农村地区的用水需求、调度计划等。

4）设施维修与保养数据

设施的维修记录、保养计划、故障情况等。

5）能源利用数据

水电项目的能源生产、消耗情况及其经济效益。

3.1.4 跨行业共享数据

在水利数字孪生系统中，跨行业共享数据涉及多个方面，这些数据可以用于数字孪生模型中的边界条件、场景分析和决策支持。跨行业共享数据包括需从其他行业部门共享的经济社会、土地利用、生态环境、气象、遥感、地质等相关数据。

（1）经济社会数据

1）人口数据

包括人口密度、人口增长率、城市和乡村人口分布等。这些数据有助于预测用水需求和规划水利基础设施。

2）经济活动数据

如工业、农业、商业活动的分布和强度。了解经济活动有助于估计不同区域的用水需求和污染负荷。

3）社会行为数据

包括居民用水习惯、节水意识等，这些数据可以帮助制定水资源管理政策和公众教育计划。

（2）土地利用数据

1）土地覆盖类型

如森林、草地、耕地、城市建筑等。不同的土地利用类型对水文循环和水质有不同的影响。

2）土地使用规划

包括未来的土地开发计划、区域规划等。了解这些规划有助于评估其对水资源和水利设施的潜在影响。

3）土地变化监测

追踪土地利用变化（如城市扩张、农业扩展），这些变化会影响水流量和水质。

（3）生态环境数据

1）生态系统类型

如湿地、河流、湖泊生态系统等。不同生态系统对水资源的需求和影响不同。

2）生物多样性数据

包括水生植物和动物种类及其分布。这些数据有助于评估水体健康和生态平衡。

3）环境保护区

如自然保护区、湿地保护区等。保护区的管理措施可能对水资源利用产生影响。

（4）气象数据

1）气温和降水量

基础气象数据用于分析水文变化，如降雨量对河流流量的影响。

2）风速和湿度

影响蒸发量和水体的湿润状态，对水资源管理有间接影响。

3）气象灾害数据

如暴雨、干旱等极端气象事件的数据，对于水灾预警和防御规划至关重要。

（5）遥感数据

1）卫星影像

包括土地覆盖、河流形态、湖泊面积变化等。这些影像数据有助于监测水体变化和土地利用情况。

2）雷达数据

用于获取水体的高程数据，分析洪水的影响范围和水位变化。

3）光谱数据

用于水质监测，如检测水体的污染物浓度、藻类覆盖情况等。

（6）地质数据

1）地质结构

包括地层、岩性、断层等信息。地质数据帮助理解地下水流动模式和水源的分布。

2）地震数据

地震活动可能影响水利设施的稳定性，因此了解地震数据对水利工程的设计和应急管理有帮助。

3.1.5　地理空间数据

地理空间数据为数字孪生模型提供了物理世界的地理空间框架，使得数字孪生模型能够准确地反映真实世界的地理布局和结构。地理空间数据的建设分级通常包括 L1、L2、L3 级底板。L1 级是进行数字孪生流域中低精度面上建模，L2 级是进行数字孪生流域重点区域精细建模，L3 级是进行数字孪生流域重要实体场景建模。

3.1.5.1　DOM 数据

数字正射影像图（Digital Orthophoto Map，DOM）提供了高精度的地表影像，经过几何校正，图像的每一个像素都与实际地理坐标准确对应。

（1）精度要求

1）空间分辨率

DOM 的空间分辨率应该足够高，以确保细节的清晰度，通常要求达到 10cm 或更高分辨率，以支持精确的水利工程设计和管理。

2）几何精度

DOM 需要经过精确的几何校正，以消除影像的畸变和倾斜，使其与实际地形高度一致。

（2）数据来源

1）影像获取

DOM 可以通过航拍、卫星遥感或激光雷达（LiDAR）等手段获取。不同的获取方式可能会影响影像的分辨率和精度。

2）更新频率

影像数据应根据项目需求定期更新，特别是在水利工程变化较大的情况下，以保持数据的时效性和准确性。

（3）数据格式

1）标准化格式

DOM通常使用GeoTIFF等标准地理信息系统（GIS）格式保存，以便与其他地理数据层兼容。

2）元数据

每幅DOM图像需要附带详细的元数据，包括获取时间、分辨率、坐标系信息等，以支持数据的管理和应用。

（4）数据处理

1）图像配准

集成DOM到水利数字孪生系统中，必须确保不同数据源（如高程数据、地质数据等）的图像配准准确，以避免数据之间的不一致。

2）裁剪与拼接

对于大面积区域，可以将DOM图像分割为多个区域，或将多幅影像拼接成一个完整的图像，确保覆盖所有需要的区域。

（5）数据应用

1）基础数据层

在水利数字孪生中，DOM作为基础数据层，为其他地理信息（如水系分布、设施位置等）提供背景支持。

2）测量与分析

DOM支持各种空间分析和测量任务，如面积计算、距离测量和特征提取，用于工程设计和决策支持。

3.1.5.2 DEM数据

数字高程模型（Digital Elevation Model，DEM）提供了地表的高度信息，用于支持水利工程的设计、分析和管理。

（1）精度要求

1）空间分辨率

DEM的空间分辨率应足够高，以提供细节丰富的高程数据，通常要求达到1m或更高分辨率。高分辨率DEM可以更精确地反映地形特征，对水利工程的设计尤为重要。

2）高程精度

DEM的高程数据必须经过精确校准，以确保高程值的准确性，通常要求高程误差在 0.5m 以内,具体标准可根据项目要求而不同。

(2)数据来源

1)获取方式

DEM 可以通过多种手段获取,包括航空激光雷达(LiDAR)、卫星遥感、测量地形数据等。不同的方法可能会影响 DEM 的精度和覆盖范围。

2)数据更新

DEM 数据应根据需要定期更新,以反映地形变化和工程改造,特别是在大规模水利项目中,更新频率应与项目的进展保持一致。

(3)数据格式

1)标准化格式

DEM 通常使用如 GeoTIFF、ASCII Grid 等标准地理信息系统(GIS)格式保存,以确保与其他地理数据层的兼容性。

2)元数据

DEM 文件应附带详细的元数据,包括数据获取时间、空间分辨率、高程基准、坐标系等信息,以支持数据的有效管理和使用。

(4)数据处理

1)数据处理

在将 DEM 集成到水利数字孪生系统中时,需进行数据处理,如数据重采样、插值处理等,以确保 DEM 的质量和一致性。

2)裁剪与拼接

对于大范围区域,DEM 可能需要裁剪成多个区域,或将多个 DEM 图像拼接成一个完整的模型,以覆盖整个研究区域。

(5)数据应用

1)地形分析

DEM 用于地形分析,包括坡度计算、流域分析、洪水模拟等,以支持水利工程的设计和管理。

2)设计与规划

DEM 提供地表高程信息,帮助设计人员进行水利工程的规划、布局和优化,包括堤坝设计、水库位置选择等。

3.1.5.3 倾斜摄影模型数据

倾斜摄影模型在水利数字孪生数据底板中是一种重要的空间数据获取和展示方

式。它通过倾斜拍摄的照片生成的三维模型,为水利工程的设计、管理和分析提供了详细的地表信息。

(1)精度要求

1)空间分辨率

倾斜摄影模型的空间分辨率应满足项目的具体需求。通常,要求图像分辨率高,能够提供足够的细节以支持工程设计和分析。一般情况下,分辨率应达到10cm或更高。

2)三维精度

模型的三维精度(包括位置精度和高度精度)应符合工程要求,通常要求误差在厘米级别。精确的三维定位对于水利工程设计和分析尤为重要。

(2)数据来源

1)影像获取

倾斜摄影模型通常通过搭载相机的无人机(UAV)或航空平台进行拍摄。相机需具有高分辨率,并且拍摄时应确保足够的重叠度,以便生成高质量的三维模型。

2)数据处理

影像数据需要经过后续处理,包括图像配准、三维重建和纹理映射等,以生成准确的倾斜摄影模型。

(3)数据格式

1)标准化格式

倾斜摄影模型的输出格式通常包括点云数据(如LAS/LAZ格式)和三维纹理网格(如OBJ、PLY格式)。应使用标准格式以确保与其他数据层的兼容性。

2)元数据

每个倾斜摄影模型应附带详细的元数据,包括拍摄时间、影像分辨率、相机参数、坐标系统等信息,以便于数据的管理和应用。

(4)数据处理

1)图像配准

在生成三维模型时,确保图像的准确配准和对齐是关键步骤。错误的配准会影响模型的准确性。

2)纹理映射

为了提高模型的视觉效果和信息量,需要将纹理图像映射到三维模型上,以提供更加真实的地表表现。

（5）数据应用

1）三维可视化

倾斜摄影模型可用于三维可视化，帮助工程师和决策者更直观地理解地形特征和现有设施布局。

2）测量与分析

模型支持各种空间测量和分析任务，如体积计算、表面分析和距离测量，适用于水利工程的设计和评估。

3.1.5.4　激光点云模型数据

激光点云模型数据是通过激光雷达扫描获得的一组三维空间坐标点的集合。这些点包含了物体表面的位置信息，每个点都具有 X、Y、Z 三个坐标值，分别表示在三维空间中的位置。此外，点云数据还包括颜色、强度值等其他属性，这些数据集群表示了某个坐标系下所有点的信息。在水利数字孪生数据底板中，激光点云模型数据是实现高精度、详细描述和分析水利工程设施的重要工具。

（1）精度要求

1）扫描精度

激光扫描仪的精度应满足项目要求，通常需要毫米级别的点云数据以确保高精度的模型和分析。

2）点云密度

点云的密度应足够高，以确保模型的细节和准确性。低密度点云可能会遗漏重要细节或导致模型不够精确。

（2）数据获取

1）扫描设备

选择高质量的激光扫描仪，如地面激光扫描仪（TLS）或无人机激光扫描仪（ULS），以获取所需精度的点云数据。

2）扫描策略

在数据采集时，制定合理的扫描策略，包括扫描位置、角度和分辨率，确保覆盖所有关键区域并减少盲区。

（3）数据格式

1）标准化格式

点云数据通常以 LAS、LAZ、E57 等标准化格式存储。这些格式支持高效的数据处理和分析。

2)点属性

点云数据应包含丰富的属性信息,如点的坐标、强度、颜色等,以支持后续分析和建模。

(4)数据处理

1)点云处理

点云数据需要进行后处理,如去噪、滤波、配准等,以提高数据的质量和准确性。配准过程确保来自不同扫描位置的点云数据正确对齐。

2)数据简化

根据应用需求,对点云数据进行简化,减少点数以提高处理效率,但仍需保持模型的关键细节。

(5)数据整合

1)与 BIM 整合

将激光点云数据与 BIM 模型整合,生成高精度的数字孪生模型。这有助于验证和校正 BIM 模型中的几何信息,并为后续分析提供准确的基础。

2)与 GIS 数据整合

结合地理信息系统(GIS)数据,为点云数据提供空间上下文,支持环境分析和工程规划。

(6)数据应用

1)设计验证

使用点云数据验证设计方案,检查实际结构与设计模型的一致性,识别设计与施工之间的偏差。

2)施工监控

在施工过程中,利用点云数据监控施工进度,确保施工按照设计要求进行,并识别潜在的施工问题。

3)资产管理

在运营阶段,点云数据用于记录和管理设施的现状,支持维护和检修工作,通过对比历史数据监测设施的变化和退化情况。

3.1.5.5 水下地形数据

在水利数字孪生数据底板中,水下地形数据是重要的组成部分,尤其在涉及水库、河流、湖泊以及海洋等水体的项目时,这些数据为水下地形的分析和水利工程的设计提供了详细的深度和地形信息。

(1)精度要求

1)空间分辨率

水下地形数据的空间分辨率应足够高,以捕捉水下地形的细节。通常要求分辨率达到 1m 或更高,尤其在关键区域如水库底部或重要水道中。

2)深度精度

水下地形的深度数据必须准确,以确保高程值的可靠性。深度误差通常要求在 0.5m 以内,具体标准应根据项目需求确定。

(2)数据来源

1)获取方式

水下地形数据可以通过多种手段获取,包括声呐测量(如多波束声呐和单波束声呐)、遥感技术(如水下激光扫描)以及水下机器人等。不同的技术可能会影响数据的精度和覆盖范围。

2)数据更新

应根据水体的变化和项目需求定期更新水下地形数据,特别是在进行水体改造或维护后,以确保数据的时效性和准确性。

(3)数据格式

1)标准化格式

水下地形数据通常以点云数据(如 XYZ、LAS 格式)或网格数据(如 GeoTIFF 格式)保存。使用标准格式有助于与其他地理数据层的兼容性。

2)元数据

水下地形数据应包含详细的元数据,包括数据获取时间、深度测量基准、坐标系统、数据精度等信息,以支持数据的有效管理和使用。

(4)数据处理

1)数据处理

在将水下地形数据集成到水利数字孪生系统中时,需要进行数据处理,如数据插值、噪声过滤、数据平滑等,以确保数据质量和一致性。

2)拼接与融合

对于大范围的水体区域,可能需要将多个数据集拼接或融合成一个完整的水下地形模型,以覆盖整个研究区域。

(5)数据应用

1)地形分析

水下地形数据用于地形分析,包括水下坡度计算、沉积物分布分析、湖底形态分析等,以支持水利工程的设计、评估和管理。

2)工程设计

提供水下地形的详细信息,帮助设计人员进行水库底部设计、沉积物清理、船舶通道规划等。

3)环境保护

分析水下地形有助于评估水体的生态影响,支持环境保护和管理工作。

3.1.5.6 BIM 数据

建筑信息模型(Building Information Modeling,BIM)是一种在建筑行业中广泛使用的技术,它通过数字化手段在计算机中创建虚拟建筑模型,这个模型基于建筑工程项目的相关信息数据,旨在通过数字信息仿真模拟建筑物所具有的真实信息。

(1)精度要求

1)模型精度

BIM 模型的几何精度必须满足设计要求,通常需要详细到毫米级别。这有助于确保结构、管线和设施的准确性,避免设计与实际施工之间的差距。

2)数据一致性

所有 BIM 模型中的数据应保持一致,确保结构、材质、尺寸等信息的协调,避免由于数据不一致引起的工程问题。

(2)数据来源

1)模型创建

BIM 模型可以由专业的 BIM 设计软件(如 Revit、Tekla、Navisworks 等)创建。这些软件支持详细的建筑、结构和机电系统建模。

2)数据更新

在工程的不同阶段(如设计、施工、运营),BIM 模型应定期更新,以反映最新的设计变更、施工进展和维护记录。

(3)数据格式

1)标准化格式

BIM 数据通常以 IFC(工业基础类)、Revit 文件(. rvt)、Navisworks 文件(. nwd/. nwf)等标准化格式存储。这些格式有助于与其他系统(如 GIS、CAD)集成。

2)元数据

BIM 数据应包含详细的元数据,包括模型创建时间、版本信息、坐标系统、数据来源等,以支持模型的有效管理和应用。

（4）数据处理

1）数据整合

将 BIM 模型与其他地理数据（如水文数据、地形数据）进行整合，以创建全面的数字孪生模型。这有助于在设计和分析过程中考虑所有相关因素。

2）冲突检测

在设计阶段，使用 BIM 工具进行冲突检测和协调，以识别和解决结构、管线及其他设施之间的潜在冲突。

（5）数据应用

1）设计优化

BIM 模型用于设计优化，通过模拟和分析不同设计方案，评估其可行性和效果，帮助改进水利工程的设计方案。

2）施工管理

在施工阶段，BIM 模型提供施工指导，帮助监控施工进度、质量控制和资源管理。通过与实际施工数据的对比，及时调整施工计划。

3）维护管理

在运营阶段，BIM 模型作为资产管理工具，记录维护历史、设备状态和运行数据，支持设施的长期管理和维护。

3.2 数据模型

水利数字孪生数据模型利用数字孪生技术来模拟和管理水利系统，旨在准确反映物理水利对象的性能和状态，主要包括水利数据模型和水利网格模型。

3.2.1 水利数据模型

水利数据模型的建设旨在通过数字孪生技术，实现对真实世界水利系统的虚拟再现，包括河流、湖泊、水库等水体的空间分布、水流状态、水质状况等信息的数字化表达，是面向水利业务应用多目标、多层次复杂需求构建的完整描述水利对象的空间特征、业务特征、关系特征和时间特征一体化组织的数据模型。

3.2.1.1 空间特征

空间特征指数据中与地理位置和空间分布相关的属性，这些特征描述了水利系统中各个要素的位置、形状、分布和空间关系，包括地理坐标、区域边界、流域范围等信息，以及水利设施（如水库、泵站、河流等）的分布和空间布局，并且涉及不同空间要素之间的相对位置和相互作用,比如流域与水体的空间关系。

水利数据模型的空间特征包括空间分辨率、空间分布、空间关系等,以下是部分关键的指标和标准要求:

(1)空间分辨率

空间分辨率是模型在空间上能够区分的最小单位,它影响模型的细节和精度。

1)高分辨率

对于需要详细模拟的区域(如流域内部、城市水系),应使用高空间分辨率,以捕捉细微的空间特征。

2)低分辨率

对于大范围的宏观模拟(如大河流域或区域水资源管理),低分辨率可能更合适,以减少计算负担。

(2)空间范围

空间范围指模型覆盖的地理区域的大小和边界。

1)完整覆盖

确保模型覆盖所有相关区域,包括流域、河流、湖泊及其周边区域。

2)边界处理

对于模型的边界,要确保边界条件的设置合理,防止边界效应对结果的影响。

(3)空间分布

空间分布指模型中不同要素(如降水、流量、土地利用等)的空间布局。

1)空间异质性

考虑不同区域的特性差异,如地形、土地利用和土壤类型等。

2)数据精度

确保空间分布数据的准确性,避免由数据误差导致的模拟结果偏差。

(4)空间关系

空间关系指模型中不同要素之间的空间关系,如流域与支流、湖泊与河流的关系。

1)连通性

模型应准确描述水体之间的连通性,如流域内的水流路径和相互作用。

2)相互作用

考虑不同空间要素之间的相互作用,如降水对流域水文特性的影响。

（5）空间数据一致性

空间数据一致性指不同来源的空间数据在空间上的匹配程度。

1）数据融合

进行空间数据融合时，确保数据的一致性和协调性，如不同数据集的空间参考系应统一。

2）标准化

遵循标准化的数据格式和坐标系统，以保证数据在模型中的一致性。

3.2.1.2 业务特征

业务特征指与水利业务操作和功能相关的属性，这些特征涉及水利管理过程中的具体业务需求和操作流程，包括水资源供给、排水管理、防洪减灾等功能需求，水利工程的建设、运行、维护等过程中的业务操作和管理，以及水质指标、水量指标、洪水频率等业务相关的性能指标。

在水利数据模型中，业务特征主要关注与水资源管理、工程设计、运营维护等具体业务相关的特性，这些特征直接影响模型在实际应用中的效果和决策支持能力。以下是一些关键的业务特征指标和标准要求：

（1）数据完整性

数据完整性指模型中所有必需的业务数据是否都已经收集和整合。

1）全面性

确保所有相关的水利数据（如降水、流量、用水量、污染物浓度等）都被包含在模型中。

2）无遗漏

检查是否有重要的数据缺失，并采取措施填补这些空白。

（2）数据准确性

数据准确性指模型中使用的数据是否真实可靠。

1）数据源验证

使用经过验证的数据源，确保数据的真实性和可靠性。

2）误差控制

对数据进行误差分析和校正，降低模型结果的误差。

（3）数据时效性

数据时效性指模型中使用的数据是否能够反映当前或最近的业务需求。

1）实时更新

对于需要实时监控的业务（如洪水预警），数据应实时更新。

2)定期更新

对于其他业务(如长期水资源规划),数据应定期更新,以反映最新的情况。

(4)业务需求适配

模型应能够满足具体业务的需求,如水资源调度、风险评估等。

1)定制化功能

根据业务需求定制模型功能,如提供水资源优化调度、流域污染源追踪等。

2)灵活配置

模型应能够灵活配置以适应不同的业务场景和需求。

(5)模型鲁棒性与可靠性

模型的鲁棒性和可靠性指模型在不同条件下的表现是否一致且可靠。

1)鲁棒性

模型应能够处理各种输入条件下的变动,并保持结果的一致性。

2)可靠性

通过测试和验证确保模型在实际应用中的稳定性和可靠性。

(6)可操作性与易用性

模型的可操作性与易用性指用户使用模型的便利性。

1)用户界面

提供友好的用户界面,方便用户操作和配置模型。

2)培训和支持

提供必要的培训和技术支持,帮助用户熟练掌握模型的使用。

(7)计算效率

计算效率指模型在处理数据和生成结果时的效率。

1)性能优化

确保模型能够高效处理大规模数据,减少计算时间。

2)资源管理

优化模型的资源使用,以降低计算成本。

(8)模型灵活性与扩展性

模型的灵活性和扩展性指模型是否能够适应业务需求的变化和新需求的引入。

1)模块化设计

模型应采用模块化设计,以便于添加新功能或进行调整。

2）兼容性

模型应能够与其他系统或数据源兼容，以便进行数据交换和集成。

3.2.1.3 关系特征

关系特征指数据中不同要素之间的关系和依赖，这些特征描述了水利系统中各个要素的相互作用和影响，如水库的蓄水能力对下游流量的影响。关系特征还涉及水资源的使用和管理，以及水利系统中不同部分之间的耦合关系。以下是一些关键的关系特征指标和标准要求：

（1）数据关系的准确性

数据关系的准确性指模型中数据元素之间的关联是否正确反映了实际的水利系统行为和特征。

1）正确映射

确保所有数据关系（如流量与水位、降水与流量等）准确反映实际的物理和功能关系。

2）关系验证

通过实际数据和模型预测结果的对比，验证数据关系的准确性。

（2）数据依赖性

数据依赖性指模型中某些数据元素对其他数据元素的依赖关系。

1）明确依赖

明确数据元素之间的依赖关系，如流量依赖于降水量，水库蓄水量依赖流入量和放水量。

2）依赖管理

处理数据依赖性变化对模型的影响，确保依赖关系的正确性和一致性。

（3）数据交互性

数据交互性指不同数据元素在模型中的交互和互联情况。

1）交互建模

建模时考虑数据元素之间的交互作用，如降水与流域径流之间的交互。

2）动态更新

当数据元素发生变化时，模型应能够动态更新和反映这些变化。

（4）层次关系

层次关系指数据元素之间的层级结构或上下级关系。

1)层次建模

在模型中建立清晰的层次结构,如流域层次、水系层次等。

2)层次一致性

确保不同层次的数据关系一致,不产生矛盾或不一致的结果。

(5)空间关系

空间关系指数据元素在地理空间上的位置和分布关系。

1)地理匹配

确保数据的空间分布和地理位置在模型中得到准确体现,如水体、流域边界等。

2)空间分析

进行空间分析时,考虑空间数据的准确性和完整性,确保分析结果的可靠性。

(6)时间关系

时间关系指数据元素在时间上的变化和演变。

1)时间序列

对时间序列数据进行建模,准确反映时间上的变化趋势。

2)时间一致性

确保时间数据的一致性和正确性,如时段内的降水量、流量变化等。

3.2.1.4 时间特征

时间特征指数据中与时间相关的属性,这些特征涉及水利系统中各个要素的时间变化和时间趋势。时间特征用来描述水文数据、气象数据和水资源数据随时间的变化情况,分析长期的趋势和周期性变化,如降水量的年度变化趋势,以及数据的时效性对决策和管理的影响。以下是一些关键的时间特征指标和标准要求:

(1)时间分辨率

时间分辨率指模型中时间数据的粒度或细节程度,如小时、日、月或年。

1)适应性

根据具体的水利问题和需求选择合适的时间分辨率。

2)一致性

在模型中保持时间分辨率的一致性,确保数据和结果的可比性。

(2)时间序列完整性

时间序列完整性指时间序列数据的连续性和完整性,确保没有缺失值或断层。

1)数据完整

收集和维护连续的时间序列数据,避免数据缺失或空值。

2)缺失处理

对缺失的时间序列数据进行有效处理,如插值或数据补全。

（3）时间同步

时间同步指不同数据源或数据元素的时间对齐,确保时间数据的一致性。

1)同步机制

实施数据同步机制,确保不同来源的数据在时间上的一致。

2)时间戳一致性

确保数据记录的时间戳一致,避免时间误差。

（4）时间延迟

时间延迟指实际数据与模型输出之间的时间差。

1)延迟处理

识别并处理时间延迟对模型预测的影响,例如,通过实时数据更新机制。

2)时效性

确保模型能够及时反映最新的数据,减少时间延迟对预测的影响。

（5）时间变异性

时间变异性指数据随时间的变化程度,包括季节性和趋势变化。

1)动态调整

模型应能够识别并适应时间变异性,如季节性波动和长期趋势。

2)趋势分析

进行时间序列分析,识别数据中的长期趋势和周期性变化。

（6）时间步长

时间步长指模型在时间模拟中的时间间隔或步长。

1)步长选择

根据模型的需求选择适当的时间步长,平衡计算精度和效率。

2)时间稳定性

确保时间步长的一致性,并监控时间步长对模型稳定性的影响。

3.2.2 水利网格模型

水利网格模型是水利数据模型的一个具体应用,它通过对地理空间进行网格化处理,将水利系统的空间信息以网格单元的形式进行组织和表达。水利网格模型的建设可以实现对水利资源的精细化管理,例如,对水资源分布、水流路径、水质变化等进行更加细致的分析和模拟。这种模型不仅考虑了行政区划,还综合了自然流域特征、水资源功能区等因素,以满足实际管理和计算的需求。

(1)行政区划网格

行政区划网格是基于行政区域边界划分的网格系统,其划分遵循现有的行政区划边界,如省、市、县等行政区划,以便于在水利管理中对不同行政区域进行数据管理和分析。网格通常与行政区域边界对齐,便于政府和相关管理部门按照行政区域进行水利管理。行政区划网格使得数据管理和决策支持系统能够按照行政区域进行操作,能够方便地整合和汇总与行政区域相关的数据。一般需要考虑以下几个指标或标准要求:

1)区划边界

包括行政区划的边界线,通常依据最新的行政区划调整。

2)网格分辨率

应与行政区划的实际规模相匹配,通常分辨率较高以便精确表示行政单位。

3)地理坐标

每个网格单元的经纬度坐标信息。

4)行政区域属性

包括行政单位的名称、编号、面积、人口等基本信息。

5)数据更新频率

确保数据的时效性和准确性,定期更新。

(2)自然流域网格

自然流域网格是根据自然地理特征(如流域、河流、山脉等)进行划分的网格系统,它以自然流域为基础,将地理区域划分为网格,以便于对水文特征进行分析和管理。网格划分与自然流域边界一致,能够更准确地反映水文过程,并且适合用于水文模型的分析,如降水、径流、土壤湿度等,有助于在自然流域范围内进行水资源管理和保护。一般需要考虑以下几个指标或标准要求:

1)流域边界

明确每个流域的地理边界,通常依据水文特征和地形。

2)网格分辨率

根据流域的大小和复杂性,选择合适的网格分辨率。较小的流域可能需要较高的分辨率。

3)地形参数

包括海拔、坡度、地形起伏等,通常需要高精度的数字高程模型(DEM)。

4) 水系信息

河流、湖泊、湿地等水体的分布和流向。

5) 土地利用类型

流域内的土地利用情况,如森林、农田、城市等。

6) 水文数据

降水、蒸发、流量等水文要素的数据。

(3) 水资源功能区网格

水资源功能区网格是根据水资源的功能需求(如供水、排水、防洪等)划分的网格系统,这种网格的划分依据水资源的具体使用功能和需求进行。网格划分考虑了不同区域的水资源功能需求,能够针对特定的水资源功能进行管理和优化,适合对特定功能区进行精细化管理。一般需要考虑以下几个指标或标准要求:

1) 功能区划分

依据水资源的功能需求划分区域,如水源保护区、灌溉区、供水区等。

2) 网格分辨率

依据功能区的管理需求和水资源分布情况设定网格分辨率。

3) 功能区属性

包括功能区的名称、分类、功能目标等信息。

4) 水质参数

如水体的污染物浓度、水质等级等。

5) 水资源利用情况

包括水的取用量、需求量和分配情况。

(4) 数值计算网格

数值计算网格是用于数值模型计算的网格系统,这种网格在进行水文、水资源模拟和其他水利工程计算时使用,通常依据模型的计算需求进行划分。网格的划分基于数值模型的需求,如计算精度和分辨率。选择合适的网格尺度可以平衡计算精度和计算效率,可以根据模型的不同需求进行调整,如在关键区域使用更细的网格。一般需要考虑以下几个指标或标准要求:

1) 网格分辨率

根据模型的计算精度要求选择合适的网格分辨率。较细的网格提供更高的计算精度,但计算量也更大。

2) 物理参数

包括土壤类型、渗透系数、地下水位等与水利计算相关的参数。

3）边界条件

如流入、流出条件，边界的水位、流量等。

4）初始条件

模型运行前的初始状态，如初始水位、流量分布等。

5）计算时间步长

模型计算的时间步长，需要能够有效地进行水资源管理和预测的重要基础。具体的需求可能会因项目的不同具体要求和模型的复杂程度而有所不同。

3.3 数据加工

3.3.1 L1级数据处理

（1）输入数据要求

空间基准应采用2000国家大地坐标系（CGCS2000），高程基准应采用1985国家高程基准。

DOM数据空间分辨率应优于2m，为累计云雪量≤3%（常年积雪除外）的彩色影像，不低于一年一次更新频次；DEM数据格网尺寸应优于30m。

（2）数据处理要求

1）数据预处理

将DEM、DOM数据的空间参照系统一到2000国家大地坐标系（CGCS2000），进行空间位置配准。

2）地形模型加工

将DEM和DOM数据叠加计算，生成地形模型数据，并发布瓦片数据服务。

3）行政区模型加工

从基础数据提取省级、市级、区（县）级行政界线数据，结合DEM数据修正模型高程数值，并发布WMS、WMTS、TMS等类型地图服务。

4）水系模型加工

从基础数据提取大型河流、大型湖泊、海洋的岸线数据，封闭成面栅格化后生成水系模型，结合DEM数据修正模型高程数值。

（3）输出成果要求

L1级模型采用通用栅格格式存储，提供包含空间投影、文件目录结构的模型说明文件。

3.3.2 L2 级数据处理

（1）输入数据要求

空间基准应采用 2000 国家大地坐标系（CGCS2000），高程基准应采用 1985 国家高程基准。

1）DOM 数据

大江、大河、重要河段、重要湖泊、其他重点水域区域空间分辨率应优于 1m；水资源管理、防洪等业务重点关注区空间分辨率应优于 0.2m。

2）DEM 数据

大江、大河、重要河段、重要湖泊、其他重点水域区域格网尺寸应优于 15m；水资源管理、防洪等业务重点关注区格网尺寸应优于 5m。

3）倾斜摄影数据

流域防洪等重点业务关注区空间分辨率应优于 0.08m。

4）水下地形

重要河段、重要湖泊格网尺寸应优于 5m。

5）BIM 数据

内容涵盖枢纽工程、引调水工程、渠系工程等土建工程，综合管网、一般机电设备等，模型精细度等级应为 LOD2.0。

（2）数据处理要求

1）数据预处理

将 DEM、DOM 数据的空间参照系统一到 2000 国家大地坐标系（CGCS2000），进行空间位置配准。

2）地形模型加工

将 DEM 和 DOM 数据叠加，生成 L2 级地形模型。

3）行政区模型加工

从基础数据提取市级、区（县）级、街道（乡镇）级行政界线数据，经符号化生成 L2 级行政区模型，结合 DEM 数据修正模型高程数值。

4）建筑外观模型加工

提取倾斜摄影单体化建筑模型数据，进行模型形状与纹理匹配，转换生成 L2 级建筑外观模型。加工后模型形状与纹理保持统一协调，不会产生新的纹理扭曲、变形、拉花，模型精度和纹理清晰度无损失。

5)建筑内部模型加工

对于 BIM 建筑模型,抽取房屋楼板、内外墙体等要素,对其他要素进行概括综合,生成 L2 级建筑内部模型。

6)水系模型加工

提取倾斜摄影模型或水下地形数据的水系模型数据,转换生成 L2 级水系模型。或从基础数据提取大中小型河流、湖泊、池塘、海洋等岸线数据,由 DEM 粗略计算出水体等深数据,生成 L2 级水系模型,并赋予水面纹理。

7)植被模型加工

从基础数据提取林地、草地、农用地等边界线数据,转换生成面状植被模型,赋予相应绿地纹理,结合 DEM 数据修正地面高程数值。

(3)输出成果要求

L2 级模型采用通用三维数据格式存储,提供包含空间投影、文件目录结构的模型说明文件。

3.3.3 L3 级数据处理

(1)输入数据要求

空间基准应采用 2000 国家大地坐标系(CGCS2000),高程基准应采用 1985 国家高程基准。

1)DOM 数据

水利工程管理和保护范围、重点区域空间分辨率应优于 1m;工程水工建(构)筑物空间分辨率应优于 0.1m。

2)DEM 数据

水利工程管理范围、保护范围格网尺寸应优于 5m;工程水工建(构)筑物区域格网尺寸应优于 2m;需与水下地形融合的工程水工建(构)筑物区域格网尺寸应优于 0.5m。

3)倾斜摄影数据

水利工程管理和保护范围、重点区域空间分辨率应优于 0.08m;大坝、水库及重点水工建(构)筑物区域空间分辨率应优于 0.03m。

4)水下地形

重要水库区域格网尺寸应优于 2.5m;重点水下区域格网尺寸应优于 0.5m。

5)BIM 数据

内容涵盖闸门、发电机等关键机电设备,模型精细度等级应为 LOD3.0。

（2）数据处理要求

1）数据预处理

将 BIM、激光扫描室内模型、地下空间人工模型、工程建筑模型等数据的空间参照系统一到 2000 国家大地坐标系（CGCS2000），进行空间位置配准。

2）建筑外观模型加工

依据 BIM 建筑模型数据，删除建筑内部模型细节后生成建筑外观模型。或依据房屋建筑工程 CAD 图中的平面图、立面图，进行图形对齐，转换生成含建筑外观要素的建筑外观模型。

3）建筑内部模型加工

对于 BIM 建筑模型，抽取房屋楼板、内外墙体等要素，对其他要素进行概括综合，优化 BIM 模型材质纹理，生成 L3 级建筑内部模型。

4）水系模型加工

将水下地形数据转换生成 L3 级河道、河床模型，并赋予河道、河床纹理。

5）植被模型加工

采用植被三维模型，对山体、场镇、水利枢纽周边环境进行植被铺装。

（3）输出成果要求

L3 级模型采用通用三维数据格式存储，提供包含空间投影、文件目录结构的模型说明文件。

3.4 数据质检

水利数字孪生数据底板是构建虚拟模型的基础，其质量直接决定了数字孪生的准确性和实用性。为确保数据底板的高质量，必须进行全面的质量检查。

3.4.1 数据完整性检查

（1）缺失值检测

1）识别缺失值

通过数据探索和统计分析工具识别缺失值，并确定缺失模式（如完全随机缺失、系统性缺失）。

2）缺失值处理

使用插值法、均值填充或其他合适的方法补充缺失数据，或者标记缺失数据以供后续处理。

（2）重复数据检测

1）查找重复记录

使用数据清洗工具和算法识别并去除重复数据，以避免数据冗余和误差。

2）去重方法

根据数据的唯一标识符（如时间戳、设备 ID）来去除重复记录。

3.4.2 数据准确性检查

（1）校准与验证

1）传感器校准

对数据采集设备进行定期校准，以确保数据的准确性。与标准数据对比，进行修正。

2）参考数据验证

利用已知的参考数据（如历史数据或其他测量数据）验证数据准确性。

（2）一致性检查

1）时间点一致性

验证同一时间点的不同数据来源是否一致。例如，水位和流量的测量结果是否符合预期的关系。

2）空间一致性

检查空间数据的连贯性，例如，流域的地形数据是否与水文数据匹配。

3.4.3 数据一致性与有效性检查

（1）时间序列一致性

1）时间间隔验证

确保时间序列数据按预定的时间间隔记录。检查时间戳的正确性和一致性。

2）时间顺序检查

确保数据的时间序列顺序正确，没有时间倒退或遗漏。

（2）逻辑一致性

1）物理规律检验

验证数据是否符合物理规律和水文逻辑，例如，流量和水位的关系是否合理。

2）逻辑规则应用

检查数据是否符合设定的业务规则和逻辑，如水库的进出水量关系。

3.4.4　数据质量评估

(1)数据准确度

1)误差分析

计算数据的平均误差、标准差等统计指标,以评估数据的准确度。

2)对比分析

将采集的数据与预期的标准值或模型预测值进行对比分析。

(2)数据可靠性

1)稳定性评估

评估数据源在长期使用中的稳定性,包括传感器的长期表现和数据的一致性。

2)数据源稳定性

分析数据采集过程中的波动和异常,以评估数据源的可靠性。

3.4.5　异常检测与处理

(1)异常值检测

1)统计方法

使用统计方法(如 Z-score、箱线图)识别异常值。

2)机器学习算法

应用机器学习算法(如孤立森林、聚类分析)检测潜在的异常数据。

(2)异常处理

1)纠正异常数据

对异常数据进行修正或重新采集,确保数据质量。

2)标记异常值

对无法纠正的异常数据进行标记,以避免对模型结果产生负面影响。

3.4.6　数据审计与记录

(1)审计日志

1)操作记录

记录数据质检过程中所有操作,包括数据处理、修改和检查步骤。

2)变更追踪

跟踪数据和系统中的变更,以便后续审计和问题追溯。

（2）质量报告

1）报告生成

生成详细的数据质量报告，总结数据质检结果、发现的问题及处理措施。

2）结果分析

分析数据质量报告，识别潜在的改进区域和优化机会。

3.4.7 持续改进

（1）反馈机制

1）问题反馈

收集和分析数据质检中的问题反馈，持续改进数据采集和处理流程。

2）优化措施

根据反馈和实际应用中的问题，调整数据质检策略和技术方法。

（2）培训与提升

1）培训计划

定期对相关人员进行数据采集和质检的培训，提高他们的技术能力和意识。

2）技能提升

提供技术支持和资源，帮助人员掌握新的数据质检工具和方法。

3.5 数据更新

3.5.1 基础数据更新

基础数据更新频次通常取决于多个因素，包括数据来源、应用需求、系统架构和实时性要求等。一般来说，基础数据更新频次可以分为以下几类：

1）定期更新

一些数据可能不需要实时更新，但仍然需要保持一定的更新频次，比如每日或每周。这类数据可能包括天气预报、河流流量统计等，这些数据对于水资源管理和预测很重要。

2）周期性更新

某些数据更新的周期较长，如季度或年度。这类数据可能包括基础设施的状态、长时间的水文数据统计等。

3）事件驱动更新

在某些情况下，数据更新是由特定事件触发的，比如洪水、干旱等自然灾害发生时,相关数据会被立即更新以反映最新的情况。

3.5.2 监测数据更新

监测数据更新频次与基础数据的更新频次相关,但通常更注重实时性和数据的动态变化。监测数据的更新频次取决于监测设备的特性、数据的用途以及对实时性的需求。以下是一些常见的监测数据更新频次类别:

(1)实时更新

对于需要极高实时性的监测数据(如水位、流量、降雨量等),更新频次可能达到每秒钟或更短。这类数据通常通过传感器、遥测系统等获取,确保系统能够实时反映水利设施的当前状态,以便做出快速响应。

(2)高频更新

一些监测数据需要较高的更新频次,比如每分钟或每小时。这类数据对于动态监控和短期预测尤为重要,如降雨强度变化、流量波动等。

(3)中频更新

对于变化不那么频繁的监测数据,更新频次可能为每日或每周。这些数据可能包括一些稳定性较高的气象条件、流域状况等,用于长期监控和趋势分析。

(4)低频更新

一些监测数据更新的频次较低,如每月或每季度。这类数据通常涉及长期趋势分析或对水文系统的总体评估,比如长期水质变化、生态环境监测等。

(5)事件驱动更新

监测数据也可以根据特定事件或条件触发更新,比如在发生极端天气、洪水或其他突发事件时,监测数据会被即时更新,以便进行快速评估和应急响应。

3.5.3 业务管理数据更新

业务管理数据通常涉及系统操作、维护、调度、决策支持等方面。这类数据的更新频次一般与其使用目的和业务需求密切相关,通常包括以下几种更新频次类别:

(1)实时更新

对于关键的业务管理数据,比如实时调度决策、故障监控、应急响应等,更新频次可能非常高。这类数据需要快速反映当前的业务状况,以便做出即时决策。实时更新的频次可以是每秒钟或更短,确保管理者能够及时掌握系统状态并进行必要的操作。

（2）高频更新

一些业务管理数据需要较高的更新频次,比如每分钟或每小时。这类数据可能包括设备状态、系统负荷、运营指标等,用于短期的业务调度和优化。例如,实时监控某个水利设施的运行效率,可能需要每小时更新一次相关数据。

（3）定期更新

某些业务管理数据可能不需要实时更新,但仍需要定期进行更新,比如每日、每周或每月。这些数据可以包括维护记录、操作日志、系统报告等,这些信息对于长期的业务管理和分析非常重要。例如,每天更新一次设备运行日志,帮助分析设备性能趋势。

（4）周期性更新

一些数据的更新频次较长,比如季度或年度。这类数据通常涉及长期规划和战略决策,如年度性更新的数据有助于业务的长期规划和战略调整。

（5）事件驱动更新

业务管理数据的更新也可能受到特定事件的触发,比如系统故障、重大调整、政策变更等。在这些情况下,数据会根据事件的发生而立即更新,以反映最新的业务状态并支持应急处理和决策。

3.5.4 跨行业共享数据更新

跨行业共享数据的更新频次取决于数据的性质、使用场景以及相关行业的需求。跨行业共享数据通常包括气象数据、土地利用信息、环境监测数据等,这些数据不仅对水利部门重要,也对其他行业（如农业、城市规划、环境保护等）有影响。以下是一些常见的跨行业共享数据更新频次类别：

（1）实时更新

1）气象数据

如降雨量、温度、湿度等,这些数据对水利管理、农业、交通等多个领域都非常重要,实时更新频次可以达到每分钟或更短,以确保各行业能够及时获取最新的气象条件。

2）环境监测数据

如空气质量、土壤湿度等,这类数据可能需要实时更新以便及时响应环境变化。

（2）高频更新

1）水文数据

如河流流量、水位等，这些数据可能需要每小时或每日更新，以便在多个领域（如水资源管理、洪水预警等）中进行短期预测和监控。

2）农业数据

如土壤湿度、作物生长状态等，通常需要较高频次更新以支持农业生产决策和管理。

（3）定期更新

1）土地利用和规划数据

通常可以每月或每季度更新一次，虽然不需要实时更新，但定期更新可以反映土地利用变化及其对水利系统的潜在影响。

2）环境保护数据

如生物多样性监测、污染源数据等，定期更新有助于长期环境管理和政策制定。

3.5.5　地理空间数据更新

（1）DOM 数据

L1 级 DOM 数据不低于 1 年 1 次更新频次；L2 级 DOM 数据不低于 3 年 1 次更新频次；L3 级 DOM 数据根据业务需要进行实时更新。

（2）DEM 数据

L1 级 DEM 数据以数据源更新频率为准；L2 级 DEM 数据不低于 3 年 1 次更新频次；L3 级 DEM 数据在地形出现较大变化时及时更新，一般为 3～5 年更新 1 次。

（3）倾斜摄影模型数据

L2 级倾斜摄影模型数据不低于 3 年 1 次更新频次；对于影响流域防洪的相关地物变化较大区域不少于 1 年 1 次。

（4）水下地形数据

每年汛前应更新一次，如发生超标准洪水后等特殊情况应至少加密测量 1 次；水下连续地形应每年更新 1～2 次。

（5）BIM 数据

BIM 模型的更新频次依赖于项目的阶段、建设进度、维护需求和技术条件，根据实际需求进行更新。

3.6 本章小结

在水利数字孪生系统的建设过程中,数据底板的建设是至关重要的一环。本章节主要涵盖了数据资源、数据模型、数据加工、数据质检和数据更新等几个关键方面。

首先,数据资源的整合为系统提供了坚实的基础,包括水文、水利工程、气象等各类基础数据。通过对这些数据的全面收集和有效整合,可以确保数字孪生系统具有全面而准确的信息基础。

其次,数据模型的建立是实现数字孪生的核心。通过构建科学合理的数据模型,能够将复杂的水利系统转化为可视化的数字模型,从而使系统的行为和特征得以模拟和分析。这些模型不仅提升了系统的预测能力,也为决策支持提供了重要依据。

数据加工阶段涉及对原始数据进行清洗、转换和处理,以确保数据的有效性和一致性。这一过程对于提高数据的质量和可靠性具有重要作用,同时也为后续的数据分析和应用奠定了基础。

数据质检是确保数据质量的关键环节。通过对数据进行严格的质量检测,能够发现和修正数据中的错误及不一致,保证系统运行时的数据准确性和稳定性。这不仅提升了系统的可信度,也增强了用户对系统的信任。

最后,数据更新机制的建立保证了系统能够及时反映实际情况的变化。通过定期更新和维护数据,可以确保数字孪生系统始终保持最新的状态,从而提高其在实际应用中的有效性和可靠性。

综上所述,水利数字孪生数据底板的建设涉及多个环节,每一环节的精细化管理和优化都对系统的整体性能和应用效果有着深远的影响。通过系统化建设和维护数据底板,能够为水利工程的科学管理和决策提供坚实的数字支撑。

第4章　数字孪生工程关键技术

4.1　智能物联感知平台

4.1.1　总体架构

4.1.1.1　逻辑架构

物联网监控子平台作为智慧水利总体架构中核心支撑层的一个子平台,核心作用是采集自动化监控设备产生的数据,经过解析、规整后,上传至数据汇集子平台,支撑上层应用。物联网监控子平台(图 4.1-1)具备海量采集控制设备的设备管理、协议解析、数据接入等能力。

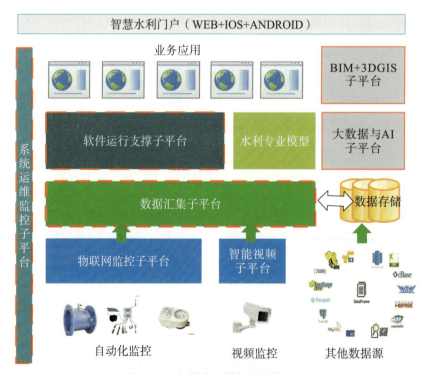

图 4.1-1　智慧水利服务平台关系图

4.1.1.2 技术架构

智能物联感知平台(以下简称物联网平台)架构见图 4.1-2。

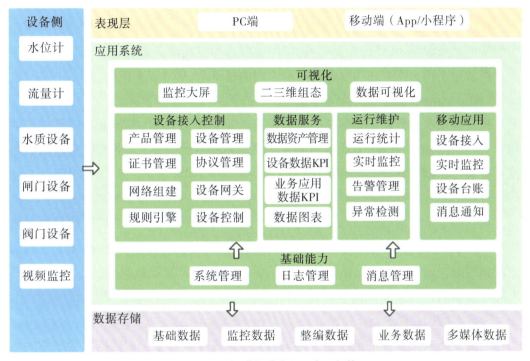

图 4.1-2 智联物联感知平台网架构

物联网平台使用 Java8、Spring Boot 2、Netty、Reactor 等技术,基于实现了物联网相关的众多基础功能,可以快速建立物联网相关业务系统。平台支持统一物模型管理,统一设备连接管理,多协议适配,灵活接入不同厂家不同协议的设备。灵活的规则引擎、设备告警、消息通知、数据转发,可基于 SQL 进行复杂的数据处理逻辑。

（1）协议解析

支持各类物联网主流协议,其中包括 TCP、MQTT、UDP、CoAP、HTTP 等多种协议。支持用户协议自定义,通过上传解析脚本来完成协议的解析,同时内置了标准水文规约和水资源规约协议,使用标准协议的设备可以快速配置集成发布。

（2）技术架构设计

将报文解析等底层技术复杂部分进行了封装,对上仅暴露提供业务配置功能,达到业务数据配置化让运维人员可以快速接入多种设备,无须了解复杂的底层技术。在数据处理上支持规则引擎配置,可以将各类原始异常数据进行各种规则处理后,形成标准业务数据,供数据平台使用。提供开放的 API 接口,通过简单的调用快速实现生成应用,包括设备增删改查、数据流创建、数据点上传、命令下发等,帮助用户便捷地构建上层应用提供 HTTP 推送服务,可以将数据以 HTTP 请求的方式主动推送至应用系统。

(3)数据库设计

在水利数据中心的基础上,充分利用数据中心的信息资源和软硬件资源,收集整编所需信息资源,接入外部数据,为物联网前端感知控制设备集成管理与智能分析平台提供数据支持。本书在项目整体建设原则的基础上,坚持以下原则:

1)统一监测数据存储与管理标准

建设将以水利数据中心整合的原有系统数据为基础,结合整个水利体系建设的需要,获取各类监测数据,实现水利体系数据的集中存储与管理,形成各类监测数据技术要求,指导数据存储与管理的建设实施。

2)采用先进的数据存储与管理技术

物联网子平台建设选用当今先进成熟主流的信息技术,并适度超前地采用先进技术。如数据库的设计结合应用系统采用并行计算的架构思想,通过 fluxdb 存储历史监测数据。通过 MySQL 存储基础设备信息以及相关配置数据,保证了读取和写入高并发需求。

3)热点数据存储

当前 GIS 技术发展的最新趋势是采用关系数据库或对象关系数据库管理空间数据。利用 SQL 语言对空间与非空间数据进行操作,同时可以利用关系数据库的海量数据管理、事务处理(Transaction)、记录锁定、并发控制、数据仓库等功能,使空间数据与非空间数据一体化集成。

本系统将采用关系数据库 MySQL＋MongoDB＋Redis 相结合的技术统一管理空间数据和属性数据,确保空间和非空间数据的一体化存储,实现海量地理空间信息数据的存储、索引、管理、查询、处理及数据的深层次挖掘问题,为前端 GIS 应用功能开发和空间信息发布提供强有力的支持。

4)基于多尺度数据集成机制

通过组织结构合理的元数据库,系统对地理空间数据库以及非空间信息的属性数据的访问和共享就都可以通过元数据进行。从逻辑上讲,可以说是提供了一种基于元数据的多尺度数据集成机制。借助这种机制,对数据库中任何信息的检索、查看、定位、提取以及权限管理等,都可以方便而简洁地进行,使得我们可以从容面对海量的多源、多尺度数据。因此,从数据管理和共享的角度看,基于元数据的多尺度数据集成机制是合理而高效的选择。

(4)接口设计

软件数据接口的设计原则主要包括稳健容错原则、经济效益原则和可拓展性原则 3 个原则。

1)稳健容错原则

软件的系统运行,一般存在两种情况,一是其他系统与其本身系统外部接口之间联系而实现相互调用,二是借助内部接口是内部模块实现数据互通。这两类情况尤其是借助外部接口而实现的数据互通,极易出现数据连接的过程当中数据格式转换不当的情况。因此只有计算机软件系统的鲁棒性相对较高时,才能够更好避免错误发生和及时处理错误指令。计算机软件系统要能够做到在数据接口使用时快速精确找到错误来源,并提供相对应的解决方案。要能够依靠计算机软件数据接口的容错性实现更好的数据互通。

2)经济效益原则

软件接口的数据设计当中,应当做好性能与效益的平衡。计算机软件系统不应太过复杂。计算机软件模块在做到功能俱全的情况下,应当兼顾计算机软件系统的简洁明了,以便软件系统前期的设计、测试、调试以及后期的升级维护。具体而言,软件系统在保证主要功能的独立实现的前提之下,做到通过数据接口对外部的功能性的专业化的软件的集成,以达到功能齐全的前提下的经济效益最优。

3)可扩展性原则

用户人群不同,对计算机软件的功能需要也不尽相同。计算机本身所给出的系统功能往往无法满足多样化的人群需要。软件开发者应当充分注意到这一点,及时对计算机软件的数据接口进行升级和更换。同时,为了及时跟上不同用户的需求,应当在计算机软件数据接口设计的过程当中,做出数据接口的预留,保证能够及时升级维护。计算机软接口要具备相当的可拓展性,以应对程序变动和功能上的更新换代。

4.1.2 平台功能

4.1.2.1 设备接入

支持设备与云端通过物联网网关进行稳定可靠地双向通信,支持各类不同设备、网关轻松接入(图 4.1-3)。支持蜂窝(2G/3G/4G/5G)、Wi-Fi 等不同网络设备接入。支持MQTT、CoAP、HTTP/S、TCP 等多种协议的设备端 SDK,既满足长连接的实时性需求,也满足短连接的低功耗需求。设备接入的核心是协议包,无论是直连设备,还是云云对接,理论上都可以在自定义协议包里进行处理。集成了设备管理、数据安全通信和消息订阅等能力的一体化平台,向下支持连接海量设备,采集设备数据上云;向上提供云端API,服务端可通过调用云端 API 将指令下发至设备端,实现远程控制。

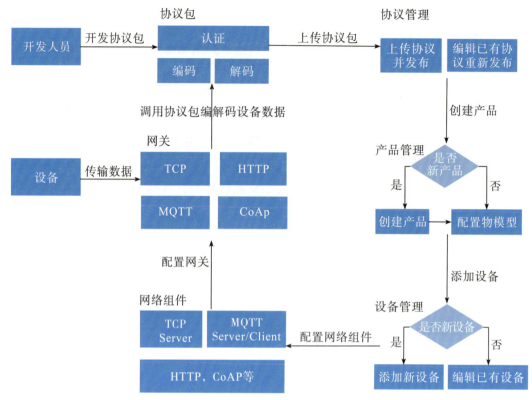

图 4.1-3　设备接入流程图

（1）证书管理

通过创建配置连接证书，设备连接物联网平台时进行证书校验，保证网关和数据的安全性，目前支持配置 PFX\JKS\PEM 类型的证书（图 4.1-4）。

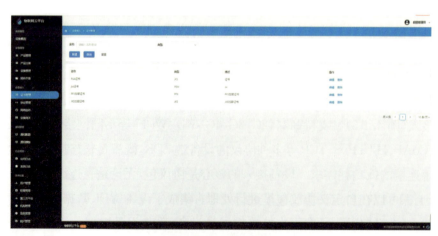

图 4.1-4　证书管理

（2）协议管理

协议管理（图 4.1-5）提供一系列配置内容，供用户进行选配，便于完成协议解析及信息接入。

图 4.1-5 协议管理

协议配置需要实现的内容包括协议字典、通道配置、协议配置、解析项配置等功能及接口。协议字典对报文解析后的内容提供协议字典管理及选项，包括字典名称、字典代码等，以便于对解析后的报文进行结构化处理；针对 RTU 等设备接入，提供通道相关配置，包括通道变化、通道名称、通道组设置等基础信息设定，以及完成通道与通道组、设备与通道等相关关联配置；协议配置提供配置协议名称、帧代号、报文类型、方向、协议版本、功能码、解析项、编译项、协议体系等协议相关内容；解析项配置提供解析项能力设置，包括名称、长度、处理方法等相关配置。

目前市场上存在多种前端感知设备，均具有不同的通信协议或报文体系。报文通信协议主要划分为通用型传输协议及专有协议两大类型。其中通用型传输协议主要包括 HTTP、MQTT、OPC 等主流 TCP/IP 通信协议，专有协议主要指遵循现有的报文规约，水利行业前端感知的报文规约主要包括国家水文规约、国家水资源规约、环保规约等。协议解析在底层提供相关协议解析能力，通过指定相关协议类型，返回解析后的结构化信息内容，分别提供通用传输协议解析及专有协议能力解析两类主要接口。

自定义协议方式开发流程：

1）创建协议块

通过读取预设配置文件，确定协议作用的连接方式，是否支持证书，包括 TCP\UDP\CoAP\WEBSOCKET\HTTP\MQTT 等方式。

2)配置元数据

配置元数据用于告知平台,在使用此协议时,需要添加一些自定义配置到设备配置中。在其他地方可以获取这些配置。

3)配置认证器

认证器(Authenticator)是用于在收到设备请求(如 MQTT)时,对客户端进行认证时使用,不同的网络协议(Transport)使用不同的认证器。

4)配置消息解码器

设备网关从网络组件中接收到报文后,会调用对应协议包的消息编解码器进行处理,解析出设备消息,转换为平台统一结构数据。

5)配置消息编码器

将平台的消息结构编码为设备可识别的数据结构,通过网络组件下发给设备。将平台下发的功能、读取写入命令、更新固件信息等经过编码器处理后下发到设备端。

6)配置消息拦截器

使用拦截器可以拦截消息发送和返回的动作,通过修改参数等操作实现自定义逻辑,例如,当设备离线时,将消息缓存到设备配置中,等设备上线时再重发。

(3)网络组件

创建网络组件(图 4.1-6),配置设备的连接,包含接入 IP、端口、证书及其他连接信息,用于管理各种网络服务(MQTT、TCP 等),动态配置和启停。只负责接收和发送报文,不负责任何处理逻辑。

图 4.1-6　网络组件

(4)网关

负责平台侧统一的设备接入,使用网络组件处理对应的请求以及报文,使用配置的协议解析为平台统一的设备消息(DeviceMessage),然后推送到事件总线。

网关会创建一条消息线,网关创建、停止,设备上下线、消息处理、报警推送等进行推送,提供各个环节的订阅,创建分支处理。

网关处理流程:

①绑定网络组件,创建网络监听。

②绑定协议包,识别设备消息。

③创建客户端 session,流转消息。网关设备与平台进行连接,传感器连接到网关设备。平台可对网关以及网关下的所有设备进行管理(图 4.1-7)。

图 4.1-7　设备网关

4.1.2.2　设备管理

(1)产品管理

设备接入需要先经过产品定义的准备。产品定义了设备模型,从属性、功能和事件 3 个维度,分别描述了该实体是什么、能做什么、可以对外提供哪些信息(图 4.1-8 至图 4.1-10)。

定义产品物模型,设备模型分为属性(properties)、功能(function)、事件(event)。

1)设备属性

用于定义设备属性,运行状态等如设备 SN、当前 CPU 使用率等。平台可主动下发消息获取设备属性,设备也通过事件上报属性。

2)设备功能

用于定义设备功能,平台可主动调用。

3)设备事件

用于定义设备事件,如设备报警、设备异常等。

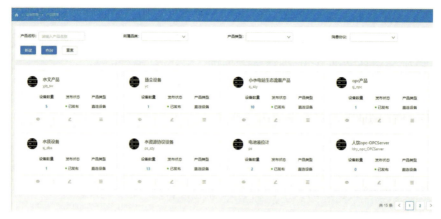

图 4.1-8　产品列表

图 4.1-9　属性定义

图 4.1-10　产品管理

（2）物模型管理

　　物模型是对设备的数字化抽象描述，描述该型号设备是什么，能做什么，能对外提供哪些服务。物模型将物理空间中的实体设备数字化，在云端构建该实体的数据模型，即将物理空间的实体在云端进行格式化表示。

物模型属于应用协议之上的语法语义层。在物联网平台中，物模型完成对终端产品形态、产品功能的结构化定义，包括终端设备业务数据的格式和传输规则。

物模型在业务逻辑属于物联网平台的设备管理模块。用于实现不同设备能够以统一的物模型标准对接应用平台，不同应用之间能够以统一的物模型标准进行数据互通。

1）物模型功能说明

基础功能分为属性、服务、事件3类（表4.1-1），此外物模型扩展了标签属性来定义设备类型。

表 4.1-1

功能类型	说明
属性	用于描述设备的动态特征，包括运行时的状态，应用可发起对属性的读取和设置请求
服务	用于描述终端设备可被外部调用的能力，可设置输入参数和输出参数。服务可实现复杂的业务逻辑，例如执行某项特定的任务；支持同步或异步返回结果
事件	设备运行时可以被触发的上行消息，如设备运行的记录信息，设备异常时发出的告警、故障信息等；可包含多个输出参数

2）物模型数据支持类型

①数字类型：

　　int 整型。

　　long 长整型。

　　float 单精度浮点型。

　　double 双精度浮点型。

②boolean 布尔类型。

③String 字符类型。

④Enum 枚举类型。

⑤Date 时间类型。

⑥Password 密码类型。

⑦File 文件类型。

⑧array 数组（集合）类型。

⑨object 对象（结构体）类型。

⑩geoPoint Geo 地理位置类型。

（3）设备管理

设备管理是对设备基础配置、状态监测及个性化配置，包含设备基础配置、设备状态监控、设备功能调用、设备日志、告警设置、可视化配置、设备影子（图 4.1-11 至图 4.1-14）。

图 4.1-11　设备基础配置

图 4.1-12　设备状态监测

图 4.1-13　可视化监测

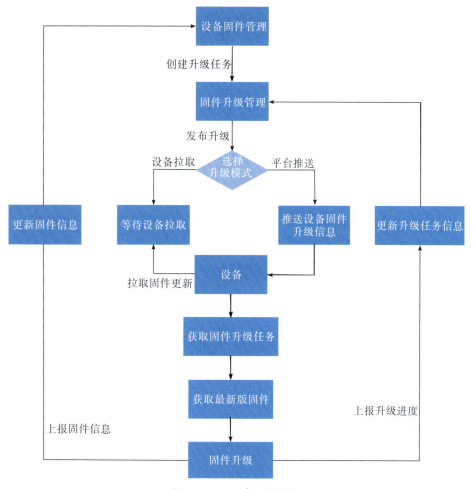

图 4.1-14 设备固件升级

1）设备基础配置

包含设备基础信息、关联产品、机构信息及设备认证配置。

2）设备状态监测

包含设备在线信息，属性上报情况，设备事件发生情况。

3）设备功能调用

为设备定义的功能，可通过功能下发反控命令。

4）设备日志

记录了设备上下线、属性事件上报、功能调用的日志。

5）告警设置

可监控设备运行进行告警通知及反控处理。

6）可视化配置

可实现可视化自定义，进行监控设备上报数据。

7)设备影子

可实现自定义配置,扩展设备能力的作用。

4.1.2.3 实时监测

根据设备数据上报情况,实时监测设备在线情况,远程监控设备运行情况。

平台大量使用事件驱动,形成事件总线,通过 topic 进行发布订阅消息,协议包将设备上报后的报文解析为平台统一的设备消息后,会将消息转换为对应的 topic 并发送到事件总线,可以通过从事件总线订阅消息来实时获取及处理消息。具体应用场景包含:

①通过订阅消息 topic,进行消息存储,消息转发及通知;

②订阅告警 topic,进行告警通知;

③订阅设备上下线 topic,监听设备实时状态;

④提供 WebSocket 消息订阅,消息订阅转发到对应的 topic。

4.1.2.4 数据管理

(1)数据权限

将任意数据(产品、设备等业务数据)分配给任意维度(租户、机构、用户等)。实现灵活的数据共享和权限控制,权限控制包含:

1)租户配置

通过定义租户成员、租户权限、租户资产,达到不同场景的权限设置,不同部门只能管理自己部门下的数据,同一个租户下,不同成员对同一个资产有不同的操作权限,不同租户数据访问权限不同(图 4.1-15)。

图 4.1-15 租户配置

2)机构组织配置

定义不同的机构,可根据部门、地区、职能等不同维度构建机构,不同机构访问权限不同。

3)用户权限配置

不同用户不同权限配置。

4)用户角色配置

不同角色不同的权限配置。

（2）数据处理

提供数据公式计算配置、数据转发到 MQ、时序数据库功能。

设备提供设备影子功能（图 4.1-16），可配置数据计算公式，通过事件总线，订阅上报数据进行公式计算，通过配置数据整编转存位置，将计算后的数据转存到 MQ、关系数据库及时序数据库中。

图 4.1-16 设备影子

（3）数据存储

物联网数据存储，包含物联网基础数据、监测数据、日志数据及历史数据。

1)结构化数据存储

物联网基础数据为结构化数据，采用关系型数据库 MySQL 进行存储。

MySQL 关系型数据库存储内容：

①系统表：支撑系统基础权限及使用，包含用户、角色、权限、菜单、组织机构、租户、数据字典等数据；

②结构表：包含物联网产品、设备、网络组件及网关等物联网结构化数据；

③临时数据表：包含设备最新上报状态、最新监测信息及下发命令等数据；

④配置信息表：包含设备预警配置、通知消息及模板配置。

结构化数据存储优点：

①存储结构化：对于产品、设备基础信息，需要事先定义基础结构，结构化数据通常需要固化结构，不轻易变动，通常有高速存储应用需求、数据备份需求、数据共享需求以及数据容灾需求，这一类数据进行结构化存储；

②存储规范化:为了充分利用存储空间,尽可能地避免数据冗余,按照数据最小关系表的形式存储,数据清晰,一目了然;

③查询方便:结构化查询语言对数据进行管理;

④事务性:为了保证数据的商业业务逻辑以及数据安全性,支持事务处理;

⑤数据一致性:关系型数据库追求的是数据实时性和数据的一致性。

2)时序数据存储

监测数据需要严谨的时间序列化和快捷的统计分析能力,采用时序数据库 InfluxDB 进行存储,InfluxDB 专注于海量时序数据的高性能读、高性能写、高效存储与实时分析等。

时序数据库 InfluxDB 存储内容:

①监测数据:根据产品分类,横向或纵向存储设备监测数据;

②设备日志:根据产品分类存储设备上报、上线、事件触发日志;

③触发事件:根据产品存储自定义事件触发详情;

④整编数据:存储设备自定义转存整编数据。

时序数据库 InfluxDB 存储优点:

①数据保存策略:部分历史数据不需要一直保存,我们可以设置数据保存时限,超过时间自动删除,或者设置数据永不超时,设置副本数量等;

②无模式数据库:可以很容易地扩展添加字段,不影响历史数据;

③海量高效存储:InfluxDB 提供可拆分 TSMFile 存储引擎;

④高性能读取:InfluxDB 提供类 SQL 查询,同时优先考虑新增和读取性能阻止更新删除行为使得创建和读取数据更加高效。

InfluxDB 是一款专门处理高写入和查询负载的时间序列数据库,它使开发人员能够构建物联网、分析和监控软件。它专门用于处理由传感器、应用程序和基础设施产生的海量和无数来源的带时间戳的数据。

InfluxDB 是一种集时序数据高效读写、压缩存储、实时计算能力为一体的数据库服务,具有成本优势和高性能读、高性能写、高存储率。InfluxDB 针对时间进行了优化,专为时间序列数据而构建。InfluxDB 具有跨 oSS、云和企业产品的通用 API 的可编程性和高性能,可为您提供高粒度、高扩展性和高可用性。每秒捕获、分析和存储数百万个点,并使用我们强大的语言 Flux 来查看所有数据源。

3)日志数据存储

日志数据对于存储及查询性能需求较大,采用 Elasticsearch 进行存储。

与一般数据库相较而言,在解决数据库中数据量过大的同时,模糊查询会导致数据库索引失效,查询效率低的问题。

①Elasticsearch 优势：

横向可扩展性：只需要增加一台服务器，简单配置，启动 ES 进程即可并入集群。

分布性：同一个索引分成多个分片，分片机制提供更好的分布性，索引分拆成多个分片，每个分片可有零或多个副本。集群中的每个数据节点都可承载一个或多个分片，并且协调和处理各种操作；负载再平衡和路由在大多数情况下自动完成。

分布式实时文件存储：可将每一个字段存入索引，使其可以被检索到。

高可用：提供复制（replica）机制，一个分片可以设置多个复制，使得在某台服务器宕机的情况下，集群仍旧可以运行，并会把由于服务器宕机丢失的复制恢复到其他可用节点上。

②Elasticsearch 分析过程：

当数据被发送到 Elasticsearch 后，加入倒排索引之前，Elasticsearch 会对该文档进行一系列的处理步骤：

字符过滤：使用字符过滤器转变字符。

文本切分为分词：将文本（档）分为单个或多个分词。

分词过滤：使用分词过滤器转变每个分词。

分词索引：最终将分词存储在 Lucene 倒排索引中。

整体流程见图 4.1-17。

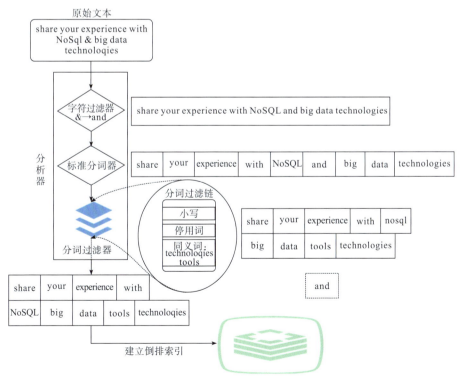

图 4.1-17　Elasticsearch 分析流程

4.1.2.5　预警告警

配置设备告警,监控设备上下线、设备事件、数据上报情况(图 4.1-18),并进行报警管理。根据情况进行设备功能调用及报警推送,使用场景包含根据水位情况开关阀门、设备离线进行推送通知等。

图 4.1-18　设备状态统计

4.1.2.6　整编分析

物联网平台的基础驱动力是各种前端感知设备的监测数据,基于这些监测数据方可开展农村供水相关供水工程及供水管网运行监测、爆管诊断、水损分析、设备故障溯源等业务工作。

"互联网+农村供水"项目存在大量压力、流量、水位、水量等监测数据,这些数据均存储于物联网平台上,对项目业务的正常运行具有重要意义。由于项目前端感知设备大部分部署在室外环境,在感知数据采集过程中难免会受到外界环境、气候、信号、设备本身等要素的影响,采集到的感知数据存在缺失、噪声数据与异常值,这些数据需要被有效识别并且进行自动整编处理,剔除异常值,补充缺失数据,以保证数据的可用性及可靠性。

(1)异常数据识别

对于监测数据,主要从及时性、准确性两个维度进行异常识别。及时性主要体现在数据的报送实时性,需要所有监测类数据具备监测时间和创建时间,综合分析监测时间、创建时间、数据报送周期进行识别,到数据上报时间未按时上报识别为缺失数据,需要整编处理;监测时间与创建时间之间差值太大则识别为延迟上报数据,需要将对应时间缺失数据的整编值用该延迟上报数据进行替换。准确性指各类监测数据必须符合监测规则,如监测值不可超过设备采集量程等,否则识别为异常数据,需要整编处理。

异常数据指按照设备上报规则,上报数据超过正常范围或量程的情况,需要对数据进行识别和剔除,识别方法主要包括拉依达准则和格拉布斯准则。

1)拉依达准则

在重复观测次数充分大的前提下($n>10$),按贝塞尔公式计算出实验标准偏差 s,若某个可疑值 x_d 与 n 个结果的算术平均值之差 $(x_d-\overline{x})$ 的绝对值大于或等于 $3s$,则判定 x_d 为异常值。即 $|x_d-\overline{x}|\geqslant 3s$。

2)格拉布斯准则

设在一组重复观测结果 x_i 中,其残差 $|v_i|$ 最大者为可疑值 x_d,在给定的置信概率为 $p=0.99$ 或 $p=0.95$,也就是显著水平 $\alpha=l-p=0.01$ 或 0.05 时,如果满足式(4.1-1),可以判定 x_d 为异常值。

$$|x_d-\overline{x}|/s \geqslant G(a,n) \tag{4.1-1}$$

式中:$G(a,n)$——与显著水平 α 和重复观测次数 n 有关的格拉布斯临界值。

(2)缺失数据处理

数据缺失指未按照正常采集频次上报的监测数据导致的缺失以及异常数据被剔除导致的空缺,对于这两种情况都需要根据实际业务场景进行处理。

水压等数据采用的插值算法主要包括确定性方法和地统计方法。确定性插值方法以研究区域内部的相似性或以平滑度为基础由已知样本点来创建表面,确定性插值方法主要包括反向距离权重法(Inverse Distance Weight,IDW)和地统计法,地统计方法利用的则是已知样本点的统计特性,该方法不仅能够量化已知样本点之间的空间自相关性,而且能够说明采样点在预测区域范围内的空间分布情况,克里金插值法(Kriging)是地统计方法中的一种常用方法。

1)反向距离权重法(IDW)

反向距离权重法基于地理学第一定律相近相似原理:即两个物体离得越近,它们的性质就越相似;反之,离得越远,则相似性越小。反向距离权重插值方法是一种局部插值方法,它以插值点与样本点间的距离为权重进行加权平均。离插值点越近的样本点赋予的权重越大。

反向距离权重法的一般公式见式(4.1-2)。

$$\hat{Z}(s_0) = \sum_{i=1}^{N} \lambda_i Z(s_i) \tag{4.1-2}$$

式中:$\hat{Z}(x_0)$——插值点 s_0 处的预测值,即生成等压面所需内插的压力值;

$\quad N$——样本点的数量;

$\quad \lambda_i$——样本点的权重,该值随着样本点与插值点之间距离的增加而减少;

$Z(s_i)$——s_i 处获得的测量值。

确定权重的计算见式(4.1-3)。

$$\lambda_i = d_{i0}^{-p} / \sum_{i=1}^{N} d_{i0}^{-p}, \sum_{i=1}^{N} \lambda_i = 1 \tag{4.1-3}$$

式中：p——指数值；

d_{i0}——插值点 s_0 与各已知样本点之间的距离。

国内外学者一般取 $p=1$ 或 $p=2$ 进行插值。用反向距离权重法进行插值，要求样本点应尽量分布均匀，且布满整个插值区域。对于不规则分布的样本点，插值的时候利用的样本点往往也不均匀分布在周围的不同方向上，每个方向对插值结果的影响不同，插值结果的准确度也会随不均匀程度的增大而降低。

2)克里金插值法

克里金插值法又称空间自协方差最佳插值法，是一种线性、无偏、方差最小的空间内插方法，可以用式(4.1-4)进行表示。

$$\hat{Z}(x_0) = \sum_{i=1}^{N} \lambda_i Z(x_i) \tag{4.1-4}$$

式中：$\hat{Z}(s_0)$——未知点的压力值；

$Z(x_i)$——未知点周围样本点的压力值；

λ_i——第 i 个已知样本点对未知点的权重；

N——已知样本点的个数。

与反向距离权重法不同的是，克里金插值法不仅考虑了预测点与样本点之间的位置关系，而且通过变异函数和结构分析，考虑了样本点之间的空间相关关系及与未知点的空间分布关系。

式(4.1-4)中的权重系数可按下列方程组式(4.1-5)进行计算。

$$\begin{cases} \sum_{i=1}^{n} \lambda_i \gamma(x_i, x_j) + \mu = \gamma(x_i, x_0), j=1,2,\cdots,n \\ \sum_{i=1}^{n} \lambda_i = 1 \end{cases} \tag{4.1-5}$$

式中：$\gamma(x_i, x_i)$——点 xi 与 xj 之间的协方差；

μ——拉格朗日参数。

克里金插值法的实质是利用区域化变量的原始数据和变异函数的结构特点，对未知样本点进行线性无偏、最优估计。由于该方法有坚实的理论基础，插值效果往往更接近实际情况。但该方法计算量较大，计算速度较慢。因此对于大数据量来说，不得不考虑这一因素。

流量、水量等数据采用的插值算法主要是均值、中位数、众数填充，可以根据缺失数据前后一小段时间内上报数据间的相似性（中心趋势）填补缺失值，通常使用能代表变量中心趋势的值进行填补，代表变量中心趋势的指标包括平均值、中位数、众数等。

4.1.2.7 故障溯源

物联网平台接入了大量压力、流量、水质等前端感知设备，设备往往由于老化、电池没电、硬件故障等原因导致设备上报的监测数据出现问题，并且上述问题不能及时识别出具体的故障原因，进而对项目的供水工程运行监测、爆管诊断、水损分析等业务产生影响。因此，使用前端设备故障溯源技术，根据设备的故障现象自动溯源故障可能原因，结合人工排查，不断优化溯源逻辑，提高设备故障自动溯源精度，对于项目相关业务的良好运行具有重要意义。

（1）实时分析设备状态及上报数据，发现异常及时生成告警，同时进行告警过滤

物联网平台实时分析设备在线离线状态以及设备上报的数据，如果发现设备离线、设备仅有心跳数据无传感器监测数据、设备监测数据连续出现异常抖动、跳码、错误数据等情况时，需及时生成对应的告警信息，便于故障的定位和溯源。对于周期性采集的设备告警信息，同一种设备的同一个故障，会周期性生成多条重复的告警信息，需要进行过滤。采集数据经过判断，识别为同一事件连续发生时，只保留最开始的事件，直到该事件恢复为止，再次发生的同一事件才能被判定为新事件，才会生成新告警。通过对告警事件的过滤，可以减少很多不必要的告警，提高告警的可用性（图 4.1-19）。

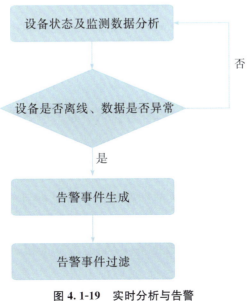

图 4.1-19 实时分析与告警

（2）建立根源故障追溯规则库，分析告警事件，定位故障部件

由某一根源故障引起的大量连锁告警事件称为事件潮。在一个事件潮中，事件是有层次的，呈树状因果序列分布，具有如下特征要素：

1）根源事件

即某一次事件潮的起因事件。

2）从属事件

是由根源事件引起的事件，每一个从属事件都应有到根源事件的引发路径。

3）引发路径

从根源事件到某个从属事件的一条固定的、由多个因果事件对组成的驱动路径，由此路径可以正向或逆向追溯事件发生的原因。

梳理项目所有的告警信息和设备部件关联关系，建立根源故障追溯规则库，可通过多个从属告警事件定位根源故障部件（图 4.1-20）。

图 4.1-20　建立故障追溯规则库定位故障部件

例如，在"互联网＋农村供水"项目里，同一个监测点的流量计和压力计监测数据通过 RTU 向物联网平台传输，当告警提示该监测点流量、压力监测数据同时出现异常时，根源事件可能是 RTU 故障；当告警提示流量监测数据出现异常，而压力正常时，根源事件可能是流量计故障。

（3）建立故障溯源知识库，分析故障部件历史数据，定位故障原因

建立故障溯源知识库用来存放前端感知设备各部件目前所知的所有故障原因，如天线损坏、通信模块损坏、电池老化、电池无法充电、RTU 软件故障、传感器故障等；监测数据的故障现象、故障前数据情况，如无数据上报、有心跳数据无传感器数据、监测数据异常抖动、跳码、错误数据、故障前电压、信号是否正常等；以及故障现象与部件故障原因的关联关系。定位故障部件后，分析故障前的历史数据，基于此知识

库定位故障原因(图 4.1-21)。

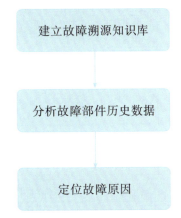

建立故障溯源知识库

分析故障部件历史数据

定位故障原因

图 4.1-21 建立故障溯源知识库定位故障原因

4.1.3 小结

物联网子平台可以对现场运行的前端感知设备进行状态监视、数据上行和下行控制,实现在应用领域的前端"感知"。物联网子平台遵循统一的数据库和接口设计,支持通用协议接入方式及报文解析能力,具备数据接入、设备控制、数据管理、数据报警等各项功能,并且与数据传输层与服务层直接对接,对下直接连接前端设备,提供上行监控数据获取与下行控制指令传输能力;通过数据交换平台与数据中心层直接进行监控数据管理能力;对上提供一系列物联网基础接口服务,支撑上层智能应用、产品及门户的扩展能力。

4.2 人工智能分析平台

4.2.1 总体架构

4.2.1.1 逻辑架构

在数字孪生流域的架构图中,模型平台和知识平台同属于数字孪生平台,为整个数字孪生流域提供基础平台能力支撑(图 4.2-1)。

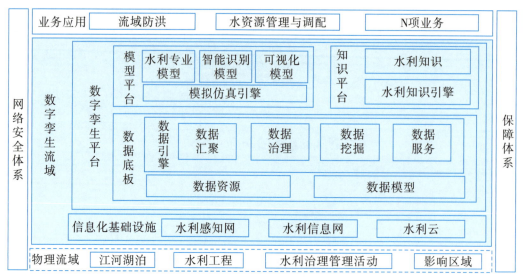

图 4.2-1 智慧水利总体架构

模型平台中的智能识别模型包含遥感识别、视频识别和语音识别,知识平台包含水利知识及其引擎(图 4.2-2)。

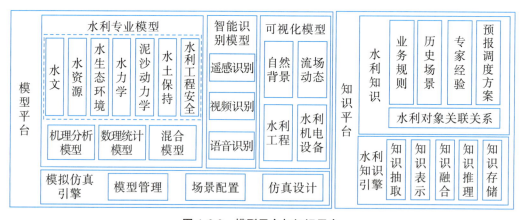

图 4.2-2 模型平台与知识平台

随着神经网络技术的快速发展,图像特征的提取、融合能力突飞猛进,视频识别和遥感识别的性能得到巨大提升,原本以知识图谱为底层技术支撑的知识平台正在朝大模型方向演变,以模型能力为基础,在此之上,充分利用"外挂"知识,实现水利垂直领域的知识理解和运用,最终实现以 Agent 技术为核心的大模型应用(图 4.2-3)。

图 4.2-3 大模型架构示意

4.2.1.2 技术架构

人工智能分析平台以服务器、边缘设备为基础，支撑平台应用，对数据、设备进行统一管理，整体架构见图 4.2-4。

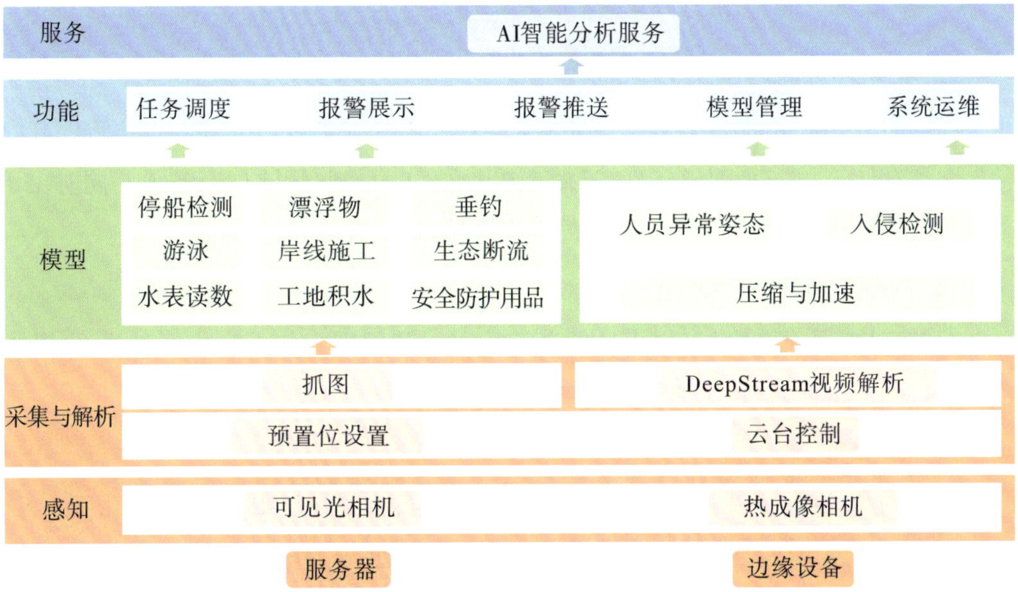

图 4.2-4 人工智能分析平台架构

人工智能分析平台包含抓图服务、数据存储、中间件通信、AI分析、报警结果推送等模块，抓图服务定期或即时从视频汇聚平台抓取数据，提交分析请求，请求进入消息中间件，然后分发至 AI 分析模块，收到分析请求后，AI 分析模块从存储模块提取数据进行智能分析,并将结果再次推送至消息中间件,最终报警结果推送模块,收到 AI 分析模块的分析结果,进行对外推送,为上层的应用系统提供核心的报警信息。

(1)抓图服务—数据

抓图服务模块为整个流程提供数据来源,该模块基于开源的轻量级框架 SpringBoot 开发,自动采集图像数据,适配多家硬件厂商以及流媒体数据,动态配置频率、时段,拓展性强(图 4.2-5)。

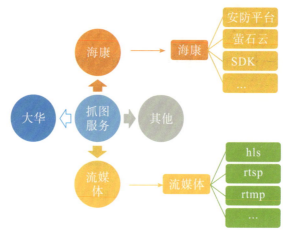

图 4.2-5　抓图服务

(2)数据库存储

抓图服务获取的数据存储于分布式文件存储系统,如 MinIO 等。直接将图片这种大文件存储于数据库,十分有利于大量图片文件的复制、删除以及备份。同时由于其分片式存储机制,实现分布式存储的操作简单,拓展性强,安全性高。

(3)消息中间件

存储模块、展示模块与 AI 模块的通信均采用基础平台的消息中间件进行,其在整个分析流程中存储、转发消息,可用性高、拓展性强。

(4)AI 分析

AI 分析模块集成开源深度学习框架,以 ResNet、Faster R-CNN、Mask R-CNN 等经典的图像分类模型、目标检测模型、图像分割模型等为核心算法原型,针对多种应用场景开发对应的神经网络模型,实现智能分析与报警,并且支持模型按需扩展。

(5)报警结果推送

人工智能分析平台的报警结果提供对接接口,供业务系统调用。

4.2.2 平台功能

4.2.2.1 视频AI

4.2.2.1.1 智能识别模型

（1）河湖监管场景

1）水面漂浮物识别模型

江河水面里的漂浮物可顺流而下，易发生聚集，不仅对池河水体、水景观、供电、航运业等导致不利影响，而且破坏生态环境，威胁生活饮水安全。河湖监管场景要求发现与处置一体化监管，因此对于随水流一起流动的漂浮物并不能被有效清理，只有当水面漂浮物聚集于拦河建筑前后，才可能安排清漂人员进行清漂作业。

因此，对于漂浮物检测模型而言，判定为水面漂浮物并报警必须结合业务要求的两个基本原则：位置、面积。

常见位置包括江河的凹岸、堤坝前后、桥墩前后、闸门前后或人工铺设的拦漂装置处，因此结合这些常见的拦河建筑和装置，组合判断漂浮物是否发生报警。

只有当漂浮物聚集达到一定规模之后，才适合安排清漂作业人员出动进行清漂作业，面积较小的漂浮物给生态和安全带来的影响也相对较小，权衡利弊合理安排清漂作业才是切实可行的处理方案，基于语义分割模型的识别结果正好可以满足此项需求。根据本项目不同摄像头监控角度和距离，设定漂浮物像素面积在监控图像中的占比比例阈值，科学报警，可精准触发水面漂浮物报警（图4.2-6）。

图 4.2-6 坝前漂浮物报警图

该监控位置,图像为1080p,图像大小为656100,模型检测到坝前漂浮物像素面积为63051,占全图范围的比例为:63051/656100≈9.61%。

漂浮物像素面积占比超过阈值5%,因此进行漂浮物报警。

2)采砂识别模型

河砂是缓冲河道水流、涵养水源、保护堤防与河岸的重要屏障,非法采砂带来的河砂资源无序开采,加剧了河水尤其是洪水对河岸的冲刷,导致河堤被掏空,严重威胁防洪工程的安全性;大量非法采砂也会改变河道原有水文环境,破坏航道和通航建筑物,使水流流态紊乱,影响通航安全;非法采砂船以柴油为动力,造成水体石油类污染急剧增加,采砂人员排放的生活废弃物、垃圾,也严重污染水体生态环境。

常见采砂监管分为两种,旱采和水采,旱采多集中于宽度较小的河流,挖掘机等工程车辆靠近或进入河道进行采砂,水采则多发在干流,使用采砂船进行盗采。常规监测手段为架设双光谱云台,搭载可见光相机和热成像相机,对白天和夜间的采砂船只、车辆进行全天候监测,但热成像相机的缺点非常明显,热成像相机价格贵,变焦功能弱,监控距离短,而且成像质量差。

因此本项目以带补光功能的可见光摄像头为核心,基于语义分割模型监测船舶、工程车辆的位置和轮廓,逐像素对比,计算一段时间前后目标对象变化像素比例,变化比例小于设定阈值则判定为停留行为,记录停留时长,停留时间超过指定阈值,则进行疑似采砂行为报警。

对于船舶盗采行为,将报警图片推送至后端服务器进行船舶吃水深度的进一步检测,结合船舶停留时间,计算船舶吃水深度的变化,若船舶吃水深度随停留时长的增加而增加,则可确认采砂行为,提高采砂报警的准确性。

①旱采。

通过对下河道关键卡口的实时监测,结合河道范围内工程车辆作业行为监控,发现非法采砂工程车辆的作业行为规律,识别工程车辆车牌号,抓拍图片和视频,精准发现旱采作业行为(图4.2-7)。

图4.2-7　旱采识别逻辑

②水采。

针对规划可采区、禁采区、盗采易发区、疏浚等典型场景,基于船只类型、船只位置、停船时间的智能识别,结合具体业务规则,对采砂船、运砂船等船只的作业时间、作业范围进行监管,对超出规定作业时间、作业范围、作业船只类型和数量等违规行为进行智能报警(图4.2-8)。

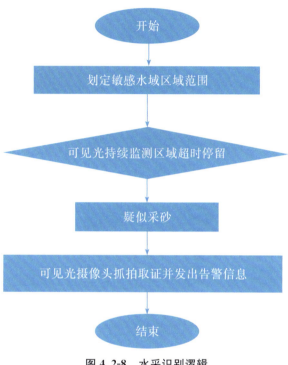

图4.2-8 水采识别逻辑

(2)农村水利场景

1)渠水漫堤识别模型

现代农业形成了集引、输、灌、排于一体的水利工程,其中包含干渠、支渠、斗渠等种类多样的渠道,但由于渠道分布范围广,且人工渠道深度浅,一旦发生洪水,极易发生漫堤,甚至决口事故。因此本书依托视频监控,对渠水漫堤现象进行智能监管,分级及时预警,为渠道防汛提供有力数据支撑。

图4.2-9为渠道划定三级预警区域,根据检测到渠道水面区域的范围与各级预警区域的关系,若超过一级预警区域,则触发一级报警,当触发二级报警区域,则触发二级报警,依此类推,报警级别越高,反映渠水漫堤现象越严重(图4.2-9)。

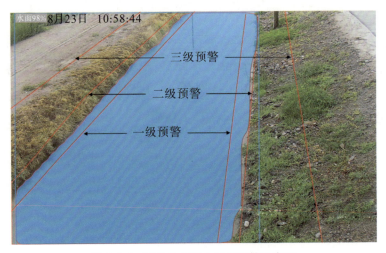

图 4.2-9　某分水闸渠水漫堤预警示意图

2）水表读数自动识别模型

水表读数自动识别模型主要的应用场景是采集系统自动采集或者手动采集的水表图像，系统通过对水表图像的分析与处理输出该水表图像中的水表读数结果，对于某些无法识别的水表图像，系统需要对这些图片进行标识并读数，转人工进行干预处理（图 4.2-10）。

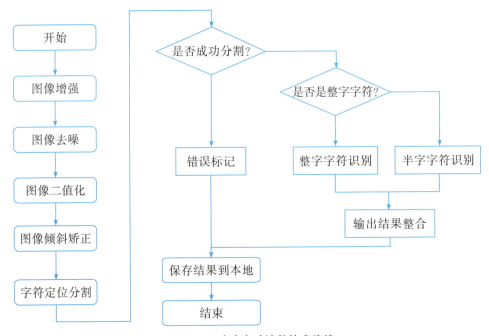

图 4.2-10　水表自动读数技术路线

①图像增强。

在实际情况中，采集的图片可能存在光照不均、亮度过强或者亮度不足等情况，导致图片偏暗或者偏亮,使得字符与背景的区分度不够。采用直方图均衡化、光补偿算法等方法进行图像增强,改善图像采光上的不足。

②图像去噪。

水表图像在采集或者传输过程中,或多或少会受到干扰,比如水表表面老化被腐蚀、传输过程中受到其他信号干扰、成像设备拍摄时环境光照不均等。这些干扰将导致水表图像的质量下降,使得有效信息得不到凸显,给水表读数的准确识别带来难度。所以,图像去噪是为了消除各种噪声带来的影响,降低后续数字识别的难度,从而提高识别精度。

③二值化。

相机拍摄默认彩色图片,与人眼观察的色域一致,符合人工判断的习惯,但从图像分析角度上看,过多的颜色空间信息,只是色彩上的干扰,二值化是通过灰度值的差异,通过选定阈值,将原灰度图变成仅含 0 和 255 的二值图像,在简化图像的同时使有效信息充分凸显。

④图像倾斜校正。

由于采集系统安装可能存在倾斜,同时水表表面本身可能也存在倾角,这将导致拍摄到的水表图像通常会存在一定程度上的倾斜。因为后续会采用水平和垂直投影的方式来定位数字字符,如果图像存在倾斜,那么垂直和水平投影将发生偏差,导致数字字符定位发生偏差,如果倾斜角过大,则会出现定位失败的情况。从而,在进行字符分割之前需要将水表图像校正到水平位置。

⑤字符定位分割。

根据水表图像中字符框的矩形框特征,定位读数区域,并分割出读数区。

⑥字符识别。

水表读数系统的核心部分就在于字符的识别,基于数字等宽的特点,根据水表的规则,确定水表读数的位置,进行预分割,并根据字符的完整程度确定不同的识别策略。

⑦结果整合。

整合字符识别的结果,给出系统的最终判断,包括识别结果以及相应置信度,供应用系统进一步处理(图 4.2-11)。

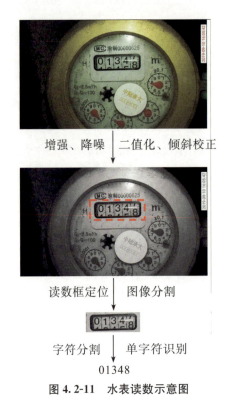

增强、降噪 二值化、倾斜校正

读数框定位 图像分割

字符分割 单字符识别

01348

图 4.2-11 水表读数示意图

（3）智慧工地场景

1）安全防护用品穿戴识别模型

未佩戴安全帽识别需要基于人体的检测，在人体的基础上，对人体部位进行进一步的检测，尤其是对人体头部区域的分析，根据是否佩戴帽子，以及帽子的种类，综合判定是否佩戴安全帽。

①人体目标提取。

人体目标区域的提取，采用改进的目标检测网络对人体目标进行检测，提取人体外接矩形区域，进行下一步人体部位的检测。

②人体部位和安全帽、反光衣检测。

基于开源 YOLOv5 网络结构，对人体部位进行检测，检测内容为头部、安全帽、上半身、反光衣、下半身。分别检测人体头部、安全帽和人体上半身、上衣类型，为下一步综合判断人员是否穿戴安全防护用品，尤其对于人体被遮挡的情况进行判断。例如，当工人被遮挡时，模型虽然检测不到安全帽或反光衣，但可以检测到人，如果因此判断该工人没有穿戴安全防护用品，显然并不合理，只有当检测到的人体包含头部或上半身时，才可以判定该工人没有穿戴安全防护用品（图 4.2-12、图 4.2-13）。

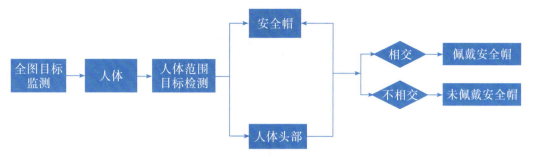

图 4.2-12 未佩戴安全帽检测流程

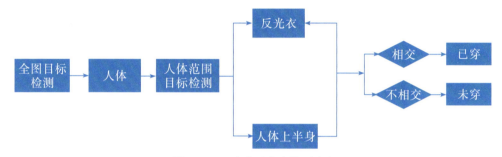

图 4.2-13 未穿反光衣检测流程

③综合判定。

结合以上对人体以及人体部位的检测和安全帽、反光衣的检测,可以综合判断穿戴安全防护用品的情况。

基于业主提供的 5000 张有效穿戴安全防护用品素材,模型识别准确率应不低于80%,若未提供,准确率应不低于60%。

2)基坑积水识别模型

在工程建设过程中,建筑物基础、地基等长期积水会导致地基基础及上部结构发生病害,建筑物会出现不均匀沉降,影响其巩固性和耐久性。针对现场积水的场景,模型基于图像分割网络对工地积水情况进行定期检测,精准检测积水的像素面积和位置,报告给相关人员科学决策,及时安排抽水等相关工作。

本书以主流的图像分割模型 Mask R-CNN 为基础,开发针对水利工程监控领域的工地积水识别模型,具体如下:

相比传统网络 VGG16,使用了 ResNet 基础网络结构,使得其能在更深的网络层里提取有效的特征,提升了识别不规则或者是传统网络难以拟合的物体特征的概率。同时,因为语义分割功能提取的是 ROI 网络卷积层的结果,对此加以拓展得到物体轮廓,所以在计算效率上与 Faster R-CNN 几乎保持不变。网络流程大概可分为 4 步(图 4.2-14)。

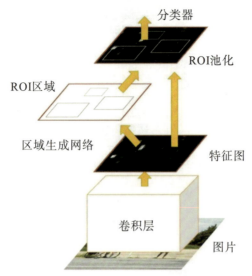

图 4.2-14　Faster R-CNN 网络结构

首先图片经过预处理,将长或宽大于 1333 像素的图片按比例缩放,并使之缩放结果可以整除于 2^6,以确保在网络结构中经过多次池化后保持整数,同时将小于分辨率的图片各个颜色信道不足之处用像素 0 填充。并通过颜色正规化处理,然后放入训练网络进行运算。为了加快训练拟合速度,在不超过显存容量的前提下尽量加大每次放入模型的图片数量,将处理好的图片集依照预设好的批量(batch size)打包导入显存。

在区域生成网络(Region Proposal Network)中,要通过上文生成的特征图,并结合预设锚点(Anchor)得到目标物体的大概区域框(图 4.2-15)。

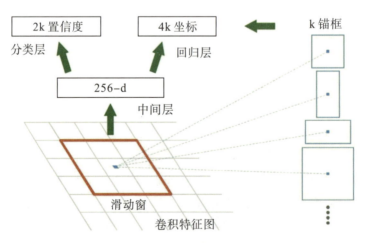

图 4.2-15　区域生成网络结构

创建预设锚点,根据目标物体尺寸,在预设参数中设定预设框,最后用上文得到的前景框与在第一步得到的特征图裁剪出大小不等的小特征图,在感兴趣区域池化

(Region of Interest pooling)中使用 ROI Align,为每一个可能的目标物体输出 $14 \times 14 \times 256$ 大小的特征图。

在 Mask R-CNN 中,之前的三步运算被完全保留,并在计算分类处理时候,并行进行语义分割。

将上一步中经过感兴趣区域池化得到的 $14 \times 14 \times 256$ 特征图通过三次全卷积层输出 $14 \times 14 \times$ 类别大小的矩阵。每一个类别对应一种 14×14 的输出,对每个像素点进行预测并经过 sigmoid 函数将数值限制到 $(0,1)$ 之间,当大于预设阈值 0.5 时,输出 1,反之为 0。模型训练中,语义分割部分的损失函数被定义为平均交叉熵损失(average binary cross-entropy loss),可以用式(4.2-1)表示。

$$L_{mask} = -\frac{1}{m^2} \sum_{1 \leqslant i,j \leqslant m} \left[y_{ij} \lg \hat{y}_{ij}^{\ k} + (1-y_{ij}) \lg (1-\hat{y}_{ij}^{\ k}) \right] \qquad (4.2\text{-}1)$$

式中:k——类别;

y_{ij}——在(i,j)位置上像素点的真实 mask 状态;

$\hat{y}_{ij}^{\ k}$——在(i,j)位置上预测的概率数值。

结合第三步,得到总损失:

$$L = L_{cls} + L_{box} + L_{mask} \qquad (4.2\text{-}2)$$

基于改进的图像分割网络对工地积水区域进行智能提取,准确测算积水像素面积,为管理人员提供精确数据支撑(图 4.2-16)。

图 4.2-16 基坑积水示意图

4.2.2.1.2 基础功能

(1)视频总览

视频总览页面结合 GIS 地图,通过与视频监控平台进行对接,对已建、新建的视频监控站点进行接入、集成和展示(图 4.2-17)。

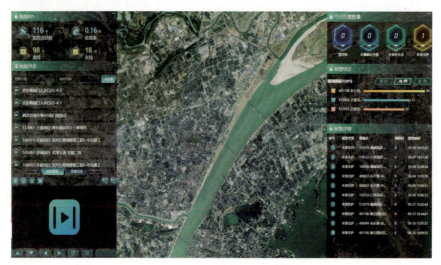

图 4.2-17 视频总览示意图

根据录入摄像头的经纬度坐标,结合 GIS 地图,展示监控点所在位置,支持缩放、拖动,动态查看监控点分布。鼠标悬停,可自动弹出监控点名称,双击摄像头图标,可在左侧面板的下部进行实时视频的预览。

1)视频 KPI

统计并实时展示所有接入到视频 AI 分析平台的监控点状态,包括监控点总数、在线数量、离线数量、在线率 4 个指标。

2)视频列表

可根据区域、河流、监控点名称在线筛选摄像头,筛选结果显示在列表中;对所有筛选结果,均可主动发起 AI 分析,在列表中视频监控所在行的右部,点击 AI 分析图标,单独对某个摄像头进行视频 AI 分析。

3)实时预览

支持单屏/4 分屏/9 分屏,以及全屏功能,实时预览时,可对指定摄像头进行方向、焦距的调整,以及预置位的切换。

4)录像回放

对监控点进行录像回放,实现单屏及全屏显示;根据选择时间显示回放视频;实时预览与录像回放两个模块之间可自由切换。

5)今日报警

对监控点今日报警信息进行展示,根据报警类型,进行分类滚动展示,鼠标悬停,滚动停止。

6)报警统计

以图表形式展示报警数量,并分类进行统计与排名,在视频总览模块进行摘要显示的同时,可在统计模块详细展示报警数量的统计数据。

7)报警详情

动态展示最新的报警信息,包括报警类型、报警摄像头名称、预置位置、报警时间等,点击报警信息可查看报警结果。

(2)监控报警

监控报警功能可使用户对一个视频报警内容进行详细查看,包括查看报警的时间区段、报警内容、报警图像、报警时间区段内的视频等内容(图 4.2-18)。

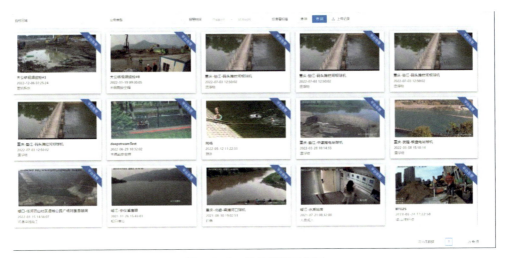

图 4.2-18 监控报警示意图

监控报警数据可通过查询条件监控区域、业务类型、分析时间筛选查询,查询结果分级显示,通过筛选条件可筛选出符合条件的所有视频监控点的报警数据,选中具体某个监控点时,可以列表形式展示该监控点符合筛选条件的所有报警数据缩略信息,包括缩略图、报警类型、摄像头、时间等信息,再次选中某个具体的报警数据时,可查看报警详情。

报警详情包括报警监控点名称、报警类型、报警时间、报警涉及具体目标的轮廓、像素面积、模型识别置信度;识别结果列表中点击任一对象可对具体目标进行放大显示;具有切换上/下一张、查看原图、成果图、对比图、视频播放和图像翻转功能;可快速查看该摄像头其他预置位报警详情信息;可快速查看该摄像头其他时段的报警详情信息(图 4.2-19)。

图 4.2-19　报警详情示意图

（3）报警统计

报警统计以图表形式展示报警数量，并分类进行统计与排名（图 4.2-20）。

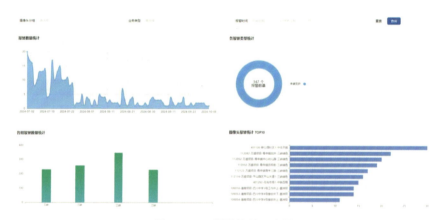

图 4.2-20　报警统计示意图

1）报警数量统计

以折线图展示所有报警次数的统计情况，可根据查询条件查看指定时间段报警数量统计情况，在折线图中移动鼠标可查看不同时间段的报警数量统计情况。

2）各报警类型统计

以环状图展示不同报警类型的数量统计结果，在环状图中任一报警类型上悬停鼠标，可自动弹出对应分析对象名称和报警数量，点击右侧任一业务类型图标可在环状图中取消展示，再次点击可恢复展示。

3）各组报警数量统计

以柱状图展示各分组中报警数量统计结果，在柱状图中任一分组上悬停鼠标，可显示该分组报警统计数量。

4)摄像头报警统计

以条形图展示摄像头报警数量 TOP10 统计结果,在条形图中任一摄像头图标悬停鼠标,可显示该摄像头报警统计数量。

(4)设备管理

设备管理所有监控设备,可对视频监控点进行新增、修改、查询、删除、导出、模型配置、数据接入等操作(图 4.2-21)。

图 4.2-21　设备管理示意图

1)模型设置

模型设置可以给分组中所有摄像头配置抓图频率和预警业务类型(图 4.2-22)。

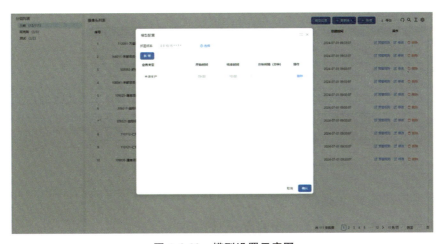

图 4.2-22　模型设置示意图

2)数据接入

数据接入可以将已接入的摄像头信息同步至分组列表,根据需求选择凭证、区域、名称/编码和同步的分组列表等信息,在下方列表中勾选需要同步的摄像头,点击"同步"按钮,数据接入成功(图 4.2-23)。

图 4.2-23　数据接入示意图

3)算法编排

算法编排功能可以给摄像头不同预置位编排使用 AI 算法,点击"预警规则"按钮,可看到图 4.2-24 所示画面,左侧为监控点的实时预览画面,右侧上部为云台控制模块,右侧下部为算法编排列表区域。

图 4.2-24　算法编排示意图

4)新增报警区域/免报警区域

给摄像头预置位单独配置预警业务类型,选择需要设置的预置位,没有预置位的选择"默认预置点",点击"新增报警区域"按钮,弹出编排界面,图片为该预置位最新截取的画面(图 4.2-25)。

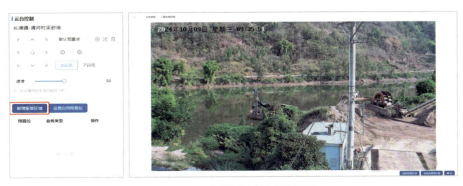

图 4.2-25　预置位最新截取画面

根据需求选择业务类型,点击右下方的"绘制报警区域"或"绘制免报警区域"开始绘制(图 4.2-26)。

图 4.2-26　区域绘制界面示意图

在画面中单击鼠标左键开始绘制区域,双击鼠标左键结束绘制,点击"确定"按钮绘制成功。"报警区域"为红色高亮部分,"免报警区域"为绿色高亮部分。支持同屏多框,可以绘制多个"报警区域"或"免报警区域",支持修改、查看和删除等操作(图 4.2-27)。

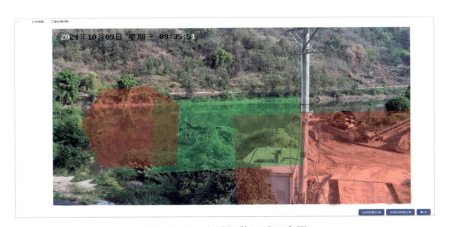

图 4.2-27　查看报警区域示意图

4.2.2.2 遥感 AI

（1）智能识别模型

1）水域岸线识别

该算法基于水体提取和水域空间变化两个步骤，实现对水域岸线变化的识别：

①水体提取算法。

将水体指数（NDWI，MNDWI）与波段反射率（NIR，SWIR）结合到一个自动化的聚类处理流程中。水体指数中，代表水体的数值越大，但是一些研究表明，通常很难找到一个合理的阈值将水体数值区分开来。在多维聚类算法中，可以利用水体反射率特性，将水体反射率特性与水体指数结合，从而达到更好的提取效果（图4.2-28）。

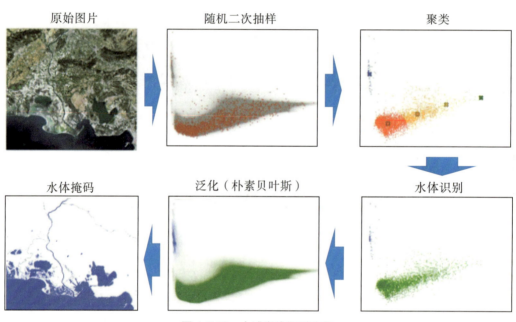

图 4.2-28 水域岸线识别流程

算法通过设置配置文件，从而决定研究区域最优的水体指数组合。当前算法支持下面几种指数：

NDWI—Normalized Water Index。

MNDWI—Modified Normalized Water Index。

AWEI—Automated Water Extraction Index。

MBWI—Multiband Water Index。

最优的组合为［MNDWI，NDWI，Mir2］和［NDWI，Mir2］，Mir2 指 Sentinel 数据或者 Landsat 数据里面第二个 SWIR 波段。

算法会根据 Calinsk-Harabasz 指数估算最优的聚类个数 K。聚类个数的最大、最小值可以在配置中设置。

为了从所有的聚类中区分出水体像元,算法实现了下面几个方法:

minmir:以 mir 最小值选择水体像元。

maxmndwi:以 mndwi 最大值选择水体像元。

maxndwi:以 ndwi 最大值选择水体像元。

maxmbwi:以 mbwi 最大值选择水体像元。

②水域空间变化。

将水体提取出的两期水域进行空间叠加分析,去除两期影像中重叠的部分。两期影像中水域差异的部分即为水域变化区域(图 4.2-29)。

图 4.2-29 水域变化区域示意图

2)水土流失监测

①第一步:变量分级。

土地利用分级:

采用 CNN-CELM 模型作为土地利用分类模型,该模型结合卷积神经网络(CNN)和约束极限学习机(CELM)。将在 Imagenet 上预先训练好的 CNN 作为一个自动特征提取器,归一化后,将深度卷积特征输入 CELM 分类器进行土地利用分类(图 4.2-30)。

实验结果表明,所提出的混合模型具有很大的优越性。结果表明,该混合模型在土地利用场景分类领域确实是一种很有前途的分类方法,具有以下两个特性:一是混合模型使用预训练的 CNN 可自动提取更多的描述性特征,而其他大多数传统分类方法的性能在很大程度上依赖于良好的手工设计的特征和编码方法;二是混合模型采用 CELM 作为分类器,提高了分类精度和运行速度,避免了原始 ELM 的过拟合问题。

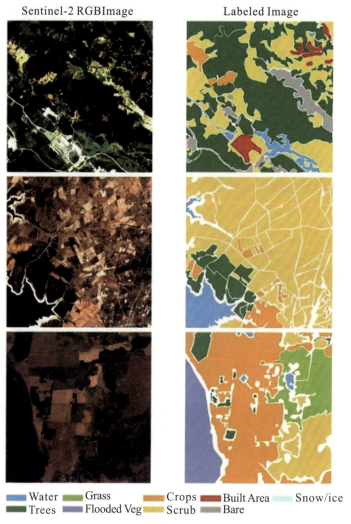

图 4.2-30　地物分类示意图

利用该模型对宜昌地区高分遥感影像进行分类,按以下标准分类并赋值:

非耕地植被(草、灌、林),赋值 100。

耕地,赋值 200。

其他硬地表面、水体等,赋值 1000。

坡度分级:

Slope<5°,赋值 1000。

5°≤Slope<8°,赋值 10。

8°≤Slope<15°,赋值 20。

15°≤Slope<25°,赋值 30。

25°≤Slope<35°,赋值 40。

$35° \leqslant$ Slope，赋值50。

植被覆盖度分级：

$fc < 30$，赋值1。

$30 \leqslant fc < 45$，赋值2。

$45 \leqslant fc < 60$，赋值3。

$60 \leqslant fc < 75$，赋值4。

$75 \leqslant fc$，赋值500。

②第二步：三因子水土流失评价模型。

获取土地利用因子、植被覆盖度因子以及坡度因子后，根据获取的因子实现水土流失提取，具体计算公式如下：

$$土壤侵蚀 = fc \times lu \times slope \tag{4.2-2}$$

③第三步，对相加所得图层重分类。

重分类，即得到相应的土壤侵蚀强度（表4.2-1）。

表 4.2-1　　　　　　　　　　土壤侵蚀强度

值	类型	等级	值	类型	等级
111	3	中度	134	2	轻度
112	2	轻度	141	5	极强烈
113	2	轻度	142	4	强烈
114	2	轻度	143	3	中度
121	3	中度	144	3	中度
122	3	中度	151	6	剧烈
123	2	轻度	152	5	极强烈
124	2	轻度	153	4	强烈
131	4	强烈	154	3	中度
132	3	中度	211	2	轻度
133	3	中度	212	2	轻度
213	2	轻度	710	2	轻度
214	2	轻度	720	3	中度
221	3	中度	730	4	强烈
222	3	中度	740	5	极强烈
223	3	中度	750	6	剧烈
224	3	中度	1011	1	微度
231	4	强烈	1012	1	微度

值	类型	等级	值	类型	等级
232	4	强烈	1013	1	微度
233	4	强烈	1014	1	微度
234	4	强烈	1021	1	微度
241	5	极强烈	1022	1	微度
242	5	极强烈	1023	1	微度
243	5	极强烈	1024	1	微度
244	5	极强烈	1031	1	微度
251	6	剧烈	1032	1	微度
252	6	剧烈	1033	1	微度
253	6	剧烈	1034	1	微度
254	6	剧烈	1041	1	微度
610	1	微度	1042	1	微度
620	1	微度	1043	1	微度
630	1	微度	1044	1	微度
640	1	微度	1051	1	微度
650	1	微度	1052	1	微度
1053	1	微度	1520	1	微度
1054	1	微度	1530	1	微度
1101	1	微度	1540	1	微度
1102	1	微度	1550	1	微度
1103	1	微度	1600	1	微度
1104	1	微度	1700	1	微度
1201	1	微度	2001	1	微度
1202	1	微度	2002	1	微度
1203	1	微度	2003	1	微度
1204	1	微度	2004	1	微度
1510	1	微度	2500	1	微度

3)违建分析

违建分析流程见图4.2-31。

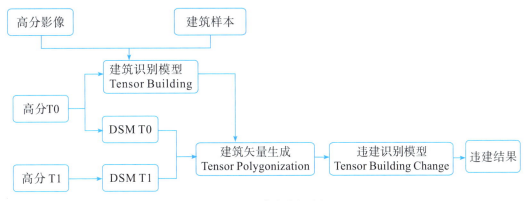

图 4.2-31 违建分析流程

基于两期不同时期的正射影像,通过建筑物轮廓变化检测算法,可以获得建筑物轮廓变化矢量图斑。

①训练 Tensor building 模型。

收集所需的高分遥感数据,记录其拍摄时间、高度。对数据进行预处理,重采样至所需的分辨率,导入系统中;然后基于已有的建筑、道路数据,训练基于 encoder-decoder 的深度学习算法(Tensor building)模型(图 4.2-32)。

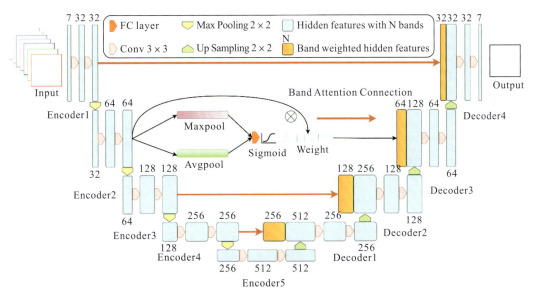

图 4.2-32 Tensor Building 结构

②使用训练后的 Tensor building 模型,预测当前影像中的建筑图,得到建筑物图斑(图 4.2-33)。

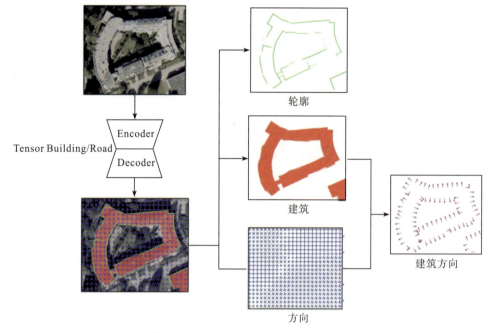

图 4.2-33　Tensor Polygonization 示意图

③基于建筑物图斑图,使用 Tensor Polygonization 生成简化的建筑矢量(图 4.2-34)。

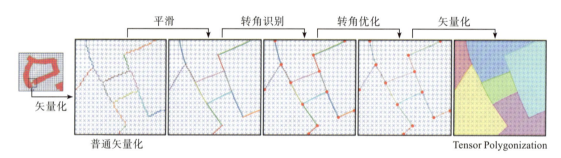

图 4.2-34　Tensor Polygonization 矢量化过程

④提取不同时间段内建筑所在位置的图像数据,通过 Tensor Building 模型提取建筑图像的建筑热力信息(Tensor Building 模型的隐藏层输出),使用对抗函数(Contrastive loss)计算两者的差异,识别建筑变化程度,根据变化程度判断违建(图 4.2-35)。

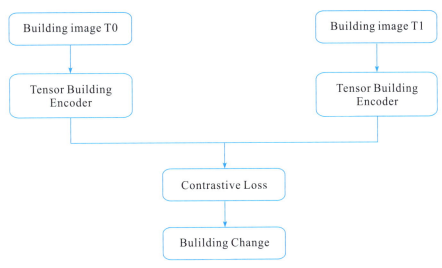

图 4.2-35   Tensor Building Change 流程

（2）基础功能

1）数据上传

在下拉框选择上传数据类型（违建影像、水域岸线识别影像、水土流失影像、水土流失 DEM 等）；选择对应数据，点击处理，等待工具重采样，坐标转换完成后自动上传；上传完成系统会自动进行切图、提取；系统完成切图提取后会展示在各个页面对应数据列表（图 4.2-36）。

图 4.2-36   数据上传界面示意图

2）影像比对

在"待比对影像"界面中，点击需要进行比对的影像右侧方框，系统自动匹配与该影像处在同一区域的影像（图 4.2-37）。

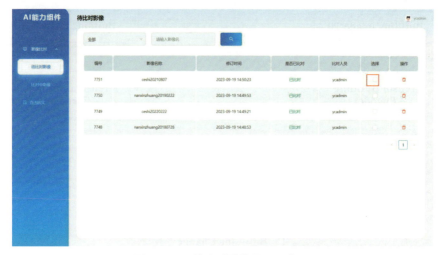

图 4.2-37　待比对影像界面示意图

点击"开始对比",系统将对同一区域不同时相的两幅影像进行 AI 比对(图 4.2-38)。

图 4.2-38　开始对比示意图

3)结果查看

水域岸线识别变化结果见图 4.2-39,拉动卷帘方便查看不同时相的影像数据的变化。

图 4.2-39　水域岸线识别变化结果

水土流失监测结果见图 4.2-40,可勾选展示不同类型的数据,如坡度因子、植被覆盖度因子等,通过图例来查看地区的水土流失的具体情况。

图 4.2-40　水土流失监测结果

违建分析结果见图 4.2-41,通过左右拖动滑块查看同一区域在不同时相的影像上的表现情况,观察是否发生变化,左上角和右上角的图层选择框可分别切换左右两侧显示的影像,点击左侧列表或图上的位置表示,可展示该点所在区域的两幅影像,查看影像间的模型相似度和 GIS 相似度。

图 4.2-41 违建分析结果

4.2.2.3 知识平台

1)原理

知识平台主体采用 RAG(Retrieval Augmented Generation)架构,它是一种结合检索和生成式技术的智能问答系统架构,以文档资料、多媒体和数据库作为主要知识来源,核心模块借助大模型的语言理解能力,通过结合检索和生成两种技术的优势,提高智能问答系统的准确性和效率。整体技术架构见图 4.2-42。

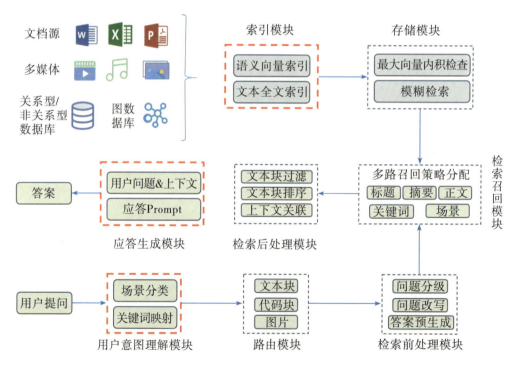

图 4.2-42 整体技术架构

其中浅蓝色背景标识的模块为建立索引的过程,浅绿色背景标识的模块为检索过程,红色虚线框标识的部分调用了大模型。整个问答系统采取先索引后检索的工作模式,在核心的文档理解、索引生成、用户意图理解、应答生成等部分利用了大模型的语言能力。随着文档源的持续增加,知识图谱不断拓展,以及整个工作流中各模块性能的不断完善,整个问答系统对用户提问的回答质量将不断提升。

(2)功能

1)知识库创建

知识库列表见图 4.2-43。

图 4.2-43　知识库列表

点击"Create",创建新知识库,输入知识库基本信息,选择存储数据库类型为向量数据库(图 4.2-44)。

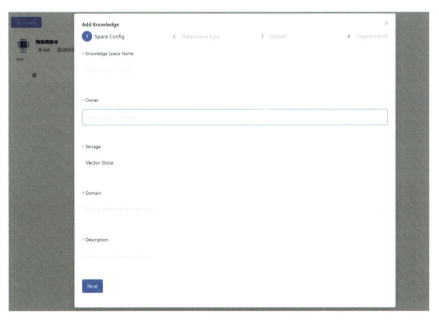

图 4.2-44　创建新知识库

可根据来源不同,分别从文本(text)、网站(url)、文件(document)上传文档(图 4.2-45)。

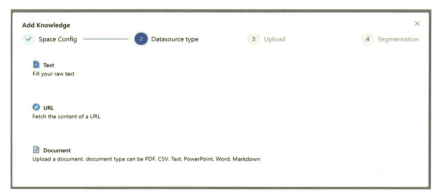

图 4.2-45　上传文档

上传完成后执行自动的文档,可按照不同的方式对文档进行切分,如指定文本块大小(chunk size)、页面数量(page)、分割符号(separator),或按照换行符和文本块大小进行自动分割(图 4.2-46)。

图 4.2-46　自动分割

2)知识库问答

选择大语言模型和知识库,进行对话,例如询问文章主要讲了什么(图 4.2-47)。

图 4.2-47　知识库问答

其中大语言模型支持访问在线接口和本地部署。

4.2.3 小结

人工智能分析平台包含模型平台中的两大类智能识别模型和知识平台，分别利用视频 AI、遥感 AI 和大语言模型技术，将人工智能与水利特定业务场景相结合，从视频、遥感、文档等数据实现水利对象特征的自动识别和语义理解，分辨水利对象类别、位置、范围以及其在一定时间尺度上的变化现象，进一步提升水利感知能力，同时，理解文字形式总结的专家经验，为相关管理人员监管、决策提供准确的数据支撑。

4.3 数据治理平台

4.3.1 总体架构

数据治理平台是一站式数据开发治理平台，融合了包含数据集成、数据开发、任务运维的全链路数据开发能力，以及数据地图、数据质量、数据安全等一系列数据治理和运营能力，帮助企业在数据构建和应用的过程中实现降本增效，数据价值最大化，平台架构见图 4.3-1。

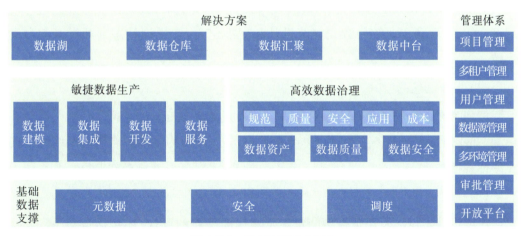

图 4.3-1 数据治理平台架构

整体架构由运营管理体系和开发运营工具构成。

（1）运营管理体系

运营管理体系主要包括多租户管理、多环境管理以及平台开放等。运营管理体系为数据环境的隔离以及数据的安全流通提供基础保障，多环境管理支持对接不同的数据引擎，包括私有云以及大部分公有云基础产品，平台对用户开放 API、消息和插件，方便与第三方集成和实现定制化能力。

（2）开发运营工具

开发运营工具包括敏捷数据生产、全链路数据治理和一体化数据运营。敏捷数据生产规范了数据生产过程，通过敏捷迭代的方式提升数据生产效率，全链路治理通过数据质量、数据安全和成本优化在事前、事中和事后保障数据生产和消费全过程，提升数据质量和可用性，一体化运营以数据价值释放为目标，通过数据地图、数据洞察和数据共享让用户快速完成数据发现、数据理解、数据洞察和数据应用，降低数据使用门槛，缩短数据价值释放路径。

4.3.2　平台功能

流域环境数字化表达指利用数字技术和信息系统来模拟、分析和展示流域环境的各种要素和过程。

4.3.2.1　项目管理

从系统/租户层面实现项目隔离，为管理者提供对用户（成员）权限、底层计算引擎配置、执行资源的管理能力。

4.3.2.2　数据规划

提供包含数仓分层分类、逻辑模型设计、指标维度定义、数据标准等数据整体规划设计能力，帮助企业统一数仓规范设计和标准定义，实现设计态到开发态的自动流转。

（1）数仓规范

规划工作以全局视角对业务对象进行统一规划及规范定义，通过分层设计管理模型，并依据特定的业务主题进行分类和领域划分，进而构建出具有明确层级结构的业务标签体系。

（2）模型设计

模型设计不仅涉及逻辑模型的定义及实体间关系的设计，还包括定义、复制、修改、删除等功能，以及支持模型的导入导出和版本管理。此外，还建立了逻辑模型与物理模型、指标维度之间的关联映射，确保模型能够从设计状态自动同步至开发状态。

（3）标准管理

标准管理涵盖了标准内容的管理和对标任务的执行。通过设计标准规则并配置相关任务，实现了在数据值、数据库、表结构、表名、指标维度标签等多个层面的标准化管理。

（4）业务定义

业务定义涵盖了对基础指标与衍生指标、各类维度（如普通维度、业务限定、时间周期、退化维度）的全生命周期管理，并建立了与模型之间的关联关系，以此来实现指标生产代码的自动生成。

4.3.2.3　数据集成

数据集成模块专为复杂网络环境下的高效数据迁移而设计，提供了轻量化操作界面、可视化流程展示以及开放化的集成能力，支持广泛的异构数据源之间的高速、稳定的数据同步。其核心特性可概括如下：

①全场景数据同步功能覆盖了实时同步与离线同步两大主要需求，确保无论是瞬时变化的数据流还是批量处理的历史数据，都能够得到及时有效的传输与整合。

②针对多类型异构数据源，平台支持超过30种不同的数据源类型，并且提供了灵活的星形架构支持，使得不同数据源间的读写操作可以自由组合，增强了系统的适应性和灵活性。

③平台内置了强大的T转换机制，能够在数据传输过程中对数据进行多层次的转换处理。数据级转换功能可以执行诸如数据过滤和连接操作（Join），而字段级转换则允许用户对单个字段进行精细控制，如自定义字段内容、调整数据格式以及转换时间格式等。

④为了保障数据同步任务的顺利进行，平台还集成了详尽的任务及数据监控模块。它可以实时统计任务的读写指标，如读写总量、传输速度、吞吐量以及脏数据比例。同时，平台具备完善的监控告警机制，支持通过短信、电子邮件或HTTP请求等多种渠道发送告警通知，确保任何影响数据同步性能的问题都能迅速被发现并解决。

4.3.2.4　数据开发

通过严谨的CI/CD流程规范和自动化的测试发布运维加持能力，缩短从原始数据加工运维到业务应用数据的路径，在提升效率的同时保障数据质量。

（1）在线代码

支持对 HiveSQL、SparkSQL、JDBCSQL、Spark、Shell、MapReduce、PySpark、Python、TBase、DLC SQL、DLCSpark、TCHouse-P、Impala 等多种任务类型进行在线代码开发、调试以及版本管理。提供任务和工作流级别的测试功能，并支持版本管理机制。为优化开发流程提供了项目、工作流和任务3个层次的参数配置选项，支持时间参数运算及函数参数使用。在版本管理方面，系统实现了对事件、函数、任务和参数的全面版本控制。同时，平台还提供了代码的统一管理、导入和导出功能，以方便团队协作。

（2）编排调度

系统支持周期性、一次性及事件触发等多种调度模式,并且周期性调度可以通过crontab方式进行配置。针对任务间的依赖关系,系统提供了包括任务自依赖、工作流自依赖在内的灵活管理方案,并支持跨周期依赖配置,允许用户根据需求自定义上下游依赖实例的范围。为了进一步提升效率,系统还支持通过Excel批量创建任务及其依赖关系,加快任务依赖编排效率。

（3）发布运维

已开发完成的任务可以按需发布至生产环境,并进行统一的监控与运维管理。包括任务的上线发布以及全流程的监控与运维操作,确保任务在生产环境中的稳定运行。

（4）分析探索

系统采用智能且易于使用的数据开发方式,提升了任务协同开发的效率,使用户能够清晰地了解任务处理过程,从而有效增强数据即席探索的能力。系统提供的可视化交互式分析IDE、执行信息可视化以及开发辅助工具,均旨在为用户提供更高效的工作体验。

4.3.2.5　数据质量

通过灵活的规则配置、全方位的任务管理、多维度的质量评估,为数据接入、整合、加工到消费的全生命周期各阶段提供全面的数据质量稽核能力。

（1）多源数据监控

支持多种数据源和引擎类型的监控,并提供全面的多源数据校验能力。

（2）丰富规则模板

目前涵盖了6大维度,共计56种业界通用的表级和字段级内置规则模板,实现了真正的"开箱即用",极大地提高了质控工作流的效率,帮助用户从各个角度感知数据变动及ETL过程中产生的问题数据。

（3）质控灵活配置

支持系统质量规则模板、自定义模板以及自定义SQL3种规则创建模式。用户可根据具体的业务需求调整参数并配置任务执行策略,从而轻松实现全链路的数据质量控制和校验。

（4）全局链路保障

支持关联生产调度及离线周期检测两种执行方式,提供覆盖事前、事中和事后的全链路数据保障运维能力。系统能够及时进行告警、阻断拦截,有效防止脏数据向下游蔓延。

(5)治理多维可视

功能通过质量概览和质量报告模块,为用户提供全局视角,使其能够全面掌握质量任务的运行状况、告警阻塞趋势以及各维度的质量评分,从而快速发现并定位问题,了解质量改进的效果。

4.3.2.6 数据安全

数据安全提供集中化的数据安全管控和协作机制,保障数据在安全的条件下进行有效流通。

统一数据安全管控,针对绑定的存算引擎进行了安全策略的深度集成,实现了数据访问的统一管理,从而简化了数据使用的流程。

权限审批方面,系统打通了 Ranger 权限策略体系,确保责任落实到个人,并具备数据粒度到表级别的权限管控能力。此外,平台还提供了权限申请和审批的通道,确保数据访问控制的安全开放性。

4.3.2.7 数据运营

基于强大的底层元数据能力,提供数据目录、血缘解析、热度分析、资产评分、业务分类、标签管理等数据资产服务,有效提升用户对企业级海量数据的理解、管控、协作能力。

(1)数据发现

提供统一的元数据采集和管理机制,确保数据资源的一致性和可访问性。

(2)数据总览

提供数据资产的基础信息概览统计,涵盖项目、表、存储量、数据类型覆盖等内容,并集成了数据全景视图和热门排行功能,便于用户全面了解和利用其数据资产。

(3)数据目录

支持全域范围内数据表级和字段级的快速检索与定位。此外,表详情页面提供了详尽的技术和业务信息,包括数据血缘、热度指标、质量评估、产出与变更记录以及数据预览等功能。

(4)库表管理

使用户能够对全域内的数据库和表格进行集中化管理,确保数据结构的清晰与有序。

（5）业务分类

支持根据不同的业务需求创建、管理和维护主题类目、数仓分层以及业务标签，并允许用户对数据表进行批量的分类和分层操作，从而实现更加精细的数据资源组织与优化。

4.3.2.8 数据服务

数据服务提供了一套覆盖 API 全生命周期的能力，包括 API 生产、API 管理和 API 市场等功能，旨在帮助企业统一管理对内和对外的 API 服务，构建统一的数据服务总线。

（1）快捷 API 生产

支持快速创建和部署 API，简化开发流程，加速服务上线。

（2）API 管理和运营

提供全面的 API 管理与运营工具，确保 API 的高效运作与维护。

（3）API 安全调用

保障 API 调用的安全性，防止未经授权的访问和数据泄露。

4.3.3 小结

数据治理平台服务企业数据管理、数据生产、数据应用、数据运营多个角色，给予不同视角一体化的产品体验。通过事前规划、事中异常阻断、事后质量和成本分析以及数据流通安全管控为数据的生产和消费提供有力的质量和安全保障。基于数据自服务和民主化理念，在安全稳定的基础上，通过数据地图、数据洞察和共享，让数据的查找、理解、分析和共享更容易。

4.4 水利专业模型平台

水利专业模型平台是数字孪生平台的核心，自主研发 18 种机理模型、12 种数据驱动模型和 20 种混合模型，覆盖预报、预演、工程调度、设备控制、运行分析 5 类应用场景，并实现容器化封装与注册发布，面向水安全、水资源、水环境、水生态等各业务应用提供通用模型接口服务，支撑"四预"应用（图 4.4-1）。

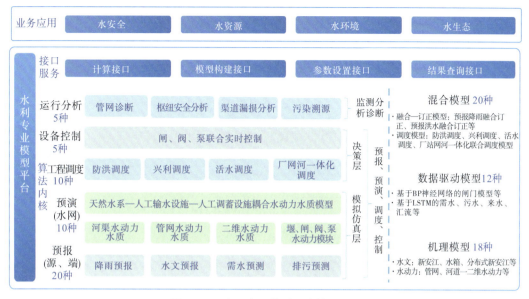

图 4.4-1 水利专业模型平台模型体系

4.4.1 总体架构

水利专业模型平台提供各类通用模型算法的接口（包括计算接口、模型构建接口、参数设置接口、接口查询接口）服务，其采用微服务架构体系和松散耦合集成模式，通过模块化专业模型算法库（数据算法分离），支撑各模型自由组合搭配，形成新的模型组合，具有适配不同区域、不同场景的能力，为智慧水利提供底层算法支撑。应用系统针对区域特点实现模型方案的定制化配置与计算应用，包括：

①配置子区域的模型模拟方案；

②组配形成区域整体的模型模拟方案；

③基于定制的模型模拟方案，通过水利专业平台的算法接口服务调用模型计算引擎进行模型计算，辅助水利业务分析。

（1）模型细粒度分解

按照核心功能，将复杂模型分解为计算任务单一、应用对象单一的多个基础模型，并与具体的水利对象、模型参数、输入输出数据进行解耦，剥离所有定制化要素，便于在业务系统中进行模型的快速搭建与灵活组配，定制生成区域的一体化模拟方案。

（2）模型容器化封装与部署

所有基础模型均以 docker 的形式封装，提供可执行的 docker 镜像进行计算；基于容器管理平台（如 rancher）进行容器可视化部署，集中管理模型；对每个接入的模

型进行二次调用封装,形成统一的 http 接口以供第三方调用。具体步骤如下:

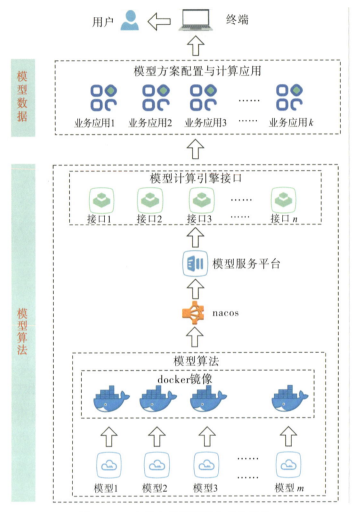

图 4.4-2 水利专业模型平台总体架构

1)安装 docker

Windows 环境下安装 docker desktop,Linux 环境下安装 docker。

2)拉取基础镜像

根据基础模型运行环境需要,拉取模型最适合的基础镜像,可节省镜像的配置时间。例如,基础模型用到了 python,可以使用 docker pull python:⟨version⟩拉取对应 python 版本的 dockers 镜像。

3)配置模型容器

在本地运行镜像生成容器,安装基础模型运行所需的依赖,将基础模型的运行文件(如模型源码或可执行文件)复制到容器内部,以微服务形式对每个基础模型进行服务配置,包括模型平台注册中心地址配置(将模型子服务与模型平台相关联)与模型接口配置(包括输入输出、模型参数、接口说明等)。

4)导出模型镜像

模型容器配置完成后,在本地将容器导出为镜像。

5)上传模型镜像

在容器平台(如 rancher)上传模型镜像。

6)启动模型服务

在容器平台配置模型镜像运行所需的端口、内存、CPU 资源等信息,并运行模型镜像,实现模型服务的启动。

(3)模型集中管理与跟踪

拥有用户权限认证,可以方便管理用户对模型的使用;记录调用情况,轻松统计各模型的执行效率和成功率。

1)模型平台搭建

研发管理端、客户端等,搭建模型平台;平台搭建完成后,暴露模型平台的 nacos 注册中心地址,以供其他服务访问。

2)模型服务注册

模型服务启动后,根据模型镜像中配置的模型平台注册中心地址信息,将模型服务自动注册到地址相对应的模型平台。

3)模型接口生成

水利专业模型平台自动识别服务的接口信息,并生成模型接口。

4)模型接口授权

由管理员将模型接口的使用权限分配给平台用户。

5)模型接口调用

用户可使用 http 的形式进行接口调用。

6)模型调用跟踪

对模型服务的请求耗时、调用次数进行实时跟踪。

4.4.2 平台功能

4.4.2.1 管理端

管理端用于管理平台所接入的模型服务和使用模型服务接入的用户,在这个模块可以设置各个角色使用哪些模型模块,能够为用户设置角色权限,控制用户使用状态,查看用户调用模型接口的情况,记录模型接口错误信息。

(1)服务管理

服务管理展示已经接入平台的模型服务,并对各项服务进行操作管理(图 4.4-3)。

图 4.4-3　服务管理

（2）角色管理

为管理用户提供一个对平台角色数据查看、管理的统一环境，并提供对角色信息的新增、编辑、删除、查询功能（图 4.4-4）。

图 4.4-4　角色管理

（3）用户管理

为管理用户提供一个对平台接入用户的查看、管理的环境，并提供对角色信息的新增、编辑、禁用、查询功能（图 4.4-5）。

图 4.4-5　用户管理

（4）路由管理

模型服务的每一个接口都是一个路由，在路由管理模块可以设置路由的使用状态和角色权限，设置了角色权限后，只有拥有该角色的用户才能使用相关的服务接口。

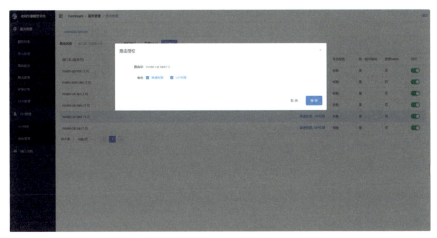

图4.4-6 路由管理

（5）路由监控

路由监控模块可以查看各个服务接口的使用情况，包括各模型服务的请求耗时、调用次数等，也可以查看接口的报错日志信息（图4.4-7）。

图4.4-7 路由监控

（6）IP黑名单

在IP黑名单模块可以维护黑名单信息，在黑名单中的IP将无法使用平台中的服务。

4.4.2.2 服务端

用户端使用者为想要接入平台调用服务的用户，平台为用户提供了用户注册、用户加密验证、接口信息查询、接口调用测试、接口文档查阅、接口服务请求等功能,可以实现接口信息查阅、在线调试测试与服务请求。

(1)用户注册

提供新用户注册功能,注册用户的信息可同步至管理端的用户管理模块。

(2)用户加密验证

平台使用非对称加密的方式进行请求验证。用户和平台各自拥有一对公私钥,并且把自己的公钥给对方。用户登录后,首先生成一对公私钥,用户的公钥被称为应用公钥,然后把公钥上传给平台,同时,平台会把平台公钥返回给用户。这样即实现了一个交换公钥的步骤,私钥自己保管,不能暴露。

在进行接口调用时需要对请求参数进行加签,使用各自语言对应的SHA256WithRSA签名函数,并使用应用私钥对待签名字符串进行签名。在进行业务回调时使用,如支付完成后平台回调用户提供的回调接口,此时就是平台调用用户的接口。平台用平台私钥进行加签,然后用户收到请求后,需要使用平台公钥进行验签,验证通过后再执行后续逻辑。

(3)接口信息查询

以树状图的形式展示接口信息,点击根节点的接口名,即可查看接口详情,包括接口描述、接口路径、请求参数、响应参数等字段(图4.4-8)。

图4.4-8　接口信息查询

(4)接口调用测试

输入模型的配置参数(包括模型参数、模型输入数据等),调用模型服务进行接口调用测试(图4.4-9)。

图 4.4-9 接口调用测试

(5)接口文档查阅

提供接口文档查阅功能,便于用户学习如何调用平台服务接口(图 4.4-10)。

图 4.4-10 接口文档中心

(6)接口服务请求

用户在接口清单列表中勾选拟接入的模型接口,点击确认后,接口服务请求发送至管理端,经平台管理人员审批后可实现接口服务的调用。

4.4.3 小结

水利专业模型平台采用微服务架构,在模块化专业模型算法库的基础上,提供各类通用模型算法的接口(包括计算接口、模型构建接口、参数设置接口、接口查询接口)服务,可支撑各模型自由组合搭配,形成新的模型组合,具有适配不同区域、不同场景的能力,为智慧水利提供底层算法支撑。算法包括 18 种机理模型、12 种数据驱动模型和 20 种混合模型,覆盖预报、预演、工程调度、设备控制、运行分析 5 类应用场景。

4.5 可视化仿真平台

4.5.1 总体架构

在整个行业大力发展建设智慧水利的背景下,水利决策管理科学化、精准化、高效化要求进一步提高,对数字赋能水利工程勘测设计、建设管理、运行调度等提出了新的挑战。可视化仿真平台以 GIS+BIM+模拟仿真引擎技术为核心,聚焦支撑规划、咨询、设计、生产、运营、服务等产业链各环节的融合打通,是实现数字孪生流域、数字孪生水网、数字孪生工程等建设全生命周期数字化管理的核心平台,也是数字化交付技术体系的重要组成部分(图 4.5-1)。

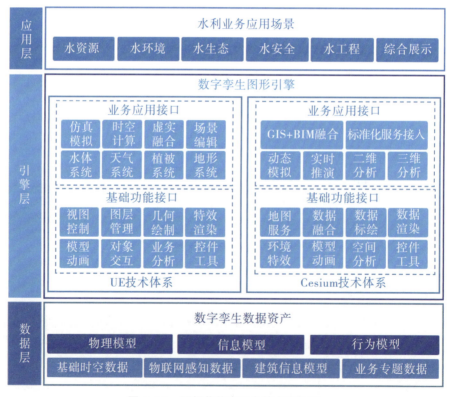

图 4.5-1 可视化仿真平台技术架构图

（1）水利业务应用场景

利用图形引擎将模拟的物理对象的运行状态和发展趋势可视化动态呈现，实现数字化场景、智慧化模拟、精准化决策，服务于水资源、水环境、水生态、水安全等业务领域。

（2）数字孪生图形引擎

在 Cesium 技术体系下，充分发挥三维 WebGIS 的优势，融合多种格式数据和地图服务，实现基础地理数据＋业务数据的集成、管理、分析和应用。

在 UE 技术体系下，充分利用图形硬件性能实现最佳图形效果，构建高级自然环境仿真体系，融合建筑信息模型，实现流域、水网、水利工程的孪生可视化应用。

（3）数字孪生数据资产

将 GIS＋BIM＋IoT 数据作为数字底板，结合业务专题数据，实现真实物理对象在虚拟世界的数字化还原和行为模拟。

4.5.2 平台功能

（1）高性能可视化渲染

1）多分辨率表示与层次化呈现

多分辨率表示与层次化呈现是一种数据处理和可视化技术，用于在不同的细节级别上展示和处理数据。它可以在数据的不同层次之间进行切换，从而提供更全面和灵活的数据探索和分析。

2）虚拟微多边形几何体

虚拟微多边形几何体（Virtual Micro-polygon Geometry）是一种用于渲染和显示三维图形的技术。它基于微多边形的概念，通过将曲面或体积分解为小面片或体素（称为微多边形），从而实现更精细的图像细节和更真实的光照效果。

3）高分辨率虚拟纹理映射

高分辨率虚拟纹理映射（High-Resolution Virtual Texture Mapping）是一种用于实时渲染的技术，旨在解决高分辨率纹理贴图的内存消耗和性能限制问题。

4）动态实时全局光照

动态实时全局光照（Dynamic Real-Time Global Illumination）是一种用于计算机图形学中的光照技术。它旨在模拟光线在场景中的传播和反射，以实现更逼真的光照效果。

5）高性能计算与并行计算

高性能计算指利用强大的计算资源和优化的算法，以解决复杂问题或处理大规模数据的计算领域。它通常涉及对庞大数据集的高速处理、模拟和建模、数据分析和科学计算等任务。高性能计算的目标是通过利用并行性和分布式计算的技术，提供更高的计算速度和数据处理能力。

并行计算是指将一个问题分解为多个子问题，并同时进行处理的计算方式。通过同时使用多个计算资源（如多个处理器、多核处理器、图形处理器等），每个子问题可以被独立计算，最后将结果组合在一起。并行计算的优点在于能够显著提高计算速度和处理能力，尤其是对于需要进行大量重复计算或需要处理大规模数据的任务。

6）数据压缩与流式传输

对渲染所需的数据进行压缩和流式传输，可以减少数据传输量，提高渲染效率。例如，使用压缩纹理等技术减少纹理数据的大小，或者使用流式传输技术将数据按需加载。

（2）可视化模拟仿真

1）气象环境仿真可视化

通过建立与真实水利系统相对应的虚拟模型，结合气象数据和环境信息，准确地模拟真实世界中包括漫反射、镜面反射、全局阴影、间接光照等在内的光学规律，模拟完整的24h昼夜循环变化、准确的太阳和月球运动与相位、动态云层、环境音效等，实现真实的雨、雪、雾、晴等天气效果。

气象环境模拟仿真功能通过实时数据和先进的计算模型，能够精确模拟和预测气象条件对水利工程的影响。它集成了气象预报、历史气候数据和环境监测信息，生成详细的气象环境模拟图景。这些仿真功能帮助工程师和决策者实时了解气象变化对水流、洪水风险、蒸发量等水利因素的潜在影响，从而优化水资源管理、提升应急响应能力，并确保水利工程的安全和高效运行。

（a）晴天

（b）阴天

(c)雨天

(d)雪天

(e)多云

(f)夜晚

图 4.5-2　气象环境仿真可视化效果

2）自然背景仿真可视化

通过 DEM、DOM、三维实景模型来描述自然背景，主要依托数字高程数据构建地形几何网格模型，依托航空航天遥感影像提取表面纹理提供地表下垫面图像信息，通过统一空间坐标，计算纹理坐标映射关系，将 DEM、DOM、三维实景模型叠加融合，形成自然背景可视化模型。

其中，L1 级地理空间数据中不同范围不同精度卫星影像和数字高程模型采用栅格切片的方式构建具备 LOD（多层次细节）层级的 3DTiles 数据服务，在地形瓦片图层的基础上叠加遥感影像瓦片数据，并且三维场景只动态加载主视图控制器视锥体范围内的瓦片数据，不加载视锥体范围外的瓦片数据，从而实现高效的栅格瓦片数据动态调度；针对 L2 级地理空间数据中不同范围不同精度的倾斜摄影、水下地形数据采用模型切片的方式构建分块的模型瓦片，通过建立八叉树索引实现模型分块调度；L3 级地理空间数据中水利工程 BIM 模型及机电设备等可视化模型数据的融合，采用镶嵌、接边、拼接的方式进行组合展示，对地形数据进行压平或剖挖后进行模型位置匹配，在地形与模型拼接处采用动态地形的方式进行接边处理，模型之间则直接采用组合拼接的方式进行融合（图 4.5-3）。

图4.5-3　自然背景仿真可视化效果

3）水利工程仿真可视化

水利工程仿真可视化模型是利用数字技术和可视化手段对水利工程系统进行建模和呈现。利用GIS技术，将水资源的分布情况以地图形式呈现出来，包括河流、湖泊、水库等水体的位置和特征，帮助分析水资源的空间分布特点；建立水文模型来模拟降水、蒸发、径流等水文过程，通过可视化展示水文数据的变化趋势和空间分布；建立水资源管理模型，包括水资源调度、用水分配等方面，通过可视化模拟不同管理方案的效果，帮助制定合理的水资源管理政策；使用BIM技术建立水利工程结构模型，主要包括主坝、副坝、肋墩坝、溢洪道、灌溉输水管（含进水闸）和放空底孔等建筑物，直观展示工程构造和布局。

图4.5-4　水利工程仿真可视化效果

4)一维水动力模型仿真可视化

一维水动力模型仿真可视化的实现过程主要包括以下几个步骤：

①建立一维水动力模型，通常涉及流体力学方程如浅水方程的数学建模；

②使用数值方法（如有限差分法或有限体积法）对这些方程进行离散化，以便进行计算；

③通过计算机程序运行模型，获得模拟数据；

④利用可视化仿真平台将这些数据转换为可视化形式，常见的方式包括使用图表、颜色编码和动态曲线来展示水流的变化和波动数值情况，使用三维水面表达河流的起伏变化和走势。

一维水动力模型仿真可视化的作用在于提供了对水流行为的直观理解和深入分析的工具。通过将复杂的数学模型和模拟结果以可视化形式呈现，用户可以更清晰地观察到水流的变化、波动和潜在的动态特征。这种可视化手段不仅帮助科学家和工程师更好地验证和优化模型，还支持决策者在水资源管理、洪水预警和环境保护等领域做出更为精准和有效的决策。

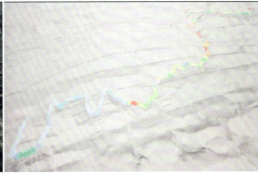

（a）宏观视角

（b）微观视角

图 4.5-5　一维水动力模型仿真可视化效果

5）二维水动力模型仿真可视化

二维水动力模型仿真可视化的实现过程通常包括以下几个步骤：首先，构建二维水动力模型，这涉及对水流动的数学描述，如二维浅水方程或 Navier-Stokes 方程的建模；然后，使用适当的数值方法（例如有限差分法、有限体积法或有限元法）将这些方程离散化以进行计算，计算机程序会处理这些离散化的方程，生成详细的模拟数据；最后，利用可视化仿真平台将模拟数据转换为可视化形式，通常包括二维图像、热图、等高线图或动态图像，以展示水流在二维平面上的变化情况。

二维水动力模型仿真可视化的作用在于为用户提供对水流在平面上动态行为的详细而直观的了解。通过将复杂的水动力学模拟结果以二维图像、热图、等高线图或动态图像的形式呈现，用户可以清晰地观察到水流的分布、速度变化和其他重要特征。二维水动力模型仿真可视化有利于增强中小流域洪水风险评估与防洪预案决策支持能力。

时刻 1　　　　　　　　　时刻 2　　　　　　　　　时刻 3

时刻 4　　　　　　　　　时刻 5　　　　　　　　　时刻 6

时刻 7　　　　　　　　　时刻 8　　　　　　　　　时刻 9

图 4.5-6　二维水动力模型仿真可视化效果

（3）多模式交互与控制

1）键盘鼠标操控

键盘和鼠标是计算机中最常见的输入设备，用于操控和控制计算机系统和应用程序。

2）头显手柄操控

用户能够通过佩戴头显、手柄等设备进入虚拟世界中，并与虚拟场景和对象进行互动。虚拟现实技术能够提供身临其境的感受,增强用户的沉浸感和参与度。

3)触摸屏操控

触摸屏是一种常见的人机交互技术,通过触摸屏可以直接用手指触摸或手写笔进行操作和操控。

触摸屏通过感应触摸面板上的触摸动作来捕捉用户的输入。它可以识别和响应多种手势,比如单击、双击、长按、滑动、缩放等。这些手势可以用于各种操作,如选择、拖动、放大缩小、旋转等。

4)语音命令操控

语音命令操控是一种基于语音识别和语音控制的人机交互技术,通过语音输入来操控计算机系统和应用程序。

语音命令操控借助语音识别技术,将用户的语音指令转化为计算机可以理解的文本或指令。随后,计算机会根据这些文本或指令执行相应的操作。

4.5.3 小结

可视化仿真平台以数字映射、智能模拟、全要素场景、高性能可视化为支撑,具备多源数据融合、专业模型驱动、虚拟现实体验、动态模拟仿真等核心能力。

(1)多源数据融合

数据是数字孪生的基础与底座,平台将不同采集源、不同数据格式、不同数据精度的海量数据进行集成,实现多源异构数据的一体化融合。在实现地理坐标系和世界坐标系双系统映射的基础上,支撑 L1~L3 级集成场景表达,为全空间三维模型数据提供统一的存储和管理,有效支持全空间数据的一体化组织、可视化、分析与共享服务。深度集成目前世界上最先进的极高模型细节技术,支持千亿数量级三角面片的同屏高效渲染,保留工程 BIM 模型的全细节、全信息,所承载的三维场景更加庞大、宏观,所展示的细节更加丰富、丰满。

(2)专业模型驱动

智慧水利数字孪生是以水利实体为单元、时空数据为底座、水利知识为核心、专业模型为驱动,对水利治理管理活动全过程的数字化映射、智能化模拟。在实现对时空数据底座精准复现的基础上,构建智能分析模型和可视化模型,支持水利专业数据分析模拟可视化,实现对当前状态的评估、对过去发生问题的诊断,以及对未来趋势的预测,为业务决策提供全面、精准的科学依据,最终实现数字孪生水利工程全要素数字化、管理实时化、运维智能化。

（3）虚拟现实体验

平台借助历史数据、实时数据以及算法模型，打通物理世界与虚拟空间的通道，联结现实世界与数字世界，构建空天地一体化实时化感知孪生。支持对接水文、安全、气象、视频等多元监测信息，通过数字映射实时重现实景，有力支撑数字流域全要素数据资源的感知与集成管理，提供对物理世界的全方位拟真，并支持实时动态修改和交互式调整，呈现更加强烈的视觉冲击力和沉浸式虚拟现实体验。通过虚实融合、虚实对比，实现精准感知、精细管理、精确分析。

（4）动态模拟仿真

随着数字孪生应用的深化，智慧水利需要更实时的信息交换、更强的计算能力、更精准的分析决策、更复杂的仿真模拟。平台基于动态效果展示水利工程的动态变化，同步仿真运行、迭代优化，驱动水利虚拟对象的系统化运转，结合静态数据和动态数据，对模型进行动态渲染和视觉特效，在数字世界推演施工、调度、运维管理等多种场景下水利工程全生命周期运行态势，进一步支撑全要素预报、预警、预演、预案的模拟分析。

第5章 数字孪生灌区水资源智慧管控

5.1 灌区多水源长短期结合来水预报关键技术

灌区水源的供水能力是进行水资源优化配置的首要约束条件,准确的来水预报是后续开展水量分配与工程调度的重要基础。大型灌区通常为骨干水源与中小水源相结合的水源结构,骨干水源通常为大型水库、重要河流,中小水源包括中小型水库、挡坝、塘堰等。在供水原则上,通常先利用中小水源,当中小水源不足时则由骨干水源通过渠系等输水工程进行供水。

本节采用灌区多水源长短期结合来水预报关键技术(图 5.1-1),解决灌区多水源协调利用情况下的多时间尺度水源供水能力评估计算问题。利用多算法耦合模型解决骨干水源中长期来水问题,利用降雨径流模型解决骨干水源短期来水问题,利用灌区的分配处理,采用降雨径流模型+水文比拟法解决大规模分布的中小水源短期来水问题,最终得到灌区水源供水能力的时间、空间分布矩阵。

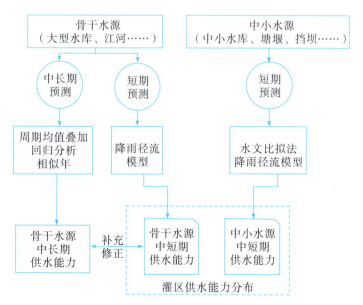

图 5.1-1　灌区多水源长短期结合来水预报关键技术结构图

5.1.1 骨干水源中长期来水预报模型

骨干水源中长期来水预报模型采用"相似年法＋回归分析＋周期均值叠加法"耦合模型对大型水库或流域年内逐月来水过程进行定量预报。

(1)相似年法

主要根据气象预报的区域中长期概率预测成果来对骨干水源未来一个年度的来水过程进行预测。根据中长期气象降雨预报量级和历史降雨情况来分析挖掘气象上相似的年份进行备选,认为预报年度的降雨过程、来水过程应与这些备选年份类似。

根据气象阶段性降雨预报结果,从历史降雨中优选出相似性最大的年份。比如,气象预报给出了3段时间的降雨预测范围是$[a_1,b_1]$,$[a_2,b_2]$,$[a_3,b_3]$,筛选历史上哪些年份降雨与此范围比较接近。

采用置信区间来分析降雨的相似性(图5.1-2),认为未来阶段降雨服从分布$X \sim N(\mu,\sigma^2)$,且预报的某个时间段的降雨范围具有一定置信度,并据此评估对应降雨服从何种正态分布,进一步,可计算历史上某个雨量在此分布下出现概率大小。出现概率大的相似性高,出现概率小的相似性低。以此原理来挖掘相似年份。相似年的降雨量及来水量的平均值即为预报年的降雨量与来水量。

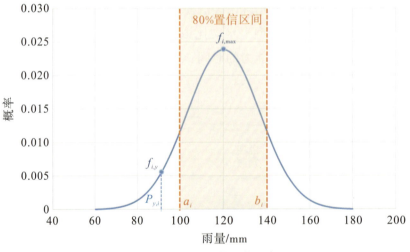

图 5.1-2 降雨相似性评估示意图

(2)回归分析

采用线性、幂指数、二次多项式等多种比较符合降雨径流数学关系的函数对"降水量—来水量"进行回归分析,得到综合表达式,代入预测的年降水量,则可得到预测年来水量。

（3）周期均值叠加法

周期均值叠加法被广泛应用于流域的中长期水文预报,它利用一段时间内水文资料历史演变规律进行外推预报。从样本序列中识别周期时,将序列分成若干组,当分组组数等于客观存在的周期长度时,组内各个数据的差异小,而组间各个数据的差异大;如果组间差异显著,大于组内差异,序列就存在周期,其长度就是组间差异最大而组内差异最小的分组组数,通过选择不同的置信度,用 F 检验来判断组内差异比组间差异小的显著程度。根据实测的水文要素资料,分析识别水文要素所含的周期,而且这些周期在预测区间内仍然保持不变时,再叠加起来进行预报。

数学模型为

$$x(t) = \sum_{i=1}^{l} p_i(t) + \varepsilon(t) \tag{5.1-1}$$

式中:$x(t)$——水文要素序列;

$\quad p_i(t)$——第几个周期波序列;

$\quad \varepsilon(t)$——误差项。

本模型主要研究的水文序列为骨干水源的毛来水量与净来水量。

（4）加权耦合

为避免单一方法带来的偶然误差,对各方法进行加权求和。

5.1.2 骨干水源短期来水预报模型

骨干水源短期来水预报模型则采用降雨—径流模型进行计算,根据气象降雨预报数据计算流域未来 3～7d 的径流过程。根据地区气候和下垫面特征的不同,选合适的模型进行计算,在南方湿润地区可以采用蓄满产流模型,北方地区可采用超渗产流等模型。

5.1.3 中小水源短期来水预报模型

中小型水库一般缺少径流量的监测,难以逐一建立降雨—径流模型对径流过程进行精细模拟,本节典型水源（水库）采用降雨—径流模型,其他中小型水源采用水文比拟法进行计算。

降雨径流模型预测的典型水源短期径流量为 W_d,则一般水源的径流计算可直接引用典型流域此次预报的径流系数。

$$W_n = \frac{P_n \cdot F_n}{P_d \cdot F_d} W_d \tag{5.1-2}$$

式中:P_d——典型流域预报降雨量;

F_d——典型水源流域面积；

P_n——一般水源的预报降雨量；

F_n——一般水源的流域面。

进而，可评估供水期内灌区的水源供水能力为

$$W_a = \sum_{i=1}^{N}(W_{i,now} + W_{i,future})\qquad(5.1\text{-}3)$$

式中：W_a——全灌区水源可供水量；

N——水源数量；

$W_{i,now}$——根据监测获得的水源当前可供水量；

$W_{i,future}$——水源在供水期内的预报来水量。

5.1.4　应用实践

该技术成果在研究典型区域——湖北省漳河灌区的应用，解决了骨干水源漳河水库中长期来水预报的问题，并结合 6 大子灌区分片处理，解决了灌区内部 365 座中小水库、75678 座塘堰的供水能力分析问题，为灌区城镇生活、工业用水及 260 万亩（约 1733.33km²）农田灌溉用水的协调分配提供了完善的技术支持(5.1-3)。

图 5.1-3　数字孪生漳河来水预测

5.2　基于综合作物系数及 LSTM 需水预测关键技术

农作物需水量预测是制定合理灌溉制度的重要依据。研究基于气象观测、卫星遥感数据，结合作物种植结构、FAO 作物系数计算得到多作物综合作物系数，应用蒸发蒸腾量作物需水模型统计了典型应用区不同灌域的历史平均作物需水量。同时基

于循环神经网络(CNN)和长短期记忆神经网络(LSTM)的机器学习方法,解决了典型应用区域辐射数据缺测条件下历史及预报期内作物需水预测的难题。研究选用宁夏引黄灌区作为初期建模应用的典型应用地。

5.2.1 作物需水量估算模型

5.2.1.1 作物需水量计算方法

作物需水量指作物生长发育所需要消耗的水量。在实际应用中,常认为作物需水量在数值上就等于高产水平条件下的植株蒸腾量(Transpiration)和棵间蒸发量(Evaporation)之和,称为"蒸发蒸腾量"(Evapotranspiration),简称"腾发量"。

本节选用联合国粮农组织 FAO 推荐使用的作物系数——参考作物需水量法来计算作物需水量 ET_C。该方法先计算参考作物蒸发蒸腾量 ET_0,然后根据作物系数对 ET_0 进行修正,即可求出作物的实际需水量,计算公式如下:

$$ET_C = K_C ET_0 \qquad (5.2\text{-}1)$$

式中:ET_0——参考作物蒸发蒸腾量;

Kc——综合作物系数。

为得到作物需水量 ET_0,后续需分别对以上两个参数进行求解(图 5.2-1)。

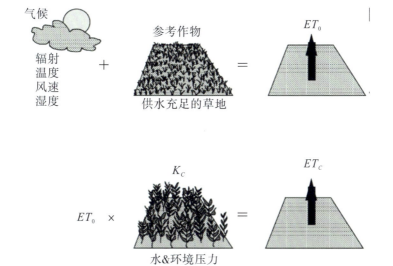

图 5.2-1 作物系数—参考作物需水量法示意图

(1)参考作物蒸发蒸腾量 ET_0

FAO-56 将 Penman-Monteith 公式推荐为计算 ET_0 的新标准方法,成为当前国内外通用的计算 ET_0 的主流,是现今被广泛应用来计算作物蒸腾量的方法。即利用常规气象资料,通过 Penman-Monteith 即可求得 ET_0。Penman-Monteith 公式将时间尺度分为小时、天和月 3 种计算方法,在能够获取小时环境数据的情况下,以小时为尺度的 Penman-Monteith 公式更为准确。结合典型应用区特点,本节采用天计算方法计算当前的 ET_0。

(2)作物系数 Kc

通常把某一时段作物实际蒸发蒸腾量(ETc)和参考作物蒸发蒸腾量(ET_0)之比称为作物系数(Kc)。本书采用分段单值平均法计算作物系数:FAO 将整个作物生育期划分为初始生长期、快速发育期、生育中期、成熟期 4 个不同时期,并规定了常见 84 种作物各发育阶段的参考作物系数范围。

5.2.1.2 模型数据

作物需水模型输入数据为常规气象资料,包括长波辐射、短波辐射、气压、比湿、温度、风速、地表反射率、各灌区面积和比重、各灌区不同作物种植比例、作物系数。

(1)气象数据

常规气象资料来源于中国区域地面气象要素驱动数据集(CMFD),包括近地面气温、近地面气压、近地面空气比湿、近地面全风速、地面向下短波辐射、地面向下长波辐射、地面降水率共 7 个要素(表 5.2-1),数据为 NETCDF 格式,时间分辨率为 3h,水平空间分辨率为 0.1°,可为中国区陆面过程模拟提供驱动数据。

表 5.2-1 CMFD 数据集变量简介

变量	缩写	单位	物理意义
温度	temp	K	瞬时近地表(2m)气温
气压	pres	Pa	瞬时近地表(2m)气压
比湿	shum	g/kg	瞬时近地表(2m)比湿
风速	wind	m/s	瞬时近地表(10m)风速
向下短波辐射	srad	W/m²	3h 平均地表向下短波辐射
向下长波辐射	lrad	W/m²	3h 平均地表向下长波辐射
降水率	prec	mm/hr	3h 平均降水速率

该数据集是以国际上现有的 Princeton 再分析资料、GLDAS 资料、GEWEX-SRB 辐射资料,以及 TRMM 降水资料为背景,融合了中国气象局常规气象观测数据制作而成;原始资料来自气象局观测数据、再分析资料和卫星遥感数据,已去除非物理范围的值,采用 ANU-Spline 统计插值,精度介于气象局观测数据和卫星遥感数据之间,好于国际上已有再分析数据的精度。

计算辐射用的地表辐射率来自 GLASS 遥感卫星数据。GLASS 地表反照率产品的空间范围为全球陆表,时间分辨率均为 8d,空间分辨率主要包括 0.05°和 1km 两种,具体而言包括 GLASS02B05、GLASS02B06 和 GLASS02A06 3 个子产品。GLASS 地表反照率产品输出格式为 HDF-EOS 标准格式,包含短波、可见光和近红外 3 个波段的黑空反照率、白空反照率和质量标识 9 个数据集。2000 年后的 0.05°产品额外提供短波、可见光和近红外 3 个波段的晴空反照率 3 个数据集。地表反照率某一天的影像见图 5.2-2。

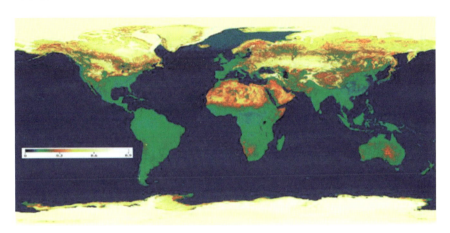

图 5.2-2　地表反照率 2001 年第 41 天的空间分布

植被数据来自 MEaSURES 遥感卫星数据。MEaSURES 数据包括全球每年植被覆盖率分布,主要分为树木、非树木、裸土 3 类。以 2003 年数据为例,空间分布见图 5.2-3。

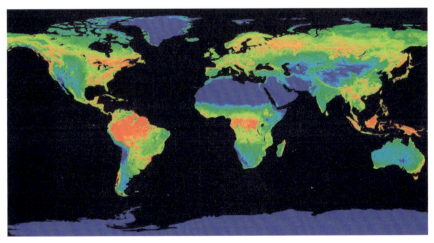

图 5.2-3　2003 年的植被覆盖率

各灌区面积和比重通过 ArcGIS 处理获得,灌域内作物耕作面积及各作物种植比例由管理处上报年鉴获得。

（2）作物系数

将典型应用区的作物种类划分为小麦、水稻、玉米、葡萄、枸杞、林草地、蔬菜、其他 8 种。结合 FAO 推荐的作物系数范围和地区气候条件，确定春秋灌时间内（4 月 1 日至 10 月 3 日）单作物的逐日作物系数（图 5.2-4）。

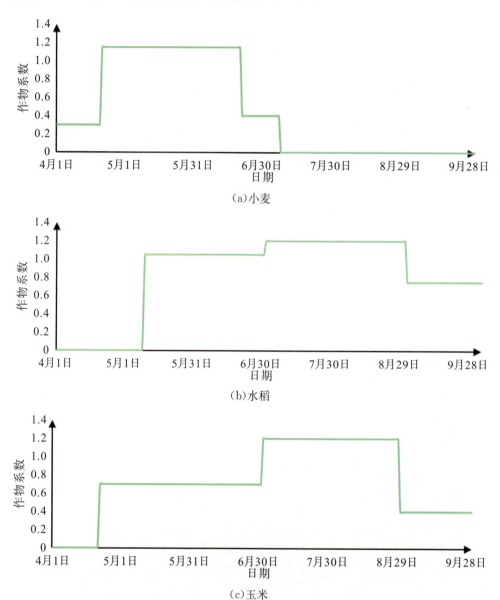

（a）小麦

（b）水稻

（c）玉米

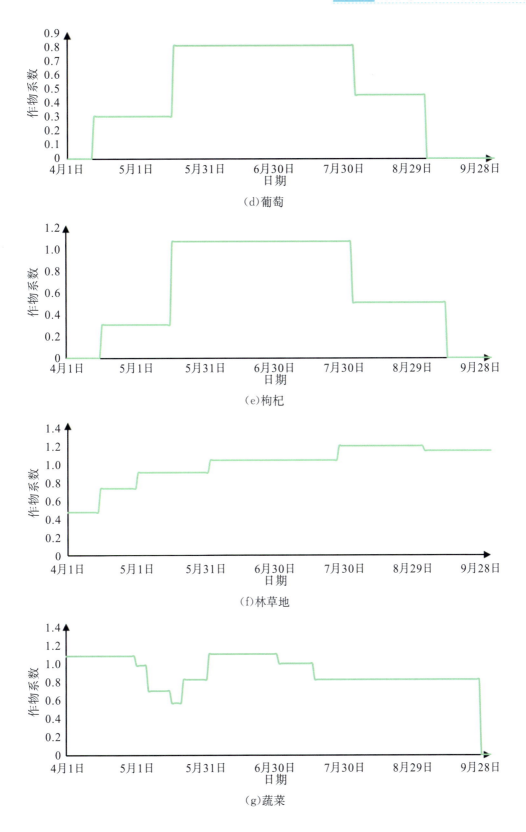

(d)葡萄

(e)枸杞

(f)林草地

(g)蔬菜

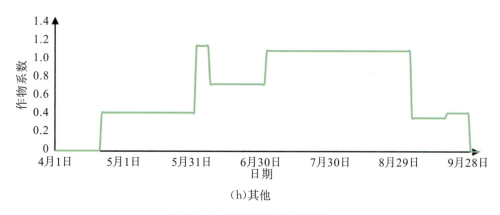

(h)其他

图 5.2-4　单值平均作物系数 *Kc*

　　针对各个不同的灌域,根据作物种植比例确定一个综合的作物系数,求解公式为式(5.2-2),典型应用区西干渠的综合作物系数见图 5.2-5。作物种植比例由各个灌域管理处上报,从典型应用区统计年鉴中获取,经多年统计数据对比,年计划种植面积和年实际种植面积在误差允许的范围内保持一致,平均多年各灌域作物种植比例见表 5.2-2。

$$K_c = \sum b_i \times K_{ci} \qquad (5.2-2)$$

式中: b_i ——灌域内某种作物的种植比例;

　　　K_{ci} ——灌域内某种作物对应的单作物系数。

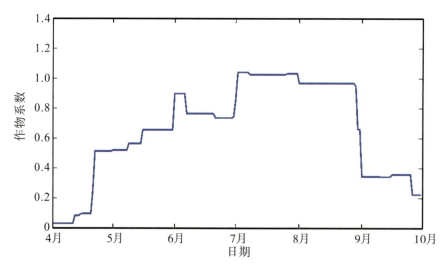

图 5.2-5　灌域综合作物系数(以西干渠为例)

	唐徕渠	西干渠	惠农渠	汉延渠	秦汉渠	渠首	七星渠	跃进渠	沙坡头	固海	红寺堡	盐环定
小麦	16.1	3.7	20.2	16.4	2.5	5.2	0.3	1.6	4.4	1.0	1.5	0.1
玉米	27.0	4.3	22.3	9.0	17.9	30.2	2.4	11.2	12.6	0.0	0.0	0.0
水稻	39.0	36.0	42.2	26.9	58.9	45.2	52.3	58.7	21.5	83.1	50.8	46.1
葡萄	0.6	17.8	0.0	0.0	0.4	0.0	0.0	3.7	0.4	0.0	4.4	0.0
枸杞	0.3	0.3	0.0	0.0	0.5	0.9	19.8	1.7	1.0	3.9	9.3	0.0
林草地	9.5	4.4	0.7	8.6	13.4	0.1	19.7	6.6	18.0	5.1	4.6	8.1
蔬菜	7.5	0.0	2.3	27.0	5.1	1.0	0.2	2.2	6.9	1.6	3.4	0.8
其他	0.0	33.7	12.2	12.1	1.1	17.4	5.2	14.3	34.6	5.3	26.0	44.9

表 5.2-2　　　　　　　　　　各灌域作物种植比例　　　　　　　　　　单位:%

5.2.2 作物需水量预报模型

(1)历史平均作物需水量

通过 Penman-Monteith 方法计算得到宁夏灌域的多年平均参考作物蒸发蒸腾量为 1552 mm(图 5.2-6)。参考作物蒸发蒸腾量在空间上呈现从西北到东南递减的现象,在固海、盐环定、红寺堡 ET_0 较小,惠农渠、跃进渠 ET_0 较高,在 1500mm 以上。

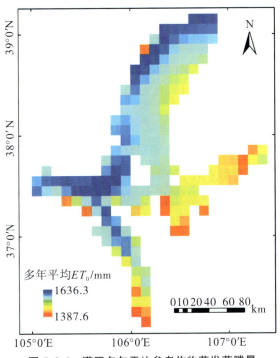

图 5.2-6 灌区多年平均参考作物蒸发蒸腾量

通过作物系数—参考作物需水量法计算得到各个灌域的历史平均作物需水量（1979—2018 年），见表 5.2-3。不同灌域之间作物需水量存在较大差异，与作物耕作面积、灌域主导作物及灌域位置等密切相关。

表 5. 2-3　　　　　　　　　　　　　　灌域历史平均作物需水量　　　　　　　　　　　　单位：mm

灌域	检验期 NSE	测试期 NSE
唐徕渠	0.98	0.98
西干渠	0.98	0.98
惠农渠	0.98	0.98
汉延渠	0.96	0.96
秦汉渠	0.97	0.97
渠首	0.98	0.98
七星渠	0.97	0.97
跃进渠	0.97	0.97
沙坡头	0.98	0.98
固海	0.95	0.94
红寺堡	0.97	0.97
盐环定	0.98	0.98

（2）实时作物需水预测

常用的作物系数—参考作物蒸发蒸腾量法需要的气象数据较多，一般包括气温、风速、湿度、辐射等数据。在实时配水模块中，需要根据典型应用区气象局提供的实时气象数据对作物需水量进行预测，但是典型应用区缺少辐射数据，因此不能根据 FAO 推荐的作物系数—参考作物蒸发蒸腾量法对实时作物需水量进行估算。

机器学习作为一种新兴的方法，不需要预先设置确定性的模型，适合分析处理较为复杂的系统过程。以作物系数—参考作物蒸发蒸腾量法计算的历史作物需水量为参考，根据 LSTM 方法建立作物需水预测模型。输入数据为日最高气温、最低气温、平均气温、风速、大气压、比湿、综合作物系数，输出数据为日作物需水量。其中设置训练期为 1979—2008 年，测试期为 2009—2018 年。

各个灌域的检验期和测试期的 NSE 均在 0.94 以上，模拟效果很好。以唐徕渠为例，基于 LSTM 模型（表 5.2-4）估算的日作物需水量与历史需水量对比（图 5.2-7），可以看出两者在低值和高值处都能很好地吻合。由此可见，基于 LSTM 估算作物需水量可以用于后续的实时配水中。

表 5.2-4   LSTM 模型模拟效果

灌域	检验期 NSE	测试期 NSE
唐徕渠	0.98	0.98
西干渠	0.98	0.98
惠农渠	0.98	0.98
汉延渠	0.96	0.96
秦汉渠	0.97	0.97
渠首	0.98	0.98
七星渠	0.97	0.97
跃进渠	0.97	0.97
沙坡头	0.98	0.98
固海	0.95	0.94
红寺堡	0.97	0.97
盐环定	0.98	0.98

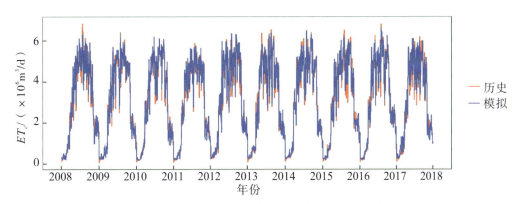

图 5.2-7　唐徕渠模型估算与观测的作物需水量对比

5.2.3　应用实践

研究成果在项目典型区域——宁夏引黄灌区的应用,实现了宁夏全区 12 个管理处作物需水的预测预报,为后续模型体系的计算提供了准确可靠的水量数据,同时为调度人员的调度决策提供了有力支撑。图 5.2-8 是宁夏引黄灌区需水预报模型计算结果系统界面截图。

图 5.2-8　宁夏引黄灌区作物需水计算结果系统界面

5.3　时空均衡规则下的灌域水量优化配置关键技术

本节通过计算各灌域未来一年作物逐日需水量,并利用作物需水以及渠系参数,结合典型应用区农业、工业、生活、生态实际用水需求,设置缺水量和配水波动情况最小的目标函数,通过遗传算法寻优最小值得到各灌域逐日的计划用水数据。但其仅用于生成计划配水目标,在实际调度中,研究将模型应用场景进一步完善,可在得到已优化的计划配水水量基础上得到实时配水水量,故本模块分为优化配水、实时配水两个模块。

结合典型应用区特点,在进行实时配水之前,需要根据计算年发布的各灌域逐月计划用水量,结合典型年历史作物需水数据,计算适合计算年的计划用水量。对于每月 30 或 31 日共 12 个灌域的计划用水量,需要采取合适的目标函数,根据目标结合不同约束条件,进行寻优计算。

5.3.1　水量优化配置模型

（1）假设及目标

在实时配水过程中,无法预测到灌区全年段作物需水数据,但作为计划用水量的重要参考,作物需水数据不可或缺。在每年对比作物需水模块结果的过程中可以发现,虽然每年由于种植结构、种植面积的变化以及气候条件不同,灌域间的作物需水在年内尺度上的变化不同,但是各灌域的作物需水在年际尺度上存在相似的趋势以及相同的量级。因此假设计算年与典型年具有相似的年内气候特征和作物种植结构,通过典型年的作物需水模拟计算年的作物需水。对于典型年的选取,本节使用历史年径流量的数据绘制 P-Ⅲ型曲线,选取概率为 50% 的年份作为典型年。典型年的选取也可以通过人工调整,调整过程中需要充分考虑典型年的作物种植结构、种植面积、气象要素是否与计算年相似。

在作物需水确定的条件下,需要将有限的可用水量分配到各个灌域,因此需要设定目标函数,通过使目标函数最小,从而达到寻优的目的。在制定计划的过程中,首要考虑的是各灌域的缺水与弃水情况,令各灌域每日计划用水小于作物需水的部分为缺水,计划用水大于作物需水的部分为弃水。且只有在月总计划用水小于作物需水的情况下产生缺水,在月总计划用水大于作物需水的情况产生弃水。缺水总量是固定的,在制定配水计划时,需要考虑各个灌域之间缺水的权重,以这个权重判断单独灌域缺水量大小对于整个灌域的影响大小。由于需要对单一灌域一个月的计划用水量进行分配,需要确定一个月 30 或 31 个缺水权重,本节假设在作物需水量越大的情况下缺水导致的经济损失越大,因此将灌域一个月每日的缺水权重定为该灌域每日作物需水占月总作物需水的比重,以此确定缺水目标函数。

在缺水时期,将作物需水减去计划用水差值加权求和作为缺水目标函数,其目标是使作物需水越少越好。而当月计划用水大于月作物总需水产生弃水时,为使在作物需水都得到满足的情况下,每日计划用水的曲线波动减小,将缺水权重的倒数作为弃水权重。在此基础上,本节在实际计算的过程中还发现,单纯考虑缺水指标函数会导致计划用水的时间序列波动性剧烈,为此本节假设月逐日计划用水的标准差能评价计划用水分配过程中的波动情况,并与缺水量并列作为目标函数的组成部分。

①计算年与典型年具有相似的年内气候特征和作物种植结构,可以通过典型年的作物需水量模拟计算年的作物需水;

②在作物需水量越大的情况下缺水导致的整体经济损失越大;

③月逐日计划用水的标准差能评价计划用水分配过程中的波动情况。

最终本节优化配水的目标函数确定为:

$$Ec = \begin{cases} \sum \left\{ (W_p - W_n) \times \dfrac{1}{pp} + sd(W_p) \times \right\} \cdots \sum (W_p - W_n) \geqslant 0 \\ \sum \left\{ (W_p - W_n) \times pp + sd(W_p) \times \right\} \cdots \sum (W_p - W_n) < 0 \end{cases} \tag{5.3-1}$$

式中:Ec ——优化配水的目标函数;

W_p ——计算灌域计算月计划用水量;

W_n ——计算灌域计算月作物需水量;

pp ——计算灌域计算月逐日缺水权重;

$sd(W_p)$ ——计算灌域计算月计划用水标准差,表示计划用水波动大小。

(2)主要计算过程

1)月计划用水量的处理

在实际应用过程中,年初下达的各灌域月计划用水总量与历史引水月实际引水量具有较大区别,因此本节在设计过程中,将典型年各灌域逐月实际引水数据作为典型计划用水数据。在计算年时,将水利厅下达年计划用水量与典型计划用水总量的比值作为缩放因子,乘以典型年各灌域逐月计划用水量,得到计算年逐月计划用水量。其计算公式为:

$$Wp_{(i,j)} = Wp_{0(i,j)} \times \frac{Wp_{all}}{\sum Wp_{0(i,j)}} \tag{5.3-2}$$

式中:$Wp_{(i,j)}$ —— 计算年第 i 个灌域 j 月计划用水量;

$Wp_{0(i,j)}$ —— 典型年第 i 个灌域 j 月计划用水量;

Wp_{all} —— 典型年总计划用水量。

由于本节中宁夏引黄灌区计划用水量包含生态补水数据,在计算年灌溉期之前计算计划用水量时,将生态补水计划总量从总计划用水中减去,随即得到全部用于灌溉的农业用水的月计划用水数据。在获取典型年逐日作物需水量和计算年月计划用水量数据后,需要将每个灌域每月的计划用水分配至每日范围。则需要对 12 个灌域 6 个月(4—9 月)依次进行遗传算法寻优计算,最终得到计算年各灌域灌溉期共 183d 逐日计划用水数据。

2)遗传算法计算流程

由于水资源配置涉及的影响因素很多,解空间中参变量与目标值之间的关系又非常复杂,遗传算法是已经公认的适用于水资源配置寻优问题的有效算法。

本节中需要计算各灌域逐日计划用水量,需要将已有的历史作物需水数据作为输入,将单个灌域总计划用水量寻优分配到该月的每日中。计算过程分为两种情况:

①当当月历史作物需水总量大于月总计划用水量时,产生作物需水缺口,这时采用缺水时的目标函数进行寻优计算;

②当当月历史作物需水总量小于月总计划用水量时,产生弃水,这时采用弃水时的目标函数进行寻优计算。

其流程见图 5.3-1。

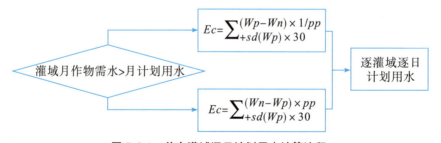

图 5.3-1 单个灌域逐日计划用水计算流程

本节中经过调试验证,遗传算法使用的相关参数见表 5.3-1。

表 5.3-1   遗传算法参数表

GA算法参数	种群规模(popsize)	50
	迭代次数(maxiter)	500
	交配概率(crossover)	0.8
	变异概率(mutation)	0.3

（3）优化配水结果

将配水模型应用于宁夏引黄灌区,得到各灌域逐日计划用水数据。整体上计划用水与典型年作物需水具有较高的一致性,但是整体波动幅度更小,缺水时期计划用水保证了作物需水大的天数水多配,作物需水小的天数水少配。水分充足时段则相反,这在一定程度上防止了配水曲线的波动。以 2016 年为典型年计算 2017 年计划用水,部分灌域的 2017 年计划用水与 2017 年历史作物需水的对比见图 5.3-3。

图 5.3-2   盐环定灌域计划用水与作物需水对比

图 5.3-3   汉延渠灌域计划用水与作物需水对比

图 5.3-2、图 5.3-3 为盐环定灌域与汉延渠灌域的计划用水与作物需水对比,可以看到,两灌域都是以玉米为主要作物,因此在 6、7、8 月有 3 次集中灌溉,作物需水呈现出明显的三峰趋势。盐环定和汉延渠灌域都属于作物需水多于计划用水的灌域,图中计划用水与作物需水相比,具有相同的趋势以及相似的量级,但整体波动性小。计划用水与作物需水存在差异,一是月计划用水总量不同导致月内的总水量不同,有时可能会产生月与月之间的陡升陡降,二是目标函数中的防止波动项使得计划

用水数据更加平滑,三是典型年与计算年之间存在作物需水的年内偏差。

固海、红寺堡、跃进渠等灌域由于其种植结构与其他灌域存在差异(图 5.3-4 至图 5.3-6),在 5 月时,存在一个作物需水序列波谷。与其他灌域相似,计划用水与作物需水都存在相同的变化趋势,计划用水能够在大多数情况下能较好地满足作物需水的需求,且对闸门启闭响应能力的要求更低,能更好地减少设备折损。

图 5.3-4　固海灌域计划用水与作物需水对比

图 5.3-5　红寺堡灌域计划用水与作物需水对比

图 5.3-6　盐环定灌域与汉延渠灌域的计划用水与作物需水对比

5.3.2　灌域实时配水模型

实时配水模块配水规划行为的最后一环是将优化配置模块输出的计划用水数据作为输入,使用机器学习方法预测逐灌域次日作物需水,将预报降水处理成有效降水,结合灌域的不同参数,选择 5 种不同的实时配水方式对次日的总计划用水量配水进行分配。

5.3.2.1 将预报降水处理成有效降水

（1）降水调整

在以往的水资源优化配置中,较少考虑到降水对水资源配置的影响,但实际上干旱地区的降水对于作物需水量的补充有时是十分可观的。降水量是否适宜取决于地面状况、土壤性质、降水强度、当时的土壤水分状况和作物的需水量等因素。所谓"透雨"指一次降水过程使土壤增墒后,作物在一个较长时期能够维持正常生长。透雨要求较大的降水量并能渗入足够的深度。自然降水中实际补充到植物根层土壤水分的部分称为有效降水。当降水强度超过土壤入渗率时,开始产生地面径流。当降雨时间较长或多次降雨之后,地面出现积水,根层土壤水分超过饱和水分含量后,将产生深层渗漏。因此,有效降水 Re 应是自然实际降水量 R 减去截留量 y、径流量 Q 和深层渗漏量 f 之差。

由典型应用区气象局获取的降水数据往往是直接降水数据,通过雨量实时记录结合卫星遥感制成的降水栅格数据,只能反映地表降水数据,因此在计算过程中需要将降水数据转化成有效降水。本节采用美国农业部土壤保持局推荐的计算方法:

$$P_e=\begin{cases}\dfrac{P(4.17-0.2P)}{4.17}\cdots\cdots P<8.3\mathrm{mm/d}\\4.17+0.1P\cdots\cdots P\geqslant 8.3\mathrm{mm/d}\end{cases} \quad (5.3\text{-}3)$$

式中: P_e——有效降水,mm/d;

P——总降水量,mm/d。

本节设计不同级别的有效降水对于作物需水存在不同天数的影响。降水的等级越高,降水影响的天数越长,按照降水等级被分摊为 1、3 日。小雨时,降水的影响为当天一天;大雨时,降水的影响为当天及往后两天,当天有效降水量按照 5：3：2 的比例向后分配;当降水超过 8mm/d 时,按照 8mm 规定当日有效降水。

（2）实时配水

灌区配水调度模型的设计紧密联系灌区配水现状,分析研究存在的突出问题,将常规的调水技术抽象概化成不同的配水方式。实时调度模型将一次引水灌溉过程分为若干个配水时段,选择合理可行的配水方式。支持通过把引水灌溉过程分为若干配水时段,并运用模型计算推荐合理可行的配水方式组合,包括差额比例配水、均衡比例配水和上下游顺序配水等模型。该模型通过输入计划用水、实时作物需水预测、降水数据,将渠系行水时长、行水上下限作为输入条件最终得到考虑到降水的实时水资源分配结果。其主要流程见图 5.3-7。

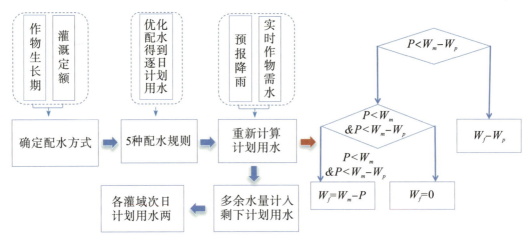

图 5.3-7　实时配水流程

图中：P 为未来一天坦化处理过的降水降雨；Wf 为考虑了降雨的实时配水；Wp 为未考虑降雨的实时配水；Wm 为优化配水算出的计划用水。

实时配水利用优化配水得到的逐日计划用水数据，结合渠系参数作为限制，选择 5 种不同的配水方式进行实时配水计算，得到未考虑降水与预测作物需水的实时配水。将预测作物需水与预报降水考虑到实时配水中，其原则是当有效降水满足作物需水用水需求时不再配水，有效降水不能满足作物需水的部分需要通过引水解决灌溉。

实时配水的过程中，预先在灌溉期 4—9 月共 183d 中，通过历史灌溉方式总结出不同时期使用的灌溉方式。且 5 种配水方式可以通过人工选择进行调整。实时配水方式的选择见表 5.3-2。

表 5.3-2　　　　　　　　　　　　　　配水方式时段选择

配水方式	经验时段
蓄水期配水	正式灌溉前（3 月 28 日—4 月 20 日）
差额比例配水	灌溉供水压力较小的时期（4 月 21 日—7 月 10 日和 8 月 21 日—9 月 20 日）
均衡比例配水（Ⅰ）	灌区用水高峰期供水不足的情况（7 月 11 日—8 月 20 日）
均衡比例配水（Ⅱ）	灌溉后期或结束时（9 月 21 日—9 月 30 日）
上下游顺序配水	当连续 3d 缺水 30%

5.3.2.2　5 种不同的实时配水方式

（1）蓄水期配水

灌溉初期，水量充足，部分灌域需要对灌域进行冲盐或提前使灌域渠道间蓄满水，以便于后续的生产工作。配水计算时，各灌域的配水量应以其最大蓄水能力为上

限,即

$$WH_3(I) \leqslant WH_{3max}(I) \tag{5.3-4}$$

式中:$WH_3(I)$——第 I 灌域下周预配水量;

$WH_{3max}(I)$——第 I 灌域最大可能配水量。

蓄水期配水主要过程见图 5.3-8。从最下游段的最下游灌域开始,由下到上逐灌域配水。若供小于求,则将预计引水量分配完毕为止;反之,则满足全部蓄灌灌域的需水要求。

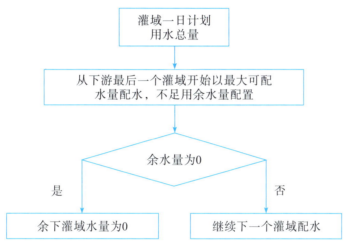

图 5.3-8　蓄水期配水流程

蓄水期配水适用于超前引水阶段。对于提前蓄水水库,应在提前蓄水期根据计划进行蓄水,其他灌域渠系间蓄水期的计划用水量应将水库蓄水水量减去。

（2）差额比例配水

在灌溉期间,由于各用灌域的气温、墒情及管理水平等诸多因素不同,其已配水差额(计划配水量与已配水量的差值,下同)也不尽相同。为使灌区均衡受益,把各灌域已配水差额占其所在系统已配水差额的比例作为权重进行配水。即完成计划少的灌域下周多配;反之,下周少配。这样,计算出的各段预达比例(已配水量和下周预配水量之和与计划配水量的比值,下同)同样不尽一致,但其差别逐渐减小。在配水计算时,应使下周各段预配水量介于其最大、最小配水量之间,同时不大于已配水差额(即不超过计划用水)。主要流程见图 5.3-9。

即

$$W_{min}(I) < WD_3(I) \leqslant W_{max}(I) \tag{5.3-5}$$

$$WD_3(I) \leqslant WX(I) - WU(I) \tag{5.3-6}$$

式中:$WD_3(I)$——第 I 灌域下周预配水量;

$WX(I)$——第 I 灌域计划配水量;

$WU(I)$——第 I 灌域已配水量;

$W_{max}(I)$——第 I 灌域最大配水量;

$W_{min}(I)$——第 I 灌域最小配水量。

①如果上述各式都成立,则按需配水。

②如果计算出的下周预配水量大于最大配水量和已配水差额,分为以下两种情况:若已配水差额大于最大配水量,按最大配水量配水;若已配水差额小于最大配水量,按已配水差额配水。

③如果计算出的下周预配水量小于最小配水量,则以最小配水量配水。

然后,去掉上述灌域,其他灌域重新分配水量。重复以上过程,直到分配完毕。最后,分别判断各灌域预配水量是否合理,方法与上述基本相同。

差额比例配水一般用于灌溉的前期和中期。

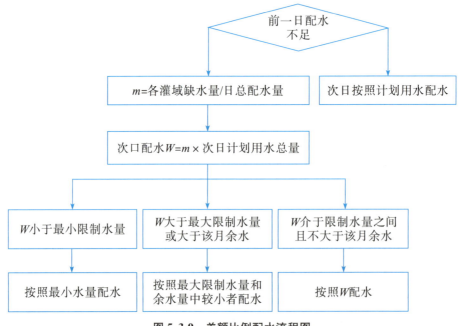

图 5.3-9　差额比例配水流程图

(3)均衡比例配水(Ⅰ)

在水量调配中,为减少各用水单位之间的矛盾,使灌区上、下游均衡受益,各用水灌域必须满足以下条件:

①预达比例不大于其所在系统的预达比例。

②下周预配水量不大于已配水差额,且介于最大、最小配水量之间(图 5.3-10)。即

$$PB < KK \qquad (5.3-7)$$

$$W_{\min} < WD_3(I) \leqslant W_{\max}(I) \tag{5.3-8}$$

$$WD_3(I) \leqslant WX(I) - WU(I) \tag{5.3-9}$$

式中:PB ——灌域预达比例;

KK ——灌域预达比例。

其他符号意义同前,配水计算时,需进行以下判断:

①如果某灌域下周预达比例大于其所在系统(段)的预达比例,则该灌域下周以最小配水量配水。

②如果计算出的下周预配水量(差额比例配水结果)小于已配水差额,且介于最大、最小配水量之间,则按差额比例配水结果或作物需水配水。

③如果计算出的下周预配水量大于最大配水量及已配水差额,分为以下两种情况:若已配水差额大于最大配水量,按最大配水量配水;若与第一种情形相反,按已配水差额配水。

④如果计算出的下周预配水量小于最小配水量,则下周按最小配水量配水。

然后,去掉上述特殊灌域,其他灌域重新分配水量。最后,再对各灌域进行判断,方法与上述基本相同。均衡比例配水(Ⅰ)适用于灌区用水高峰期供水不足的情况。

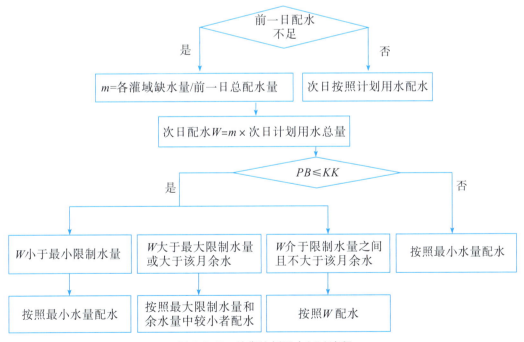

图 5.3-10 均衡比例配水(Ⅰ)流程

(4)均衡比例配水(Ⅱ)

为使灌区均衡受益,在灌溉后期或结束时,应使灌区用水的基本单位(灌域)都完成计划任务,使分配水量合理。即各灌域已配水比例不应大于其所在系统的预达比例;各灌域下周预配水量不应大于其已配水差额,并且介于最大、最小配水量之间(图 5.3-11)。即

$$PB < KK \tag{5.3-10}$$

$$W_{\min}(I) < WD_3(I) \leqslant W_{\max}(I) \tag{5.3-11}$$

$$WD_3(I) \leqslant WX(I) - WU(I) \tag{5.3-12}$$

式中:PB——灌域已配水比例,其他符号意义同前。

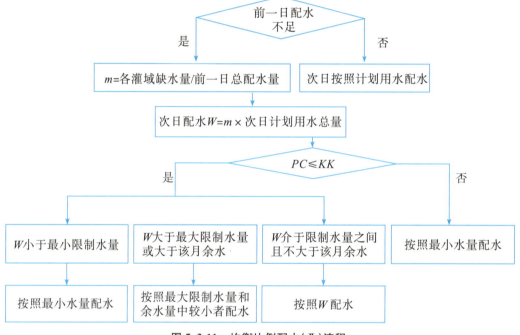

图 5.3-11　均衡比例配水(Ⅱ)流程

同样,配水计算时,需进行以下判断:

①如果计算出的某灌域已配水比例大于其所在系统的预达比例,则该灌域下周按最小配水量配水。

②如果计算出的某灌域下周预配水量(差额比例配水结果)小于已配水差额,且介于最大、最小配水量之间,则按差额比例配水结果或者作物需水配水。

③如果计算出的下周预配水量大于最大配水量及已配水差额,分为以下两种情况:若已配水差额大于最大配水量,按最大配水量配水;若与第一种情形相反,按已配水差额配水。

④如果计算出的下周预配水量小于最小配水量,则下周不配水或以最小配水量配水。

然后,去掉特殊灌域,重新计算,直到将水量分配完毕。均衡比例配水(Ⅱ)适用

于灌溉后期或结束时。

（5）上下游顺序配水

当上游来水严重不足，或因渠道淤积严重造成引水困难，上述配水方式无法实现时，为减少输水损失，使少量的水发挥较大的经济效益，采取先上游、后下游的顺序配水方式。其配水原则是以灌域为单位、以各灌域的最大配水量为限制，由上到下逐灌域配水，直到将预测引水量分配完毕（图 5.3-12）。

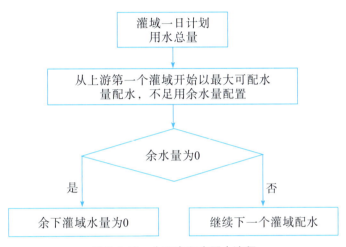

图 5.3-12 上下有顺序配水流程

5.3.3 应用实践

研究成果在项目宁夏水资源调度系统中得以应用，其计算结果可用于辅助调全区度计划的生成，见图 5.3-13。

图 5.3-13 宁夏调度系统优化配水计算界面

5.4 渠系配水调度—水流模拟耦合的输配水模拟关键技术

5.4.1 渠系配水调度模型

渠系配水调度就是根据灌区实际用水需求或预测用水需求,分析各级渠道如何分配流量,将水流顺利送到田间。本节建立渠系配水模型来解决流量分配的问题(图 5.4-1)。

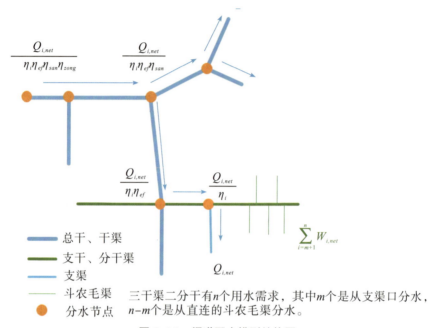

图 5.4-1 渠道配水模型结构图

在做支(分)渠口以上的渠道配水时,对于整个渠系结构,水量输送主要有 2 种分解模式:

①直接通过支渠及其以下的斗渠、农渠、毛渠输送到田间,该模式的需水(净灌溉需水)分解到整个支渠系统,而输水量(毛灌溉需水)只需计入相应的支渠口。

②直接通过与总干渠、干渠、支干渠、分干渠相连的斗农毛渠道输水到田间,这部分需水量直接归口到对应总干渠、干渠、支干渠、分干渠上,而输水量计入对应总干渠、干渠、分干渠的进口处。

上图为某管理段的配水示意图,该管理段有 n 个用水需求,其中 m 个是用支渠分水,$(n-m)$ 个是从直连的斗农毛渠分水。

配水的主要目的主要是弄清各干渠进水口、分干渠进水口的配水流量过程。其次,统一各个管理段的配水节奏,确定各主要支分渠口的配水开始时间、结束时间、平

均配水流量。则支(分)渠道配水结果数学模型为

$$[ID, T_{start}, T_{end}, P_{cal}, Q_{mean}] \quad (5.4\text{-}1)$$

式中：ID——渠道编码；

T_{start}——计算的渠道配水开闸时间，精确到小时；

T_{end}——计算的渠道配水结束时间，精确到小时；

P_{cal}——渠道配水的总历时，整小时；

Q_{mean}——平均配水流量，$\mathrm{m^3/s}$。

(1)直连斗农毛渠归并计算

对于连接在主干渠道上(总干渠、干渠、支干渠、分干渠)的斗农毛渠系统，相当于主干渠道直接供水，可将直连需要供水的斗农毛渠概化为一个支渠系统进行考虑。概化支渠系统的总需水量为

$$W_{gen\_net} = \sum_{i=m+1}^{n} W_{i,net} \quad (5.4\text{-}2)$$

概化渠道的起始配水时间取斗农毛渠系的最早需水时间为

$$t_{gen\_start} = min(t_{m+1,start}, t_{m+2,start}, \cdots, t_{n,start}) \quad (5.4\text{-}3)$$

概化渠道的配水时长取平均配水时长为

$$P_{gen} = \frac{\sum\limits_{i=m+1}^{n} P_{i,est}}{n-m} \quad (5.4\text{-}4)$$

平均配水流量为

$$Q_{gen} = \frac{W_{gen\_net}}{P_{gen}} \quad (5.4\text{-}5)$$

(2)支分渠道配水

首先确定该灌溉组的灌水中间日。该组的最早起始日为 $min[t_{start}]$，最晚的结束日期为 $max[t_{end}]$。则该组的灌溉中间日期为

$$t_{mid} = mid(min[t_{start}], max[t_{end}]) \quad (5.4\text{-}6)$$

该组的平均灌水延续时间为

$$P_{avg} = \frac{\sum\limits_{i=1}^{m} P_{i,est} + P_{gen}}{m+1} \quad (5.4\text{-}7)$$

则该组的开灌时间和结束时间为

$$T_{start} = t_{mid} - P_{avg}/2 \quad (5.4\text{-}8)$$

$$T_{end} = t_{mid} + P_{avg}/2 \quad (5.3\text{-}9)$$

注意，如果以上时间不为整点，将时间转换为最近的整点数据。

反算各个渠道统一放水时对应的灌溉流量为

$$Q_{i,raw}=\frac{W_{i,net}}{P_{avg}\eta_i} \tag{5.4-10}$$

（3）递推上级渠道配水

支分渠以上的配水渠道（分干、支干、干、总干渠），可能包含多个配水组（管理段），每个配水组又有多个支（分）渠道。则上级渠道是下级各个支（分）渠道配水流量累加的成果。

某个支渠的配水过程记为时间序列 $S_{T\_start}^{T\_end}[Q_{raw}]$。该时间序列映射到其上一级渠道为 $S_{T\_start}^{T\_end}[Q_{raw}/\eta_{upID}]$，$\eta_{upID}$ 为上级渠道的渠道水利用系数。按照如下拓扑关系则可逐层向上映射。

某个主干渠道，其下包括 k 个分水渠道（可能有概化支渠），则其分水流量过程为

$$S_{T\_start}^{T\_end}[Q_{up,raw}]=\sum_{i=1}^{k}S_{T\_start}^{T\_end}[Q_{i,raw}/\eta_{upID}] \tag{5.4-11}$$

灌区渠道多为梯形渠道和矩形渠道，并有部分地下输水设施为管涵，渠道又有衬砌与非衬砌裸土渠道，渠系之间控制调节性闸门众多，渠系水力学条件复杂，其水流形态一般按照明确非恒定流处理。

河道、渠道中的水流具有自由液面，表面相对压强为零，属于明渠流。当管道（如无压涵洞、下水道）非充满时，也属于明渠流。渠道的水位或流量发生变化时，流速也随之改变，形成非恒定明渠流。

5.4.2 渠道水流模拟模型

求解非恒定明渠流问题常用圣维南方程（Saint-Venant），其为非恒定明渠流数学形式描述，非恒定明渠流既满足连续方程，又满足动量方程。

（1）连续方程

$$\frac{\partial z}{\partial t}\frac{\partial A}{\partial t}+\frac{\partial Q}{\partial S}=q+\delta Q_c+\frac{1}{B}\frac{\partial Q}{\partial x}=0 \tag{5.4-12}$$

式中：z——河道渠道断面水位；

B——渠道水面宽度；

Q——流量。

质量守恒定律表明控制体中质量的增加率等于单位时间内净流入量。

（2）运动方程

$$\frac{\partial Q}{\partial t}\frac{\partial}{\partial x}\left(\frac{Q^2}{A}\right)+gA\frac{\partial z}{\partial x}+gAJ=0 \tag{5.4-13}$$

式中：Q——流量；

A——明渠断面面积；

z——河道断面水位；

J——水力坡降：

$$J = \frac{v^2}{C^2 R} = \frac{n^2 Q^2}{A^2 R^{4/3}} = \frac{Q^2}{K^2} \tag{5.4-14}$$

不同于河网的水量由支流汇向干流的基本水流运动规律，水量在渠系水量分配过程中是从主干渠道逐级分配到分支渠道中。一般河网模型上边界条件众多，下边界条件单一；渠道水动力模型则是上边界条件单一，而下边界条件众多，并且渠道通常有闸门工程控制，其工况条件更加复杂。

本节在模型建立过程采用分段建模方式，既支持单个渠道的水动力模拟计算，又支持整个树状渠系全渠系水量推演计算。通过不同闸站工程的控制方案，得到不同的渠系水量调度过程。可从线到点两个层面为灌区水量分配过程中的工程调用提供技术支撑。

5.4.3 应用实践

研究成果在项目典型区域——湖北省漳河灌区中的应用，实现了总干渠、三干渠、四干渠 3 大子灌区的水量调度分配，并建了主干渠道 40km 常年供水段的渠道水动力模型，支撑了调水过程的全流程模拟预演，为用户的调研会商研判提供了先进工具(图 5.4-2)。

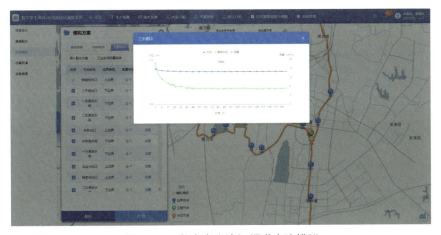

图 5.4-2 数字孪生漳河渠道水流模拟

5.5 数字孪生灌区水资源智慧管控平台

5.5.1 系统架构

结合灌区全尺度需配水耦合模型的计算结果、历史配水数据、需水上报数据,实现配水计划自动生成(其水量包括灌区农业、工业、生活、生态总水量),并辅以人工调整;以 ADCP 监测数据作为配水计划的运行过程实时跟踪,根据取水配额、警戒水位提出预警告警;结合实时跟踪和预警情况,调度中心、渠首、管理处、管理所、管理段 5 级联动调度,并对后续配水计划进行月旬尺度滚动更新;依托三维地理空间数据、渠系建筑三维模型、机电设备三维模型数据构建数字孪生仿真场景,集成融合田间—渠系—灌域全尺度耦合模型分析成果,围绕灌区需水—配水—监测—预警—调度全业务流程,构建了覆盖需水—配水—输水全过程的数字孪生灌区水资源调度智能仿真管控平台(图 5.5-1)。

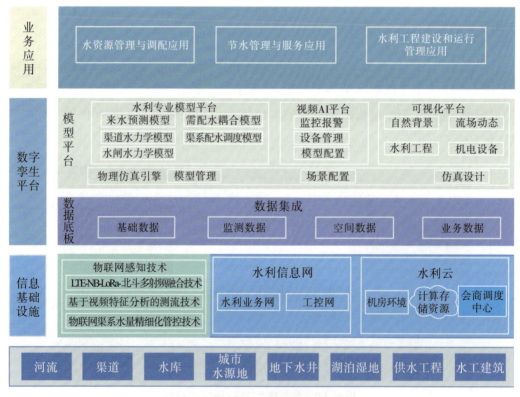

图 5.5-1 全过程智能管控平台总体框架

5.5.2 业务功能

数字孪生灌区水资源调度智能仿真管控平台的业务核心在于灌区"四预"调度的实现,利用相关配置与调度相关技术所建平台主要业务功能如下:在多源异构数据体系的支撑下,通过集成来水预测与需水预测模型,可实现对灌区总体水量供需平衡分析的精准预测。在预测模型对潜在风险的前瞻性预测基础上,结合前端智能感知设备、AI视频监测等前沿技术,成功构建了多层级、多对象、可高效管理的预报预警体系,结合实时跟踪和预警情况,建立了多级管理单位的联动调度。此外,借助灌区需配水耦合模型,可智能辅助生成灌区调度计划。在渠道水力学模型等技术的共同支持下,进一步建立了基于数字孪生的模型输出结果项与可视化场景展示要素映射关系,从而实现调度计划的预演。结合场景预演,经人工辅助修正后,可生成最终的调度预案。预案不仅是作为实际调度的重要依据,同时也成为预警体系中的关键预警指标。至此,构建了一个以"四预"为业务核心的数字孪生灌区全过程水资源调度智能管控平台,为灌区的智能化管理提供了有力的技术支撑(图5.5-2)。

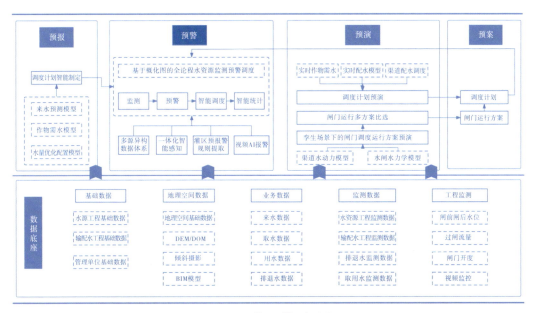

图 5.5-2 "四预"调度流程

5.5.2.1 需配水模型支持下的灌区来水及供需水预报

水源来水预测及灌域需水预测是灌区水量优化配置的基础工作,可进一步明确供需之间在空间、时间上的不平衡性,进而协调、优化配水方式,使灌渠整体能够得到最大程度的供水满足,并减少弃水量。水量优化配置在本平台的其他模块解决(图5.5-3)。

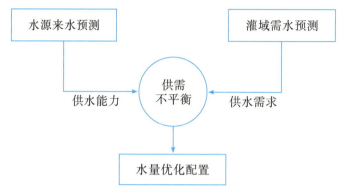

图 5.5-3　灌区供需水关系图

基于灌区多水源长短期结合来水预报及供水能力分析模块,以 API 服务形式从气象部门共享气象预报数据,持续进行长短期结合的灌区水源来水量计算,并动态计算灌区供水能力,模块数据流见图 5.5-4。同时平台在需配水模型的底层支持下,结合典型应用区业务流程特点,利用气象观测、卫星遥感及作物种植结构等异构数据底座,实现对典型应用区内不同灌域作物历史平均需水量和实时需水量的精确计算。

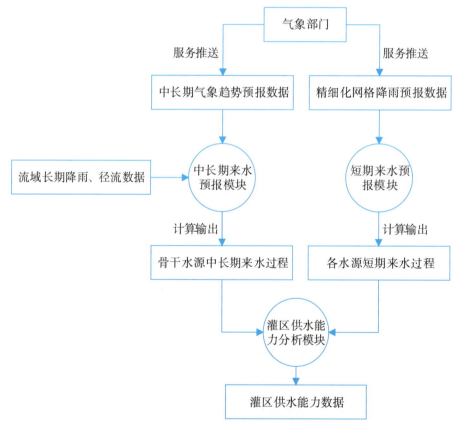

图 5.5-4　来水预报模块数据流程

5.5.2.2 基于实时监测数据的多层级调度预警

基于前端感知设备及物联网技术,系统构建了可在展示实时监测数据基础上的多层级调度预警功能。通过对灌区风险因素的识别与分析,逐层建立了预警层—报警层预警指标体系,采用层次分析与多指标综合评价结合的分析方法评估灌区管理中存在的风险,并对各类风险分级预警,及时判断警度、报告警级、发布警情,以提醒管理人员及时对不同警级采取不同级别的措施,避免事故发生。

基于历史同期数据、事故发生临界值等数据,设置了水库预警报警阈值、闸门预警报警阈值、水量计量预警报警阈值,并根据临界突破对灌区管理模式、灌区安全等方面的影响,综合考虑各类影响权重,设置了预警报警等级。基于从物联网平台接入的设备运行状态机报警信息及设备本身设计参数,设置报警信息二次处理分析机制,构建监测设备物联网警情接收—智能管控平台二次分析—报警级别深度研判预警机制。

平台还对预警报警事项作了进一步管理功能。对于水库预警报警、闸门预警报警、水量计量设备预警报警、设备运行预警报警,本节建设的数字孪生灌区水资源"四预"调度智能管控平台以可视化形式实时展示预警报警信息,当监测数据超过预先设置的报警阈值时,能根据设置的预警报警机制推送预警报警消息至灌区管理人员。当灌区管理人员进行报警确认并处理后,停止报警,并对所做的操作进行日志记录。当发生设备报警时,本节建设的数字孪生灌区水资源"四预"调度智能管控平台将事故发生时刻前后一段时间内系统所采集到的所有参数保存下来,并对异常数据进行分析,方便灌区管理人员调取相关数据,辅助事故分析,表 5.5-1 是灌区监测预警体系。

表 5.5-1   灌区监测数据预警体系

预警监测对象	预警监测指标	预警监测指标详情
河流取水口	水量、流量	水量预警包含两种预警等级,取水量接近可分配指标量,则进行预警;取水量超过可分配指标量,则进行报警
		流量预警包含两种预警等级,流量到达取水口设计流量,则进行预警;流量达到取水口加大流量,则进行报警
水库	水库水位	水库水位预警包含两种预警等级,以设计水位为预警水位,以加大水位为报警水位
水源地	水源地水位	水源地水位以设计水位为预警水位
地下水水井	水量	水量预警包含两种预警等级,取水量接近可分配指标量,则进行预警;取水量超过可分配指标量,则进行报警
	流量	流量预警包含两种预警等级,流量到达取水口设计流量,则进行预警,当流量达到取水口加大流量,则进行报警

预警监测对象	预警监测指标	预警监测指标详情
湖泊、湿地	流量	湖泊湿地流量达不到生态流量指标则进行报警
渠道	水量	水量预警包含两种预警等级,取水量接近可分配指标量,则进行预警;取水量超过可分配指标量,则进行报警
	流量	流量预警包含两种预警等级,流量到达渠道设计流量,则进行预警;流量达到渠道加大流量,则进行报警
闸门	闸前闸后水位	闸前闸后水位预警包含两种预警等级,以设计水位为预警闸前闸后水位,以加大水位为报警闸前闸后水位
	过闸流量	过闸流量预警包含两种预警等级,以设计过闸流量为预警过闸流量,以加大过闸流量为报警过闸流量
	闸门开度	闸门开度预警包含两种预警等级,以设计闸门开度为预警闸门开度,以加大闸门开度为报警闸门开度
输配水工程取水泵站	工程运行状态	泵站运行状态不正常则进行报警
	水量	水量预警包含两种预警等级,取水量接近可分配指标量,则进行预警;取水量超过可分配指标量,则进行报警
主干供输水管网	工程运行状态	供水管网运行状态不正常则进行报警
视频设备	人员	人员预警等级只有一种,人员入侵,立即发生报警
	漂浮物等	漂浮物预警等级只有一种,当漂浮物数量达到设定阈值后,即进行漂浮物报警

数字孪生灌区水资源"四预"调度智能管控平台基于以上构建的实时监测数据预警体系,可以对灌区进行实时预警调度。针对灌区中的渠道、水源地、渠系建筑物、监测站点等地理空间数据,利用可视化技术将其概化为直观的拓扑逻辑图,在数字地图上直观地呈现给灌区管理人员,可有效提升灌区管理人员的信息感知与灌区全局把控能力。

同时以融合多源异构数据的数据底板为支撑,以多层级调度预警体系为关键,以概化图为核心展示形式,研究构建了基于概化图的实时调度预警模式。概化图将灌区实时调度过程中重点关注的闸门、渠道等核心对象进行抽稀,形成概化对象;将各个闸门、渠道的水位、流量等实时监测数据与概化对象进行绑定,形成静态概化对象—动态监测数据的展示模式;将绑定的监测数据与预警体系中设置的阈值进行对比,分析报警触发状态。基于监测数据的实时更新与报警信息实时提醒,灌区管理人员可对整个灌区的水情态势进行实时把控,提升灌区管理实时感知能力和警情响应能力。

在宁夏水资源调度系统项目和阿克陶智慧灌区项目建设中,本节基于宁夏引黄灌区和新疆阿克陶灌区的实际管理需求,提炼出湖泊生态调度场景、防洪监测调度场景、渠道水量调度场景三类场景,并针对性为各类场景设计与绘制对应的概化图,其以多源异构数据为支撑,将管理单位实时调度过程中重点关注的闸门、渠道等核心对象抽象提取出来,将各个闸门、渠道的水位、流量等实时监测数据及预警情况展示在图上,并进行实时更新,同时结合实时跟踪和预警情况,实现调度中心、渠首、管理处、管理所、管理段5级联动调度(图5.5-5、图5.5-6)。

图 5.5-5　宁夏水资源调度渠道调度概化图

图 5.5-6　阿克陶智慧灌区渠道调度概化图

5.5.2.3　水量配置前瞻预演

将构建模型应用于灌区实际配水调度是本节的最终目的。故以项目为依托,结合已构典型应用区来水及需水模型,研究建立了同样适用于典型应用区的水量配置模型体系(图5.5-7)。其建模过程包括历史数据整编、数据清洗、模型训练、模型调参、计算结果优化。在典型灌域调度系统中,将以上建模流程结合典型灌域特点后,以种植定额、气象等数据作为模型输入,通过模型计算,可生成调度计划、缺水结果。计算结果可与以经验生成的调度计划进行比较分析,为典型应用区水量分配过程提供科学模型支撑。

图 5.5-7　实时水量配置模型

模型计算得到的调度方案可在孪生场景中实现方案预演。平台通过设计水量配置模型与典型应用区水资源调度平台之间的接口对接方式,统一数据交换的格式、频率和方式。构建模型输出结果项与可视化场景展示要素的映射关系,并通过虚幻技术在可视化场景中进行实时渲染,包括对水流的动态变化、水位的升降、水质的显示、闸门启闭的渲染,实现水体的真实感和动态效果,以确保模型计算结果数据的实时性和可视化展示效果的真实性。基于集成水量配置模型的可视化场景,进行水量配置前瞻可视化预演。通过在场景面板中输入或选择计划用水量、上报需水量、某个闸门开度等参数,通过模型计算即可得到经模型优化的多种水量配置方案。对某一方案进行选择后,即可进行基于此种方案的可视化预演过程,实现分水、调水过程立体动态展示。

5.5.2.4　基于需配水耦合模型的水量调度预案自生成

结合来水预测及灌需配水耦合模型的计算结果,平台能够使调度人员宏观把控灌区的整体水量需求与供给状况。模型计算结果不仅反映了灌区的即时水量需求,还能够预测未来一段时间内的变化趋势,为配水计划的制定提供科学依据。在此基础上,结合历史配水、上报需求水量等,平台可实现辅助配水计划的自动生成。计划可具体分为年计划及月计划,可包含不同取水水源、不同用途的各关键取水节点的水量及流量,旨在确保水资源的合理利用和高效分配。

　　同时,调度方案支持人工调整。调度人员可根据灌区的实际情况和专家经验,对自动生成的配水计划进行必要的修正和优化。这样既能保证配水计划的科学性,又能确保其符合灌区的实际需求和特点,实现水资源的可持续利用和高效管理。图 5.5-8 为调度预案生成流程。

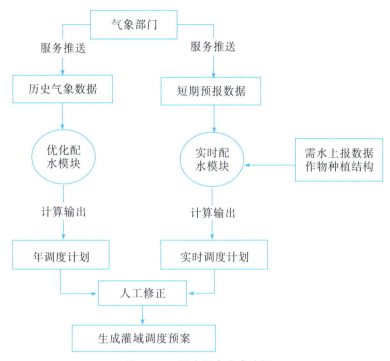

图 5.5-8　调度预案生成流程

　　本节的调度预案生成技术在湖北省漳河灌区得到了应用,实现了总干渠、一干渠、二干渠、三干渠、四干渠、西干渠及其以下 144 条支分渠道的配水方案的生成,支持用户动态调整、快速计算,以下是漳河调度系统模型计算的系统界面截图(图 5.5-9)。

图 5.5-9　漳河调度系统模型计算的系统界面截图

而在宁夏调度系统中,自治区水量调度计划的生成有两种方式。首先将调度系统集成本节模型体系,模型根据已有数据和调度人员配置的参数,计算出配水计划,为调度人员的计划制定提供参考。然后依据系统中已录入的管控指标、水资源公报等指标数据,系统智能辅助调度人员生成调度计划。以下是其系统中模型计算及辅助生成调度计划的系统界面(图 5.5-10、图 5.5-11)。

图 5.5-10　宁夏调度系统优化配水计算界面

图 5.5-11　宁夏引黄灌区调度方案审核界面

5.5.2.5　数字孪生仿真场景

针对海量多源时空数据、BIM 模型、监测感知数据等,构建水利工程自然背景演变(天气状态)、工程上下游流场动态、水利机电设备操控运行仿真可视化模型,进行各类自然背景、水流、水利工程、水闸等三维可视化模拟,提供实时渲染和可视化呈现。可视化仿真模型由超图通过提供地图服务器实现。

（1）场景可视化

针对多源、多维、多时空分辨率、不同坐标系数据，采用数据融合技术与细节层次区分 LOD 技术对典型应用区大范围影像、地形、河流、道路、建筑、工程等多对象进行三维可视化渲染，实现在不同分辨率等级和视角下采用不同精细程度的细节来展示同一场景，以提高场景的显示速度，实现实时显示和交互（图 5.5-12）。

图 5.5-12　都江堰灌区数字孪生场景

（2）工程运行可视化

以空间数据库存储闸站等水利机电设备的空间位置及运行状态等信息，采用 3DTiles 格式存储和组织水利机电设备的三维模型文件，支撑大量复杂模型数据的流式传输和海量渲染，实时反映水利机电设备运行情况，实现了对灌区基础信息、监测预警数据可视化呈现（图 5.5-13）。

图 5.5-13　工程运行可视化界面

（3）模型结果可视化预演

基于水动力学模拟与"可视化"技术，实现河道水面水流模拟结果动态可视化。基于高时空分辨率流域下垫面、城区地形等遥感影像、三维模型，结合一维水动力模型，实现分水、调水过程立体动态展示；试点模拟分析建模渠道全过程水流动态演进及水量（或流量、水位）的精准化模拟，支撑水资源精细化调配及调度方案计划的预演（图 5.5-14）。

图 5.5-14　模型结果可视化预演界面

（4）工程调度可视化

在三维实景中，结合仿真技术对水库、水闸、水电站、泵站等进行仿真可视化，联动水利工程三维模型，展示水闸启闭及运行过程，模拟水位流量变化，实时反映水利工程现场调度情况（图 5.5-15）。

图 5.5-15　工程调度可视化界面

5.6 本章小结

(1)灌区多水源长短期结合来水预报关键技术

利用相似年、回归分析、周期均值叠加法耦合构建了灌区骨干水源来水预报模型,解决了骨干水源中长期来水准确定量预报的问题,模型输入条件简单、克服了单一方法带来较大偶然误差的问题、对下游业务支撑性好;利用水文比拟法和分片区处理的方式,提出了大规模中小水源分布条件下的灌区短期供水能力分析解决方案,全面解决了灌区水源供水能力综合分析的问题,为制定水源兴利计划和灌域层面的优化协调配水打下了良好基础。

(2)基于多作物综合系数及LSTM的作物需水模型

基于气象观测、卫星遥感数据,结合作物种植结构、FAO作物系数得到多作物综合系数,应用蒸发蒸腾量作物需水模型统计历史平均作物需水量,基于循环神经网络(CNN)和长短期记忆神经网络(LSTM)的机器学习方法解决了辐射数据缺测条件下历史及预报期内作物需水预测的难题,实现田间尺度作物需水的精准预测,形成全灌域需水矩阵。基于RNN、LSTM构建作物需水预测模型,突破气象数据缺测条件下预报期作物需水预测技术瓶颈,检验期、测试期NSE均高于0.94;应用气象数据学习作物生长期用水策略,可准确预测作物需水,训练期、测试期确定系数分别为0.95~0.98、0.94~9.98。

(3)时空均衡规则下的灌域水量优化配置关键技术

以灌区供水配额为强约束,以最大化满足作物需水为目标,以大型灌域为单元,提出时空均衡配水规则,运用遗传算法,构建日尺度水量优化配置模型,形成了灌域尺度下配水矩阵,灌区需配水模型在典型应用区域节水率达4.17%~8.57%。

(4)渠系配水调度—水流模拟耦合的输配水关键技术

提出了适用于典型应用区的灌区渠系引配水模拟模型。建立渠系动态配水模型,根据灌区时空分布不均的用水需求反向推导主干渠渠系的配水过程;基于一维水动力学,建立了树状渠系的水流推演模型,并能以主干渠系配水过程为边界条件,正向推演水流运动、输送过程,实现灌区水量调度的预案及预演,全方位支撑全渠系配水效率分析、配水安全研判。

(5)数字孪生灌区水资源"四预"智能管控平台

成功构建了数字化孪生模拟平台。基于数字孪生资产服务体系,融合工程BIM模型、倾斜摄影、正射影像、数字高程模型构建灌区L3级数据底座,基于一维水动力、水闸水力学等水利专业模型库,实现对灌区基础信息、监测预警数据的可视化呈现和对水闸水量配置的模拟仿真预演功能。在数字孪生平台中,依托三维地理空间数据、渠系建筑三维模型、机电设备三维模型数据构建数字孪生仿真场景,集成融合田间—渠系—灌域全尺度耦合模型分析成果,围绕灌区需水—配水—监测—预警—调度全业务流程,构建了覆盖需水—配水—输水全过程的数字孪生灌区水资源调度智能仿真管控平台,实现了场景可视化、模型计算结果可视化预演、工程运行及工程调度可视化,平台覆盖 80% 的灌区调度业务,减轻调度人员 60% 的工作量。

第6章　"互联网＋农村供水"智慧管控

6.1　农村供水前端智能感知关键技术

农村地理环境特殊,不适合使用太阳能供电方式,而国内低功耗型 RTU 产品极度依赖国外芯片,长远来看不利于我国水利行业发展;低功耗型 RTU 通过休眠机制实现了内置电池维持 3 年耗电的功能,但牺牲了控制的实时性,当用户停水后急需恢复时,只能等待 RTU 自行唤醒后操作,对人民生活造成不便;基于成本考虑,移动、电信、联通三大运营商在铺设蜂窝无线网络时,主要覆盖居民区以及辐射活动区域,对于农村覆盖不足,很多农村智慧水利项目铺设的点位,要么信号差,要么根本没有信号,铺设有线网或者光纤成本极高。本书通过大量基础性研究,逐一解决了上述问题,项目实施效果显著。

6.1.1　基于硬件值守方案的超低功耗技术

6.1.1.1　设备耗电因素分析

据统计,农村供水项目后期维护成本占项目总成本的 $10\%\sim15\%$。总结维护工作的成本,主要以更换电池的材料成本和人力成本为主。降低智能 RTU 设备的待机功耗,延长电池使用寿命,可以极大降低维护成本。

图 6.1-1 为电池内部等效电路,可以看出电池不是理想输出,而是等效为输出电阻、电容、电感的阻抗网络。分析可知,电池直流放电效率与等效电阻 R_S 有关。电池输出电量大致可按下式计算:

$$W_Q = R_L \int_{t\alpha}^{t\beta} I_L{}^2 \mathrm{d}t + R_S \int_{t\alpha}^{t\beta} I_L{}^2 \mathrm{d}t \qquad (6.1\text{-}1)$$

式中:W_Q——输出总电量;

　　　R_L——直流负载大小;

　　　$t\alpha$、$t\beta$——电池放电的任意两个时刻;

　　　I_L——负载电流;

R_S ——电池输出等效阻抗。

从上式可以看出，R_S、I_L 项将造成电量浪费，R_S 的大小与电池材料、工艺以及老化程度有关，所以相同材料和工艺的电池，放电电流越低，放电率越高。

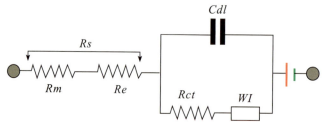

图 6.1-1   电池内部等效电路

RTU 的一般拓扑结构见图 6.1-2，电池包为系统供电，经过降压模块将电池包电压降低至 MCU 工作范围，一般为 3.3～5.0V。降压模块和 MCU 需要常带电，所以决定 RTU 待机功耗的主要因素是 MCU 处理器的休眠电流，以及降压模块的静态功耗。

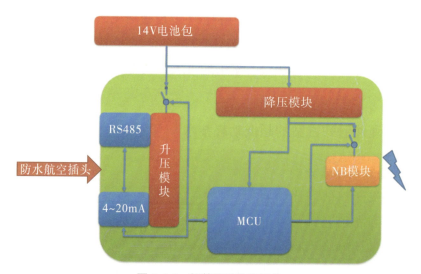

图 6.1-2   智慧终端结构拓扑

6.1.1.2   硬件值守待机方案

本设计在原有系统的电池包和降压模块之间增设硬件值守电路，在低功耗期间完全断开系统供电，具体实现电路见图 6.1-3。

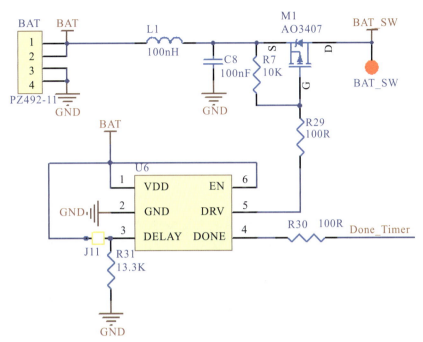

图 6.1-3 电源控制电路

BAT 为电池包正极,在低功耗期间,开关管 M1 断开,后级降压模块和 MCU 不带电,无功耗;到达定时时间后,芯片 U6 驱动 M1 导通,系统工作;RTU 结束巡检和数据上传后,通过 IO 口复位硬件值守电路,重新进入低功耗状态。通过此硬件值守电路,本设计通过硬件值守电路将静态待机功耗降低至 5uA 左右,远低于业内 50uA 的水平。

6.1.2 基于射频双载波的远程唤醒技术

低功耗 RTU 一般靠自身定时唤醒,时效性极差,按之前的项目经验,假如用户通过充值缴费需要恢复供水,往往需要等待 4h 以上。如果手动恢复,又存在不易操作等问题。所以已经开始出现可远程唤醒的 RTU 产品,所应用的技术无非蓝牙、Wi-Fi 两种,要求发射功率在 20dBm 以上,有效距离 10m 左右,这种方案极大地增大了 RTU 功耗,缩短了设备使用寿命。本书研究了无线通信的核心技术,分析可能受到的干扰情况,结合自身技术优势,研发出一种实时的射频双载波远程唤醒技术。

6.1.2.1 双载波射频技术

射频载波的频段在选择上需要考虑两个方面的问题,一是载波频率不宜过低,过低的载波频率意味着过长的接收天线,在管网或设备箱上不易布设;二是避开常规无线电频段,避免干扰。通过研究,双载波最终设计为 275MHz 和 600MHz。275MHz 和 600MHz 同为 25MHz 本振的整数倍,所以可以使用较低成本的锁相环芯片;275MHz 和

600MHz 分别是 25MHz 的 11 倍和 24 倍,其同频谐波至少为 11 次谐波,没有低倍数谐波,相关性低,互扰小;同时这两个频率避开了低频的广播 FM/AM 频段,315/433MHz 商用频段,以及 890MHz 的 GSM 频段,抗干扰能力强。双载波远程唤醒系统结构分为两个部分:维护人员配备的手持唤醒发射终端,以及每个 RTU 集成的接收终端。

唤醒发射终端可发出 OOK 调制(二进制振幅键控)信号,通过板载射频放大器,将微弱射频信号(约 0dBm)放大至射频发射所需功率(约 20dBm),最后通过定向发射天线向处于休眠状态的 RTU 辐射。调制后的射频载波见图 6.1-4,绿色部分是含载波的射频信号。

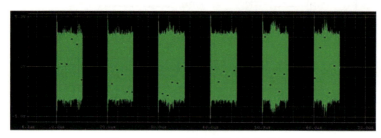

图 6.1-4　OOK 调制载波(放大后)

6.1.2.2　实时唤醒技术

在射频通信中为确保射频信号被有效接收,环路总增益需大于空间衰减量,根据空间衰减公式:

$$L_S = 92.4 + 20 \log_{10} d + 20 \log_{10} f \tag{6.1-2}$$

式中:d——传播距离,km;

　　　f——载波频率,单位 GHz。

计算得到接收终端需达到 20dB 以上增益,才能保证唤醒功能实现。接收终端由无源滤波放大电路、比较器及逻辑芯片组成。其中适用于 275MHz 和 600MHz 的无源滤波放大电路是本书的专利技术,通过 LC 谐振选频,实现对某一特定频率检波的目的。其电路见图 6.1-5。

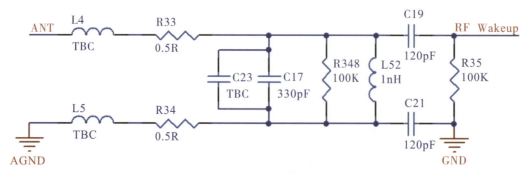

图 6.1-5　LRC 滤波放大电路

图 6.1-5 中,$L4$、$L5$ 为串联关系,$C17$ 和 $L52$ 为并联关系,然后再与 $L4$ 和 $L5$ 串联。$C19$ 和 $C21$ 起隔直和区分地信号的作用,不参与选频。传递函数可表达如下:

$$A(\omega) = \frac{Z_{C17}//Z_{L52}}{Z_{L4} + Z_{L5} + Z_{C17}//Z_{L52}} \tag{6.1-3}$$

最终计算得到此电路在频率为 275MHz(此处以 275MHz 载波为例,600MHz 载波同理)时增益最高,最高值约为 23dB,满足设计需求。接收电路在接收到两路载波的射频信号后,产生电平变化,实时唤醒 RTU。

6.1.3 融合多协议和 LoRa 组网的遥测终端

在"互联网+农村供水"项目设计过程中,涉及数种数据接口以及通信协议。传感器方面如液压/水位计数据接口为 4～20mA 或 RS485;流量计为 RS485;水表为 RS485 或 HART 等。无线回传方面有 3G、4G、5G、NB 以及 LoRa 等。本书总结了项目不同的应用场景,设计了兼容以上所有硬件接口及数据采集协议如 ModBus 协议、HART 协议,网络传输协议如 MQTT、TCP/IP,报文传输规约如《水文监测数据通信规约》(SL 651—2014)、《水量计量设备基本技术条件》(SL/T 426—2021)的 RTU 设备,可适用于绝大多数应用场景,节约了设计选型成本和生产成本,同时,为克服农村信号覆盖不全的困难,研发了一种基于 LoRa 通信的无线组网方式。

6.1.3.1 融合多协议的 RTU 产品研发

本书研发的 RTU 产品定型为 XD·R24UM-47 型智慧遥测终端,具有高防护等级(IP68)、超低功耗、抗腐蚀、抗干扰能力强、使用寿命长等特点,产品集数据采集、数据存储、供电、显示、无线数据传输和报警等综合功能于一体,支持 2G、3G、4G、NB-IoT 及 LoRa 等无线通信。除低功耗版本外,还为水厂等立杆安装应用设计了通用型外观(图 6.1-6)。

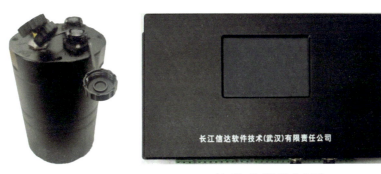

图 6.1-6 XD·R24UM-47 型智慧遥测终端实物图

此产品通过了通过《水文监测数据通信规约》(SL 651—2014)、《水文自动测报系统设备遥测终端机》(SL 180—2015)、《水资源监测设备技术要求》(SZY 203—2016)、

《水资源监测设备质量检验》(SZY 205—2016)、《水资源监测数据传输规约》(SZY 206—2016)以及《外壳防护等级(IP 代码)》(GB/T 4208—2017)规定的 P68 等级。同时达到长江信达企业级标准规定的剩余电量估算、浸水告警等功能标准。

6.1.3.2　星形拓扑 LoRa 组网技术

除兼容性外,本书还创新性地使用星形拓扑的 LoRa 组网技术(图 6.1-7),弥补在农村供水项目中遇到的基站信号覆盖不全,数据无法上传的问题。LoRa 技术可在小范围内(一般 3km 以内)实现自组网。目前市面上常见的 LoRa 组网为网状拓扑结构,其优点是每个 LoRa 节点都可以扮演中继器的角色,从而确保了在 LoRa 网络中,数据可以抵达每一个节点。但在水利相关的应用中,LoRa 节点的中继功能将消耗大量电能,按照有关物联网企业公布的模块数据,LoRa 模块在标准工况下,至少消耗 15000uA,即每年 131AH 耗电量,严重背离低功耗 RTU 设计初衷。

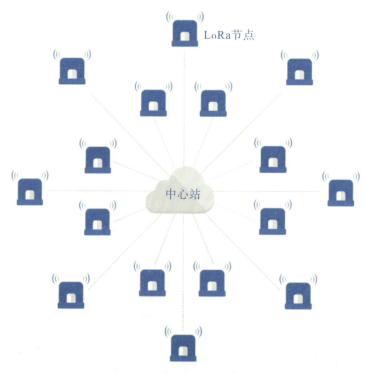

图 6.1-7　LoRa 星形拓扑结构

所以本书调整了已有的组网结构,改为星形拓扑,将 RTU 区分为主从模式。从机可安装在无线信号差、无法与基站通信的点位,在定时上报时间窗口内进行 LoRa 通信,通信完成后立即进入低功耗模式;主机安装在无线信号较好的点位,在定时上报时间窗口内打开监听模式,接收来自从机节点的上报数据,整合汇总后通过传统无线方式上传至物联网平台。按此机制,每次通信时长控制在 3ms 之内,综合耗电

12uA 年化 0.11AH,达到实用效果,并在可接受范围之内。

6.1.4 应用实践

按照 5uA 的静态电流测算,单节 19AH 锂亚电池的放电率约为 92%(含电池自放电),相较于 50uA 的 83% 放电率,延长了设备使用寿命,降低了后期维护成本。同时,基于硬件值守电路的 RTU,不再依赖国外 DCDC 模块以及高性能 MCU,例如,目前国内 RTU 普遍使用的意法半导体 STM32 系列,价格增长了 8 倍,供货周期 1~3 个月,极大掣肘我国智慧水利建设推进进度,借助于硬件值守方案,MCU 可完全被国产 GD 系列所替代,具有极高的经济价值和长远利益。

在重庆某乡镇的小型智慧供水项目中,进行了新技术试点,全镇 300 块智能水表,50 处管网监控点,通过双载波远程唤醒技术,维护人员实现 3h 完成日常巡检,极大提高了工作效率。本书研发的远程唤醒系统独立于 RTU 系统架构,可应用于其他各种智能感知产品,不需要额外的硬件或软件兼容开发,所以除正在实施和规划的项目外,本书也将此技术用于已建设项目的升级改造。

本书研发的 XD·R24UM-47 型 RTU 已累计生产超过 500 套,广泛应用于重庆某些区县农村供水项目,接入模拟信号投入式液位计 100 余只,RS485 数据传输液压计 200 余个,流量计、远传水表数百块。从 2022 年投入使用至今累计无故障运行超过 100 万 h。通过 LoRa 无线组网的方式,在某农村供水项目中免去了 21 个点位光纤铺设,节省成本十余万,监控设备在线率超 95%。

6.2 农村供水管网运行诊断关键技术

6.2.1 基于 SARIMA 模型的供水管网诊断技术

6.2.1.1 用水量数据获取及预处理

以彭阳县"互联网+农村供水"工程为例,供水自动化测控体系利用无线物联网技术,实现从源头到龙头的全过程计量监控,为农村供水用水量的获取提供前端感知基础,为后续规律发现和预测提供数据保证。

(1)水源地监控

包括余氯、浊度、pH 值、水温、电导率等指标。

(2)水厂监控

包括取水流量、管道压力、管道流量、阀门开度、水池水位、水质监测、机组运行状态、视频监控等,其中水质包括余氯、浊度、pH 值、水温、电导率等指标。

（3）泵站监控

包括泵站机组运行状态、管道压力、累计流量、阀门开关、设备状态、信号强度等指标。

（4）调蓄水池监控

包括水池水位、供水阀门开关状态、设备状态、信号强度等指标。

（5）管网监控

包括管道压力、累计流量、设备状态、信号强度等指标。

（6）入户监控

包括水表当前读数、水表阀门状态、水表状态、信号强度等指标。

6.2.1.2 用水量数据的平稳性检验

在统计分析中，用按时间顺序排列的一组变量来表示一个随机事件的时间序列。对于一个选择 ARMA 方法进行建模的时间序列，首先必须满足平稳性。在现实生活中，时间序列很难满足严、平、稳的要求，一般所讲的平稳时间序列在默认情况下都是指宽平稳时间序列，即

均值为常数：

$$EX_t = \mu, \forall t \in T \tag{6.2-1}$$

方差为常数：

$$DX_t = \gamma(t, t) = \gamma(0), \forall t \in T \tag{6.2-2}$$

自协方差函数和自相关系数与时间无关：

$$\gamma(t, s) = \gamma(k, k + s - t), \forall t, s, k \in T \tag{6.2-3}$$

对时间序列的平稳性检验包括构造检验统计量法和图检法两种，本书分别采用增广迪基—福勒检验单位根的方式来完成定量检验，同时输出时序图和自相关图进行直观判断。

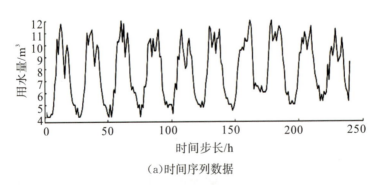

（a）时间序列数据

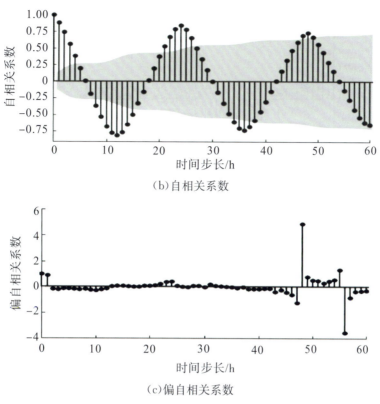

（b）自相关系数

（c）偏自相关系数

图 6.2-1　预处理后时间序列的平稳性检验结果

对经过预处理的供水量数据直接进行平稳性检查，结果见图 6.2-2，可见其自相关图没有收敛到距离 0 较近的范围内。

经过分析认为，该时间序列存在明显的季节性变化，即每 24h 有较为明显的变化规律，应对其进行周期为 24h 的去季节性处理。对处理后的数据再进行平稳性检验，结果（图 6.2-2）显示自相关系数仍存在一定的规律性。

因此，在季节处理基础上增加了差分处理，再对其进行平稳性检验，结果（图 6.2-3）表明时间序列的自相关系数和偏自相关系数均收敛至较低的水平，且不存在较强的规律性。

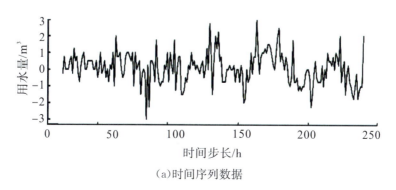

（a）时间序列数据

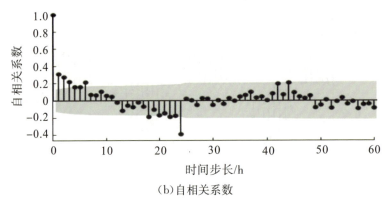

(b)自相关系数

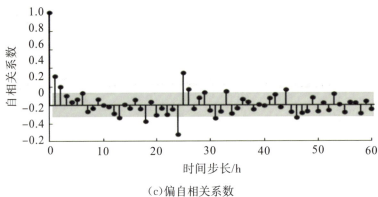

(c)偏自相关系数

图 6.2-2　去季节性后时间序列的平稳性检验结果

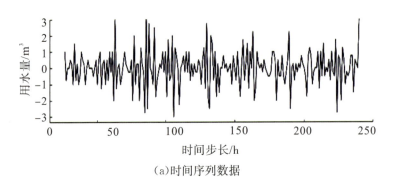

(a)时间序列数据

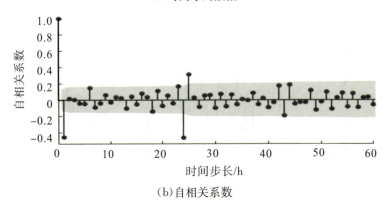

(b)自相关系数

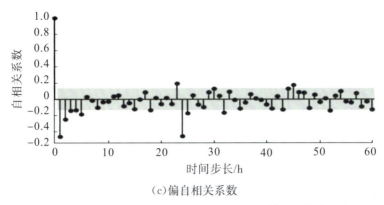

（c）偏自相关系数

图 6.2-3 去季节性并一阶差分处理后时间序列的平稳性检验结果

6.2.1.3 SARIMA 模型参数计算

在验证了时间序列经过季节和差分处理能够满足平稳性要求后，进入 SARIMA 建模阶段。SARIMA$(p,d,q)(P,D,Q,s)$的结构参数有 7 个：p 表示自回归模型的阶，指当前值与前 p 个值有关；d 为差分计算的阶，指时间序列经过 d 阶差分达到稳定状态；q 为滑动平均模型的阶，指当前值与前 q 个误差有关；P 表示季节性自回归的阶；D 为季节性差分计算的阶；Q 为季节性滑动平均的阶；S 为单季节周期长度。

根据稳定性分析结果，目测 SARIMA 模型应选取的参数见表 6.2-1。

表 6.2-1 SARIMA 模型参数观察取值

参数	值	取值原因
p	5	pacf 第 5 步滞后仍较为明显
d	1	进行了 1 阶差分处理
q	1	acf 第 1 步后即有了明显收敛
s	24	季节周期是 24h
P	1	1s(24)在 pacf 上有明显滞后
D	1	1 次季节性差分
Q	1	在 acf 上第一个 1s(24)表现较为突出

经计算，模型 SARMAX$(5,1,1)(1,1,1,24)$的赤池信息准则 AIC 为 511.551。模型预测结果（图 6.2-4）的平均绝对误差为 7.37%，处于较低水平，即模型预测能力较好。

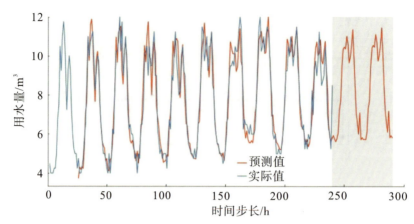

图 6.2-4　SARMAX(5,1,1)(1,1,1,24)预测结果

观测法给出了一个粗略的估计,用程序在给定的参数范围内进行优选,优选的目标是模型的 AIC 最小。模型参数优选范围见表 6.2-2。

表 6.2-2　　　　　　　　　　　SARIMA 模型参数优选范围

参数	取值范围	参数	取值范围
p	2~6	P	0~2
d	1	D	1
q	2~6	Q	0~2
s	24		

根据 AIC 最小原则进行调参,最后得出的最优参数为 SARMAX(4,1,1)(1,1,1,24),AIC 为 511.474。模型预测结果(图 6.2-5)的平均绝对误差为 7.32%,相比目测观察的参数预测效果略有提升。

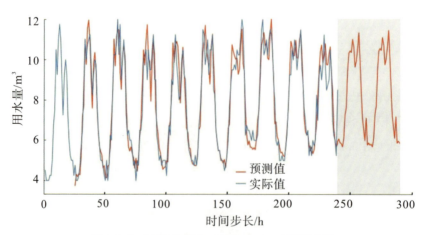

图 6.2-5　SARMAX(4,1,1)(1,1,1,24)预测结果

6.2.2 基于统计学和机器学习的管网诊断技术

6.2.2.1 基于分时 3σ 法的管网监测异常预警技术

正常工况下运行的管网,其压力和流量处于一种动态平衡的稳态。当供水管网中的任意管道发生漏损或者爆管事故,会破坏管网中原有稳态,此时爆管位置会产生较大的出流量并伴随压力骤降,同时整个管网的压力状态等都会受到不同程度的影响。此时,管网中爆管位置上下游附近的流量、压力监测点的监测数据能够最直观、最迅速地反映管网的异常变化。因此,基于监测数据对管网进行流量、压力变化分析,能够对爆管等异常事故作出初步诊断。

供水管网的流量、压力变化具有一定的周期性,对同一个监测点的数据进行长期观测可发现监测数据一般符合正态分布。本书对西北山区某县供水管网的一处流量、压力监测点在 3 个月内的监测数据进行统计分析,绘制出相应的分布直方图(图 6.2-6),监测点的流量、压力监测数据均呈现出中间数据多、两边数据少的分布态势,总体上符合典型正态分布的一般规律。

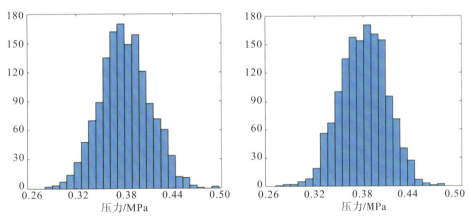

图 6.2-6 流量、压力监测数据统计

基于农村供水管网高频次实时流量压力监测数据,提出基于分时 3σ 法的农村供水流量、压力监测预警指标,即在不同时段计算出三倍标准差预警的阈值,大幅提升了异常预警的精准度。

三倍标准差法是一种常用的异常值判定方法,异常值被定义为一组测定值中与平均值的偏差超过三倍标准差的值,即选取 $[\overline{x}-3\sigma,\overline{x}+3\sigma]$ 作为正常监测数据范围的置信区间,超出置信区间的监测值视作异常数据。

设某一监测设备上报数据 n 次,监测数据为:$x_1,x_2,x_3,\cdots,x_n$,则平均值为

$$\overline{x}=\frac{x_1+x_2+x_3+\cdots+x_n}{n}=\frac{\sum\limits_{i=1}^{n}x_i}{n} \tag{6.2-4}$$

标准差为

$$\sigma = \sqrt{\frac{(x_1 - \overline{x})^2 + (x_2 - \overline{x})^2 + \cdots + (x_n - \overline{x})^2}{n}}$$

$$= \sqrt{\frac{\sum_{i=1}^{n}(x_i - \overline{x})^2}{n}}$$

(6.2-5)

正常值的范围为 $[\overline{x} - 3\sigma, \overline{x} + 3\sigma]$，超过范围者为异常值。

对于农村供水管网监测预警，需要考虑每天不同时刻的用水波动，使用过去一段时间范围内每天相同上报时间的历史监测数据作为基础，基础数据中需要去除 0、负数以及超过基于管道属性计算出的极值数据，利用三倍标准差法计算每天各上报时刻的流量和压力上下限阈值，生成各时刻的流量压力预警范围，通过将某时刻上报的流量压力监测值与该时刻对应的阈值进行对比，即可识别超出范围的实时监测值并及时预警，通知相关运维人员进行排查。

以管网某流量监测点每天整点上报，一天上报 24 次为例，展示运行诊断预警过程（图 6.2-7）。

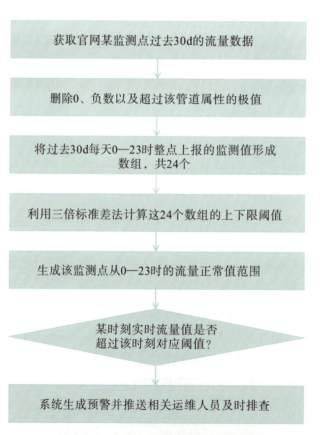

图 6.2-7 分时 3σ 法数据异常预警过程

6.2.2.2 基于时间序列分析的管网漏损诊断技术

将单个流量计历史监测值进行对比分析,判定该流量计下游区域是否出现较大漏损。模型首先收集整理各流量计/水表的历史数据,并对异常值进行剔除和整编;然后对用水时间序列进行降维处理,设定用水对比时间尺度(天、周、旬),避免随机用水事件影响分析结果;根据用水时间序列提取用水量曲线,通过分析用水量曲线的变化幅度计算和判定漏损。

(1)数据平滑处理

管网运行监测数据整编的对象主要包括管网累计流量、管道压力、蓄水池水位等。由于广大农村地区信号不稳,物联网监测设备的数据易出现缺失。管网运行监测数据是典型的时间序列数据,利用较小阶数的滑动平均法能够较好地对缺失数据进行插补。

滑动平均法通过顺序逐期增减新旧数据求算移动平均值,获得时间序列数据的变化趋势,并据此进行预测,补足监测过程中缺失的数据。

$$x'_t = \frac{(x_{t-1} + x_{t-2} + x_{t-3} + \cdots + x_{t-n})}{n} \tag{6.2-6}$$

式中:x'_t——对下一期的预测值;

N——移动平均的窗口大小;

x_{t-1}——前期实际值;

x_{t-n}——前 n 期的实际值。

在插补整编数据的基础上,同样利用滑动平均法,结合滑动窗口内残差的绝对值损失中位数及标准差,确定正常值的上限,以此实现噪声去除。

$$L_{up} = x'_t + (MAE + a\sigma) \tag{6.2-7}$$

式中:L_{up}——正常值的上限;

x'_t——对当前时刻的预测值;

MAE——滑动窗口内残差的绝对值损失中位数;

a——标准差权重;

σ——滑动窗口内残差的标准差。

对比发现,较小的滑动窗口对于噪声更加敏感。因此,所选窗口在 $4 \sim 8h$ 内为宜。在噪声去除的过程中,连续两次超过上限的值不能进行平滑操作。

(2)正常用水量区间

在整编和插补后的监测数据的基础上,利用中短期数据,采用三重指数法(具体算法为 Holt-Winters 方法)预测用水量,公式如下:

$$l_t = \alpha(y_t - s_{t-1}) + (1-\alpha)(l_{t-1} + b_{t-1}) \tag{6.2-8}$$

$$b_t = \beta(l_t - l_{t-1}) + (1-\beta)b_{t-1} \tag{6.2-9}$$

$$s_t = \gamma(y_t - l_t) + (1-\gamma)s_{t-T} \tag{6.2-10}$$

$$y'_t = l_{t-m} + mb_{t-m} + s_{t-T+m+1+(m-1)\%T} \tag{6.2-11}$$

式中：l_t——截距；

  b_t——周期内变化趋势；

  s_t——周期性分量；

  T——周期长度；

  m——t 距离周期开始节点的长度；

  α——截距；

  β——趋势；

  γ——周期性分量在时间序列上累计的权重。

α、β、γ 计算推荐采用经典的截断牛顿共轭梯度法。

在得到算法计算后的用水量曲线后，利用 Brutlag 方法建立用水量置信区间。

$$L'_{up} = l_{t-1} + b_{t-1} + s_{t-T} + md_{t-T} \tag{6.2-12}$$

$$d_t = \gamma|y_t - y'_t| + (1-\gamma)d_{t-T} \tag{6.2-13}$$

（3）漏损判定

对于实际监测值连续 2 次突破用水量置信区间上限的节点，判定为管网运行异常（图 6.2-8）。

6.2.2.3 基于随机森林模型的管道健康诊断技术

建立基于管道属性的爆管风险模型，综合考虑爆管影响因素，包括管网材质、管长、管径、管道压力、管龄、管道敷设时间、土壤腐蚀性等管道属性，结合管道爆管历史记录数据特征，得到某时刻管道的爆管风险。通过爆管风险预测模型，可以有效识别出供水管网中的高风险管道，为管网的更新和维护提供决策支持。管网运行环境复杂，可能引发爆管的因素众多，不同的供水区域、不同的管理水平，同样一个影响因素可能引发爆管所发挥的作用权重不尽相同。管道风险估计是在管道风险因素识别基础上对以管段为对象的风险进行定量分析和描述，为管道风险管理决策奠定基础。基于随机森林模型的管道健康预警技术模型包括个体决策树和集成策略决策树两大类。

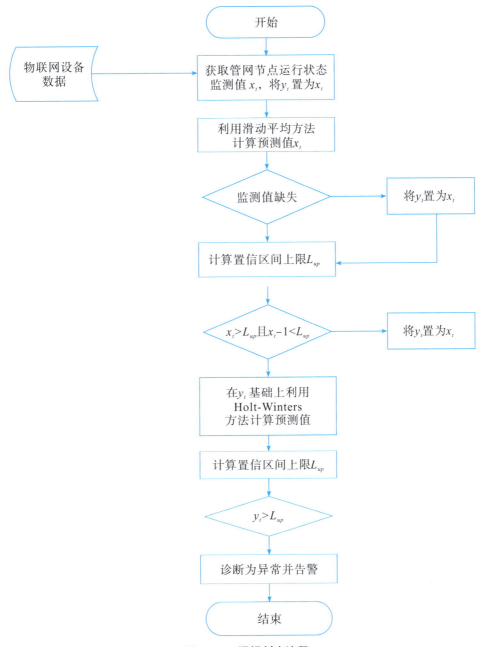

图 6.2-8 漏损判定流程

其中个体决策树模型根据引发爆管可能性的高低,将每类爆管风险影响因素中各子项引发爆管可能性的大小定性地分为若干等级。例如,接口性质是引发爆管的影响因素,该类因素子项包括柔性接口/半柔性接口/刚性接口,分别对发生爆管可能性基于"低/中/高"这种表达方式,而不是准确的可能性。但在定性评估时为定性数据指定数值。例如,设"高"的值为 0.6,"低"的值为 0.2,以此来说明可能性的相对等级。每类因素中各子项的爆管可能性均按上述规则指定数值(表 6.2-3

至表 6.2-7)。

表 6.2-3　　　　　　　　　　　　　　管材类因素

材质	灰口铸铁管	预应力水泥管	钢管	PE 管	球墨铸铁管	其他
可能性程度值	1	0.9	0.6	0.4	0.2	0

表 6.2-4　　　　　　　　　　　　　　管龄类因素

管龄/年	>30	30～20	20～10	10～5	<5
可能性程度值	1	0.8	0.6	0.4	0.2

注:范围取值包含下限不包含上限,下同。

表 6.2-5　　　　　　　　　　　　　　管径类因素

管径/mm	>500	500～200	200～100	100～20	<20
可能性程度值	0.2	0.4	0.6	0.8	1

表 6.2-6　　　　　　　　　　　　　　历史爆管次数因素

历史爆管次数	>10	10～7	6～4	3～1	0
可能性程度值	1	0.8	0.6	0.4	0.2

注:范围取值包含上下限。

表 6.2-7　　　　　　　　　　　　　　路面类型因素

路面类型	街道	快车道	人行道	小区	绿化带
可能性程度值	1	0.8	0.6	0.4	0.2

集成策略决策树将供水管网爆管风险因素按重要性顺序确定为:管材、管龄、管径、爆管历史、路面类型共计 5 类因素。5 类因素按层次分析法确定权重大小(表 6.2-8)。

表 6.2-8　　　　　　　　　　　　　　风险因素权重表

因子类型	管材	管龄	管径	爆管历史	管道路面类型
权重/%	37	24	15	14	10

通过确定管道各因素值,结合相应权重,可以得出各管道的风险度值,具体公式如下:

$$H = 0.37X_1 + 0.24X_2 + 0.15X_3 + 0.14X_4 + 0.1X_5 \qquad (6.2\text{-}14)$$

式中:X_1,X_2,X_3,X_4,X_5——各个影响因素元经过标准化处理后的管材、管龄、管径、爆管历史、管道路面类型可能性程度取值。

6.2.3 基于夜间最小流量与水量平衡的漏损分析技术

管道水量漏损是供水行业普遍存在的现象,不仅造成水资源与能源浪费,还导致诸多不良后果,如管外污染物透过漏损点渗入管道内造成管网水质二次污染、局部供水压力降低和路面塌陷等次生灾害。

随着水力传感器和数据采集系统的发展,物联感知监测技术在供水管网的漏损检测中得到了广泛应用。不仅能够实时检测漏损,还能减少检测时间。在农村供水应用实践中,应用水量平衡法和夜间最小流量法能有效地对供水管网的漏损情况进行检测和分析。

6.2.3.1 夜间最小流量法漏损分析技术

夜间最小流量(Minimum Night Flow,MNF)是评估独立计量区域实际漏损水平的重要指标。流量数值的变化有助于管理者及时发现新增漏点,开展主动探测,降低泄漏损失和产销差等经济损失。夜间最小流量分析法是对某个独立计量区域(District Metering Area,DMA)的夜间流量进行分析,进而评估该区域的实际漏损情况的一种分析方法。

(1)夜间最小流量的构成

通常情况下,DMA 分区内典型的夜间最小流量由夜间合法用水、漏损水量两大部分构成(表 6.2-9)。

表 6.2-9　　　　　　　　　　　　　夜间最小流量构成表

	夜间消费水量	用户最小夜间真实用水量	
夜间最小流量	漏失水量	可探测漏失	明漏
			暗漏
		背景漏失	

其中背景漏失的漏失水量较小并且几乎无法探测,可以忽略不计,因此可以根据夜间最小流量和居民夜间合法用水量的差值判断 DMA 内是否存在漏点。

一个典型的 DMA 分区在 24h 内的用水量变化情况见图 6.2-9。监测数据表明,在 2:00—5:00 的这段时间内,整个 DMA 分区的用水量是最小的。在这个时间段内,此时大部分居民已经休息,除了部分晚归者的生活用水、夜间冲马桶用水、洗衣机用水等用水外无其他用水。所以该时段内流量变化曲线中 DMA 分区的用水量包括用户夜间用水量和漏失水量两个部分,在此时间段内的供水管网的最小用量也最接近于真实漏损量。

虽然夜间最小流量并不代表真实的物理漏失,但在用户用水习惯没有大规模改变的情况下,用夜间最小流量的增幅来近似表示物理漏失的增幅是一种比较合理的计算方法。

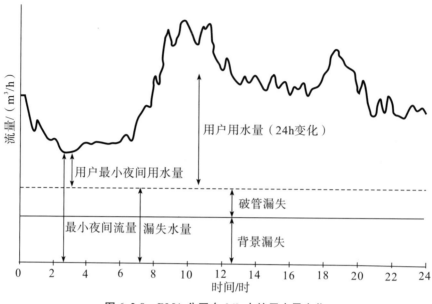

图 6.2-9　DMA 分区在 24h 内的用水量变化

（2）夜间最小流量的发生时间区间

根据国际水协的建议,通常夜间最小流量的测量选择用户夜间用水最小的时段 2:00—4:00,此时用户用水量最小,可以避免用户不规则用水模式对实测数据分析的干扰,但是不同地域的风俗习惯和用水习惯等的不同,夜间最小流量的发生时间区间存在一定的差异。

因此,对夜间最小流量研究时,首先选择较广的时间区间 1:00—5:00,对 DMA 内所有用户的夜间用水进行连续多日测量,之后统计每户每日夜间最小流量出现的时刻,做出图 6.2-10 所示的夜间最小流量时刻频率分布图,最终确定研究区域的夜间最小流量的发生时间区间。此举可以降低统计误差,精确研究时间区间,提高研究结果的可信度和准确度。

（3）夜间最小流量数据分析方法

常用的夜间最小流量数据分析法有两种:

1）比较法

通过对比夜间最小流量与日平均实际用水量,得到他们的比值,即为夜间最小流量的分配系数。如果该比值超过某一百分点,即认为可能出现漏水异常。

$$\alpha = Q_{L-MNF}/Q_{AC} \tag{6.2-15}$$

式中:α——夜间最小流量分配系数,%;

Q_{L-MNF}——夜间最小流量值，m³；

Q_{AC}——日平均的实际用水量，m³。

若 α 数值大于一定值，认为供水管网漏损严重。英国取其限值为40%，美国取其限值为50%。

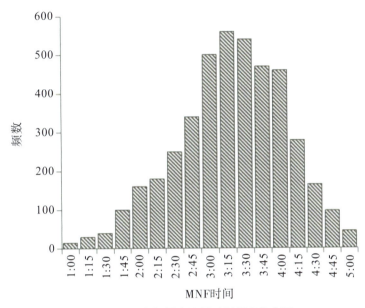

图 6.2-10　夜间最小流量时刻频率分布图

2）经验法

同一地区的居民生活习惯往往是相似的，可通过统计学的方法确定一个正常夜间最小流量的控制范围经验值，据此绘制用水标准图表，将实际用水量与其进行比较，一旦超出该合理区间，即认为可能存在漏水异常。

（4）夜间最小流量基准值

根据夜间最小流量的构成情况，总结了夜间最小流量时的水量平衡公式，如下所示：

$$Q_{DMA} = Q_{L-MNF} + Q_U \qquad (6.2-16)$$

式中：Q_{DMA}——MNF 时刻，DMA 的总进水量即夜间最小流量，m³/h；

Q_{L-MNF}——MNF 时刻，DMA 的漏损水量，m³/h；

Q_U——MNF 时刻，DMA 内用户实际使用水量，即用户夜间合法用水量，m³/h。

在忽略背景漏失的前提下，夜间最小流量的基准值即为用户夜间的合法用水量。用户夜间合法用水量的确定目前有以下 4 种方法。

1）用水量额定参考值法

英国水协通过对单个用户实地调研，确定居民用户夜间用水量为 1.8～

2.5L/(户·h),而非居民用户夜间用水量的平均值为 10L/(户·h)。对于国内广大的农村地区,经长期工程实践,确定夜间用水低峰期的用水量为 0.6~2.0L/(户·h),不同地域的居民其生活习惯有所不同,在实际工程应用中,需对照当地实际情况核对该额定值。

2)统计学法

不同国家地区的气候条件、生活习惯和经济发展等状况不同,用户的用水消费模式存在很大差异,因此额定参考值法存在较大的计算误差,但对于同一地区的居民用户而言,这种差异存在相似性,只要有足够量且具有代表性的样本,并将置信度水平控制在合理区间,就可以用统计学的方法得到代表整体居民用户的平均夜间合法用水量,而非居民用户,由于其消费模式差异较大,无法采用统计学法进行估算。

通过多个项目上不同的 DMA 分区,连续一年的居民夜间用水量监测分析发现,每个 DMA 分区不同日期夜间时均用水总量的 K-S 正态检验结果都服从正态分布(图 6.2-11)。采用($\mu-2\delta$,$\mu+2\delta$)的置信区间下限即可得到夜间合法用水量的最小值,从而确定夜间最小流量的基准值。

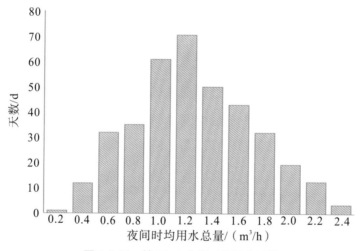

图 6.2-11　某 DMA 夜间时均用水总量

3)基于管网长度和管龄的建模计算法

研究发现夜间最小流量与节点个数、管网总长度和加权平均管龄间存在明显的线性关系,而减压阀的存在使夜间最小流量与管网平均压力的线性关系并不明显。因此建立了基于管网总长度和加权平均管龄的夜间最小流量的二次多项式,如下:

$$MNF = 0.772 + 5 \times 10^{-8} (RL)^2 + 2.02 \times 10^{-3} (WMA)^2 \qquad (6.2\text{-}17)$$

式中:MNF——夜间最小流量,L/s;

　　　RL——管网总长度,m;

WMA ——加权平均管龄,年。

通过该公式进行计算,结果值即为夜间最小流量的基准值。

4)自移动夜间最小流量法

采集多个 DMA 在 2:00—5:00 的最小流量,将夜间最小流量从小到大排列,取 5%~95%范围内的夜间最小流量值为研究对象,然后按照以下步骤计算得到夜间最小流量的基准值:

①计算每个夜间最小流量的移动平均值 MA(Moving Average)和移动标准偏差 MSD(Moving Standard Deviation);

②将 MA 与系数 α 相加的和与 MSD 相乘得到一个基准值;

③比较新的 MNF 与此基准值的大小,若 MNF 小于此基准值,响应结果会定为 0,并重复步骤①、步骤②得到新的基准值,若 MNF 大于此基准值,响应结果会定为 1,MA 和 MSD 值保持不变。按此方法计算计量区域得到的所有夜间流量,即可得到该计量区域夜间最小流量的基准值。

(5)夜间最小流量应用

1)基于夜间最小流量的新增漏点检测

对于供水稳定的 DMA 分区(即该分区内无明显规模的漏水,或者现状漏损水平较为稳定并且在可接受的范围内),根据生活常规,深夜时分绝大部分的用户都在休息,此时的用户用水量最少,因此流量计读数只包括管网漏损、背景漏失和少量用户用水 3 个部分用水量。正常情况下,这 3 个部分的用水量相对稳定,因此流量计读数是一些较小的范围内波动的、相对恒定的数值,此时数据若出现较大的连续波动,则可能有漏损的存在,需要实地勘察查找原因。此法极为简便,可以帮助快速发现新增漏点,但是无法确定现状的夜间最小流量值中是否包括未被发现的暗漏水量。

2)夜间真实漏损水量计算

基于以上方法得到 1:00—5:00 的夜间最小流量的基准值后,将同时间区间的 DMA 入口流量值减去夜间最小流量,即可得到夜间真实漏损水量。

3)日真实漏损水量计算

同一时刻同一管网的压力与漏损量成正比,如下所示:

$$\frac{Q_1}{Q_2} = \left(\frac{P_1}{P_2}\right)^n \qquad (6.2\text{-}18)$$

式中:P_1——时刻 1 的管网平均压力,m;

P_2——时刻 2 的管网平均压力,m;

Q_1——时刻 1 在管网平均压力为 P_1 时的漏损水量,m^3/h;

Q_2——时刻 2 在管网平均压力为 P_2 时的漏损水量,m^3/h;

n——压力指数,通常取 1.18。

根据压力与漏损量比例关系,可采用式(6.2-17)计算 DMA 小区的日真实漏损水量。

$$Q = \sum_{t=1}^{24} \left(\frac{P_{(t)}}{P} \right)^{1.18} Q_n \qquad (6.2\text{-}19)$$

式中:Q——DMA 小区的日真实漏损水量,m^3/h;

Q_n——夜间真实漏损水量,m^3/h;

P——时平均压力,m;

$P_{(t)}$——1d 24h 的压力变化值,m;

t——时间,h。

6.2.3.2 水量平衡法漏损分析技术

基于流量压力数据融合的爆管检测方法只适用于突发性的大流量漏损事件,而无法检出泄漏量较小的漏损事件。现有的漏损检测方法大多基于漏损事件引起的单一时刻的流量或压力的异常波动对漏损事件进行检测,因而对于已经存在的漏损事件、平稳渐变的小流量漏损事件(即非突发性漏损事件)均无法进行检测。考虑到非突发性漏损事件所引起的水量漏失可以通过时间的累积,反映在水量平衡的未计量水量当中,因此可以基于未计量水量对非突发性漏损事件进行检测。

流量平衡法是基于管网的 DMA 分区、分区内各节点拓扑结构和流量监测数据进行管网水损分析计算,支持干管、分干管至入户末端整体区间的分级分区水损分析计算。

首先按选定时间范围计算 DMA 分区各节点该时段的流量,然后根据管网供水拓扑结构确定上、下游的节点,将各节点流量值进行水损分析计算,分级计算各 DMA 分区的水损。基于管网水损计算结果和管网漏损阈值,判定该供水分区的管网是否有较大漏损。

(1)水量平衡计算模型

以国际水协推荐的水量平衡表为基础,参考《城镇供水管网漏损控制及评定标准》(CJJ 92—2016),结合我国农村供水的实际情况进行了适当修正,制定了适用于我国农村供水实际的水量平衡表。一是增加了 DMA 分区的出水量计算指标;二是调整了注册用户用水量下的子项类别划分,特别是对注册用户用水量按照计量用水量与未计量用水量两个维度进行了划分。修正后的水量平衡表更易于理解和进行水平衡计算(表 6.2-10)。

表 6.2-10 水量平衡表

自产供水量 Q_{Sp}	供水总量 Q_S	分区出水量 Q_{So}	分区出水水量 Q_{So}		
		分区消耗量 Q_{Sc}	注册用户用水量 Q_A	计量用水量	计费计量用水量
					免费计量用水量
				未计量用水量	计费未计量用水量
					免费未计量用水量
			漏损水量 Q_L	真实漏失水量	明漏水量
					暗漏水量
					背景漏失
					水箱、水池的渗漏和溢流
外部供水量 Q_{Se}				计量损失水量	居民用户总分表差
					非居民用户表具误差
				其他损失水量	未注册用水量和用户拒查管理因素导致的损失水量

水量平衡表中主要指标的具体意义如下:

自产供水量 Q_{Sp}:供水单位自有水厂的供水量。

外部供水量 Q_{Se}:由第三方单位向管网内供应的水量。

供水总量 Q_S:进入供水管网中的全部水量之和,包括自产供水量和外部供水量。

分区出水量 Q_{So}:从该分区内流出的水量。

分区消耗量 Q_{Sc}:该分区内的实际消耗的水量。包括注册用户用水量和漏损水量。

注册用户用水量 Q_A:在供水单位登记注册的用户的用水量。

漏损水量 Q_L:DMA 分区内漏失损耗的水量。由漏失水量、计量损失水量和其他损失水量组成。

真实漏失水量:各种类型的管线漏点、管网中水箱及水池等渗漏和溢流造成实际漏掉的水量。

明漏水量:水溢出地面或可见的管网漏点的漏失水量。

暗漏水量:在地面以下检测到的管网漏点的漏失水量。

背景漏失水量:现有技术手段和措施未能检测到的管网漏点的漏失水量。

计量损失水量:计量表具性能限制或计量方式改变导致计量误差的损失水量。

其他损失水量:未注册用户用水和用户拒查等管理因素导致的损失水量。

DMA 分区内水量平衡公式可表示为

$$Q_{Sp} + Q_{Se} = Q_S = Q_{So} + Q_{Sc} = Q_{So} + Q_A + Q_L \qquad (6.2\text{-}20)$$

因此，DMA 分区内的漏损水量由式(6.2-19)计算：

$$Q_L = (Q_S - Q_{So}) - Q_A \qquad (6.2\text{-}21)$$

注册用户计量水量包括计费计量水量与免费计量水量两个部分，计量水量由城市供水管网中安装的流量仪表直接计量，并由 SCADA 系统采集得到；注册用户未计量水量包括计费未计量水量与免费未计量水量两个部分，主要由按规定减免收费的注册用户用水量、消防栓用水、绿化清洁用水以及管网维护和冲洗的用水量等组成。

注册用户未计量水量按照其波动的特性可以分为两个部分，一部分为连续的用水，如按规定减免收费的注册用户用水量，这部分水量受用户的影响，与计量水量存在一定的比例关系；另一部分为间断性用水，如消防栓用水、绿化清洁用水以及管网维护和冲洗的用水量，在一定时间内，这部分水量可以视为未知的常数进行估计。因此注册用户用水量可以由式(6.2-20)表示：

$$Q_A = (1 + k_1) \times Q_M + Q_U \qquad (6.2\text{-}22)$$

式中：Q_A——注册用户用水量；

Q_M——注册用户计量水量；

k_1——注册用户未计量水量与计量水量的比例系数；

Q_U——注册用户未计量水量的常数部分。

漏失水量指真实漏失到供水管网外部的水量，又称真实物理漏失水量，主要包含明漏水量、暗漏水量、背景漏失水量、水池或水箱的溢流和渗漏水量。

计量损失水量与其他损失水量统一归为表观损失水量，表观漏失水量主要由仪表误差、偷水行为等所导致。其中仪表误差主要包含居民用户总分表差损失水量以及非居民用户表具误差损失水量；偷水行为主要指非注册用户用水和用户拒查等管理因素导致的损失水量。

(2)漏失指标与计算

1)漏损率计算

供水单位的漏损率应按下列公式计算：

$$R_{BL} = R_{WL} - R_n \qquad (6.2\text{-}23)$$

$$RWL = (Q_S - Q_{So} - Q_A)/(Q_S - Q_{So}) \times 100\% \qquad (6.2\text{-}24)$$

式中：R_{BL}——漏损率，%；

R_{WL}——综合漏损率，%；

R_n——总修正值，%。

修正值包括居民抄表到户水量的修正值、单位供水量管长的修正值、年平均出厂压力的修正值和最大冻土深度的修正值。

总修正值按下式计算：

$$R_n = R_1 + R_2 + R_3 + R_4 \tag{6.2-25}$$

式中：R_1——居民抄表到户水量的修正值，%；

　　　R_2——单位供水量管长的修正值，%；

　　　R_3——年平均出厂压力的修正值，%；

　　　R_4——最大冻土深度的修正值，%。

2）DMA平均表观漏损率

在求得DMA总漏失水量的基础上，根据每月定期输入的DMA内免费用水量数据和来自营销管理服务系统的计费用水量数据，即可求得DMA年度表观漏损率。计算公式：

$$R_{AL} = \frac{Q_S - Q_b - Q_u - Q_{RL}}{Q_S} \times 100\% \tag{6.2-26}$$

式中：R_{AL}——DMA平均表观漏损率；

　　　Q_S——DMA总输入水量，m^3；

　　　Q_b——DMA总计费用水量，m^3；

　　　Q_u——DMA总免费用水量，m^3；

　　　Q_{RL}——DMA总漏失水量，m^3。

6.2.4 应用实践

（1）爆管检测应用实践

为了验证本章方法在农村供水管网工程爆管检测的适用性，选取重庆市某区县某供水片区用户作为实验区域，该区域的流量数据采集频率为15min一次，原始采集指标为累积流量。鉴于该片区大口径流量计量设备是以立方米为单位，因此将原始采集数据处理为以小时为单位的水量数据，以降低计量误差带来的影响，入户水量监控的采集频率为1天一次。

确认实验区域内无爆管发生，进行片区总用水量分析。片区的用水量主要由居民生活用水量、工业用水量、绿化道路浇洒用水等未计量水量以及管网漏损量组成。其中居民生活用水量和工业用水量均可由入户水量监控采集，绿化道路浇洒用水等未计量水量由水厂工作人员提供，对于实验区域整体的管网漏损量，由片区供水流量计采集的供水量、生活及工业用水量、未计量水量共同计算得出，综合分析记录的供水及用水数据，该区域的管网漏损量宜按片区供水量的20.3%取值。

实验区域的爆管检测首先按本章提出的基于SARIMA模型供水管网爆管检测技术进行用水量的预测，包括用水量数据预处理、用水量数据平稳性校验以及SARIMA模型参数计算三大步骤进行用水量预测值的计算，其中参数取SARMAX

(5,1,1)(1,1,1,24),并将观察预测结果和实际用水量进行对比(图6.2-12),该区域2022年11月至2022年12月用水量的预测值与实际值的对比,发现部分时间误差较大,最多达到了9.7%。

图6.2-12 用水量预测值与实际值对比

通过分析去年同一时段的历史数据及用水波动,自学习对计算结果进行优化,调整参数为SARMAX(4,1,1)(1,1,1,24),再次进行预测值与实际值的对比(图6.2-13),发现该区域2022年12月至2023年1月用水量的预测值与实际值的最大误差仅为4.9%,能较好地完成片区用水量的预测。

图6.2-13 调参后用水量预测值与实际值对比

使用此参数进行该片区的用水量预测,当发现片区实际用水量监测值和用水量预测值存在较大差异时,判断片区的供水管网可能出现爆管(图 6.2-14)。

图 6.2-14 爆管时用水量预测值与实际值对比

供水片区的用水量呈现出一定的规律性,通过对供水自动化测控体系采集的供水、用水实时和历史监测数据进行分析,使用基于 SARIMA 模型的供水管网爆管检测,能掌握用水量规律,预测用水量,同时也能够为管网运行状态的实时在线爆管诊断提供依据。

通过对不同预警类型建立的多级预警级别,形成农村供水运维的预警响应机制,2022 年 7 月 27 日 17:00—23:00,重庆某区县仁贤公司服务部 DN200 供水主管上的金带—仁贤 1 监测点(5001550261)监测到流量和压力骤降(图 6.2-15)。

图 6.2-15 金带—仁贤 1 监测点流量和压力预警

其上游的金带出水 2 监测点(5001550113)在当天 17:00 流量突然增大(图 6.2-16)。系统及时发出了预警,通知了仁贤服务部,因供水 DN200 干管发生异常,带领安排抢修班组,水厂组织运维人员及时对该管道进行关阀维修,沿着金带—仁贤监测点(5001550261)上游管段巡查,因这段管道全部沿着河道敷设,不易发现爆管漏水点,经过仔细巡查后发现爆管点,随后使用配套哈夫节进行爆管抢修,于当日晚上 23:00 后恢复供水,在工程运维记录中有此次爆管抢修事件。

图 6.2-16　金带出水 2 监测点流量和压力预警

(2)夜间最小流量法应用实践

选取重庆市垫江县澄溪镇某 DMA 分区(3000 户,DN200 进水管道)作为研究案例。在管道上安装流量计测量小区的流量变化,调查了连续 9d(2022 年 9 月 4 日—9 月 12 日)的数据。每隔 1min 记录一次流量数据,共测量出凌晨 2:00—4:00 时段内 1080 个流量数据。该 DMA 每天的流量变化规律基本符合人的生活规律:居民早饭时与晚上回到小区时用水量比较大,流量出现高峰,而在凌晨 2:00—4:00 时大部分居民已经休息,除了部分晚归者以及夜间冲马桶等用水外,无其他用水。

在凌晨 2:00—4:00 时段,水表的流量比较稳定,在此时间段基本上没有居民用水,水表流量始终在 $7m^3/h$ 左右,说明可能存在管道真实漏损的现象。选用一定值,而不是所测的流量的最小值,这样就考虑了除去异常值的情况。通过统计流量数据出现的频数找出真实漏损量大致所在的范围(表 6.2-11)。

表 6.2-11　　　　　　　　　　　流量数据频数表

流量范围/(m³/h)	频数	频率
0～5.00	4	0.0037
5.00～5.75	41	0.03796
5.75～6.25	132	0.12222
6.25～6.75	225	0.20833
6.75～7.25	224	0.20741
7.25～7.75	210	0.19444
7.75～8.25	149	0.13796
8.25～8.75	51	0.04722
8.75～9.25	29	0.02685
9.25～9.75	9	0.00833
9.75～10.25	3	0.00278
10.25～10.75	1	0.000925926
10.75～11.25	0	0
11.25～11.75	2	0.00185

注：范围取值包含下限不含上限。

从表中可以看出，9d 中凌晨 2:00—4:00 的 1080 个数据中，范围在(0～5.00m³/h)的流量数据仅占 4 个，概率不到 0.5%，属于小概率事件，将其视为异常值。在范围(5.00～5.75m³/h)的流量数据占到了 41 个，该段流量数据多次出现，且在整个流量分布中处于最低区间，可认为该小 DMA 分区的真实漏损量在(5.00～5.75m³/h)这个范围内比较可信。此时间段内的流量数据符合正态分布。

从测量的流量数据中可以算出其平均值 μ 为 6.854444m³/h，方差为 0.874417。前已论述，小区的真实漏损在范围(5.00～5.75m³/h)内，因此分别采用不同置信度时计算小区的流量范围(表 6.2-12)，所得的真实漏损量在(5.00～5.75m³/h)范围内，说明此置信度选择正确。为了证实置信度的选择是否与数据量有关，本次还从该 DMA 分区 9d 中的任意抽出 3d，分析真实漏损量，选取正确的置信度，与全部数据所得的置信度相比较。

表 6.2-12　　　　　　　　　　　小区的流量范围表

参数	全体样本	9月4日	9月7日	9月10日
μ	6.854444	6.6755	7.0885	6.7095
δ	0.874417	0.643731	0.787056	0.54336
$\mu\pm\delta$	(5.980027,7.728861)	(6.031769,7.319231)	(6.301444,7.875556)	(6.16614,7.25286)

续表

参数	全体样本	9月4日	9月7日	9月10日
$\mu \pm 1.5\delta$	(5.54282,8.166070)	(5.7099035,7.6410965)	(5.907916,8.269084)	(5.89446,7.52454)
$\mu \pm 2\delta$	(5.10561,8.603278)	(5.388038,7.962962)	(5.514388,8.662612)	(5.62278,7.79622)
$\mu \pm 2.5\delta$	(4.668402,9.040487)	(5.0661725,8.2848275)	(5.12086,9.05614)	(5.3511,8.80679)
$\mu \pm 3\delta$	(4.231193,9.47770)	(4.744307,8.606693)	(4.727332,9.449668)	(5.07942,8.33958)

置信水平分别选取 68.3％、86.64％、95.5％、98.76％、99.74％对应的置信区间分别为$(\mu-\kappa\delta,\mu+\kappa\delta$,其中$\kappa$分别取 1,1.5,2,2.5,3),统计期望值 1~3 个标准差的范围。

通过表 6.2-12 和置信度的选择的分析,可以得出无论是在整个样本还是在某一天,采用 95.5％的置信度,$(\mu-2\delta,\mu+2\delta)$的置信区间来分析凌晨 2:00—4:00 的流量数据是最佳的,因为无论是采用全体样本,还是采用其余的流量数据分析,$\mu-2\delta$的流量数据都在范围(5.00~5.75)间。说明采集的数据量的多少对统计小区凌晨 2:00—4:00 的流量数据及小区真实漏损量影响不大,故关于小区凌晨 2:00—4:00 的流量数据采用置信度 95.5％来分析较可信,可消除低值的异常数据波动影响。若采用$\mu-3\delta$的数据,会出现计算的流量值在实测中不存在的现象,故不予采纳。

通过上述对某分区 9d 的流量数据分析可以得出分区的真实漏损流量为 5.330634m³/h,即真实漏损量约为 5.33t/h,每天的真实漏损量多达 127.92t。

6.3 农村供水运维保障关键技术

农村供水工程点多面广、供水管网分散、路线长、地势起伏大、维护难。部分农村供水工程建设较早,受资金及技术等多种因素限制,建设标准略低,管道运行年限较长,破损漏水频发,难以监测和发现。工程运行成本偏高,管理难度大,维修养护效率低。农村供水工程设施难以满足人民对美好生活向往的需要,提升农村供水工程自动化程度,提高维修养护效率,实现农村供水运维精准化和及时化。

6.3.1 农村供水监测预警体系

本书首次提出供水全过程预警指标体系,运用农村供水前端感知关键技术和设备,及时发现供水问题,实现实时监测、提前预警、快速诊断、智能定位的效果,保障农村供水工程安全稳定运行。

6.3.1.1 农村供水监测因子识别

本书构建从源头、水厂、泵站、水池、管网到入户的前端动态感知体系,实现农村供水全过程自动化监控。主要包括水源水质监测、水厂自动化监控、泵站运行状态监控、清水池流量水位监测、管道流量压力测量、入户计量等。相关设备和应用总结见表 6.3-1。

表 6.3-1　　　　　　　　　　　感知监测设备类型、主要功能及应用

感知采集设备	主要功能	实现目标
在线水质监测仪	实时监测原水、出厂水、末梢水温度/pH 值、浊度、电导率、余氯等指标	智能自适应加药消毒,保障水质安全
在线远传流量计	实时监测管道流量	夜间最小流量分析、多水源优化调度、分区漏失计量
在线压力传感器	实时监测管网压力状况	管网压力调控、爆管定位、漏失控制
在线远传水位计	实时监测水池水位	泵站水池智能联动控制
智能水表	用户用水量实时计量	用户用水量变化规律分析
智能水泵	联动控制、自动变频、自动报警	自动供水,管网压力调控、优化调度
智能电动控制阀门	自动控制阀门开度	管网运行优化、爆管防控

针对农村供水易发频发的问题,基于前端感知设备监测指标和运行状态,提出农村供水监测因子。具体如下:

(1)水源地(河流/水库)监测因子

包括取水瞬时流量、取水小时水量、水位、原水 pH 值、原水 COD、原水氨氮、原水溶解氧、原水水温、设备信号弱、电压低、离线、失联等。

(2)水厂监测因子

包括进厂瞬时流量、进厂小时水量、出厂瞬时流量、出厂小时水量、进水 pH 值、进水浊度、进水氨氮、出水浊度、出水 pH 值、出水余氯、出水压力、清水池水位、加药设备状态、加氯设备状态、加药量、加氯量、水泵状态、信号弱、电压低、离线、失联等。

(3)泵站监测因子

包括管道瞬时流量、累计流量、管道压力、阀门开关状态、泵站机组运行状态、信号弱、电压低、离线、失联等。

(4)调蓄水池监测因子

包括管道瞬时流量、累计流量、水池水位、阀门开关状态、信号弱、电压低、离线、失联等。

(5)管网监测因子

包括瞬时流量、小时水量、压力、历史用水对比、夜间最小流量、爆管风险、分区漏

损率、分区拓扑、流量/压力联动、管网水浊度、管网水 pH 值、出水余氯、电压低、离线、失联等

（6）入户监测因子

包括日用水量、信号弱、电压低、离线、失联等。

6.3.1.2 农村供水预警指标体系

基于农村供水监测因子，本书通过分析国家标准、分析历史数据、总结供水规律，首次提出农村供水的全过程预警指标体系，及时发现供水问题，产生预警，有效保障农村供水工程安全稳定运行。

（1）水源地预警指标

参照《地表水环境质量标准》（GB 3838—2002），分时 3σ 法的流量、压力监测预警，建立农村供水水源地监测预警指标（表 6.3-2）。

表 6.3-2 农村供水水源地监测预警指标表

类型	名称	单位	正常范围	数据来源
流量	取水瞬时流量	m³/h	$(\overline{x}-3\sigma, \overline{x}+3\sigma)$	流量计
	取水小时水量	m³	$(\overline{x}-3\sigma, \overline{x}+3\sigma)$	流量计
水位	水位	m	最低取水水位	水位计
水质	pH 值	—	水源地水质标准	仪表
	COD	mg/L	水源地水质标准	仪表
	氨氮	mg/L	水源地水质标准	仪表
	溶解氧	mg/L	水源地水质标准	仪表
	水温	℃	水源地水质标准	仪表
机电设备	启停状态		0/1	PLC
	运行时间	h	可允许最长运行时间	PLC
	故障信号		0/1	PLC
	报警信号		0/1	PLC
	功率	kW	依据设备规格	PLC
	电流	A	依据设备规格	PLC
	电压	V	依据设备规格	PLC
	频率	HZ	依据设备规格	PLC
监测设备	信号强度	dBm	≥-80dBm	RTU
	电压	V	≥2.8V	RTU
	离线		1 天未上报	RTU
	失联		3 天未上报	RTU

（2）水厂预警指标

依据国家《生活饮用水卫生标准》（GB 5749—2022），确定水厂出水水质监测预警范围，包括 pH 值、浊度、余氯/二氧化氯、电导率等指标预警阈值，以及分时 3σ 法的流量、压力监测预警等，建立水厂监测预警指标（表 6.3-3）。

表 6.3-3　　　　　　　　　　水厂监测预警指标表

类型	名称	单位	正常范围	数据来源
流量	进厂瞬时流量	m^3/h	$(\overline{x}-3\sigma, \overline{x}+3\sigma)$	流量计
	进厂小时水量	m^3	$(\overline{x}-3\sigma, \overline{x}+3\sigma)$	流量计
	出厂瞬时流量	m^3/h	$(\overline{x}-3\sigma, \overline{x}+3\sigma)$	流量计
	出厂小时水量	m^3	$(\overline{x}-3\sigma, \overline{x}+3\sigma)$	流量计
水质	出水浊度	NTU	$\leqslant 1$	水质监测仪
	出水 pH 值	—	6.5～8.5	
	出水余氯	mg/L（余氯）	0.3～2	
		mg/L（二氧化氯）	0.1～0.8	
	出水电导率	us/cm	125～1250	
压力	出水压力	MPa	泵可允许最大压力	压力计
水位	清水池水位	m	高低水位	水位计
泵组	启停状态		0/1	PLC
	运行时间	h	可允许最长运行时间	PLC
	故障信号		0/1	PLC
	报警信号		0/1	PLC
	功率	kW	依据设备规格	PLC
	电流	A	依据设备规格	PLC
	电压	V	依据设备规格	PLC
电动阀	开关状态		0/1	PLC
	开度		开度是否超限	PLC
监测设备	信号强度	dBm	$\geqslant -80dBm$	RTU
	电压	V	$\geqslant 2.8V$	
	离线		1 天未上报	
	失联		3 天未上报	

（3）水池预警指标

农村清水池监测预警指标，包括分时 3σ 法的流量预警、水位预警、水质预警和监测设备监测预警等。其中，水位预警可以采取以下两种方式：

1)实时水位预警

对于水池实时水位监测预警指标,首先结合水池设计规格和运行维护经验,确定水位实时监测预警阈值。例如,设计规格 1000m³ 的清水池,设置水位监测低预警阈值为 1.5m,高预警阈值为 2.1m,超出预警阈值发送报警(图 6.3-1)。

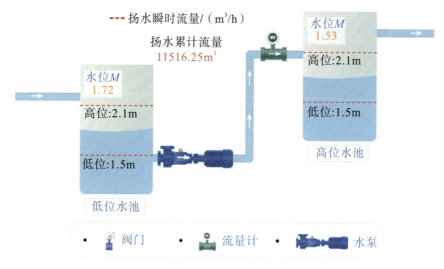

图 6.3-1　水池水位超限预警

2)基于历史数据对比分析的水位变化预警

对于水池水位变化情况,统计分析历史水位变化规律,计算水位变化预警阈值。具体如下:

①收集整理 5d 内水池水位监测数据,获取水位监测序列中最小水位和最大水位,计算最大水位变化值,设置水位变化预警阈值为最大水位变化值的 70%。

②计算当前水位监测值与 4h 前的水位数据的差值,如水池水位变化大于过去 5d 最大水位落差的 70%,则发出报警。夜间则直接远程关闭出水阀门(表 6.3-4)。

表 6.3-4　　　　　　　　　　　　　水池水位监测数据

类型	名称	单位	正常范围	数据来源
流量	出水瞬时流量	m³/h	$(\bar{x}-3\sigma, \bar{x}+3\sigma)$	流量计
	出水小时水量	m³	$(\bar{x}-3\sigma, \bar{x}+3\sigma)$	流量计
水位	水池水位	m	水池设计规格	水位计
	水位变化	m	5d 内最大水位变化值的 70%	水位计

续表

类型	名称	单位	正常范围	数据来源
水质	出水浊度	NTU	≤1	水质监测仪
	出水 pH 值	—	6.5～8.5	
	出水余氯	mg/L(余氯)	≥0.05	
		mg/L(二氧化氯)	≥0.02	
	出水电导率	us/cm	125～1250	
监测设备	信号强度	dBm	≥−80dBm	RTU
	电压	V	≥2.8V	
	离线		1d 未上报	
	失联		3d 未上报	

（4）泵站预警指标

泵站监测预警指标包括泵站流量、压力、泵组、前池和后池水位、监测设备监测预警等（表 6.3-5）。

表 6.3-5　　　　　　　　　　　泵站监测预警指标表

类型	名称	单位	正常范围	数据来源
流量	瞬时流量	m³/h	$(\overline{x}-3\sigma, \overline{x}+3\sigma)$	流量计
	小时水量	m³	$(\overline{x}-3\sigma, \overline{x}+3\sigma)$	流量计
压力	压力	MPa	泵可允许最大压力	压力计
泵组	启停状态		0/1	PLC
	运行时间	h	可允许最长运行时间	PLC
	故障信号		0/1	PLC
	报警信号		0/1	PLC
	功率	kW	依据设备规格	PLC
	电流	A	依据设备规格	PLC
	电压	V	依据设备规格	PLC
前池	水位	m	高低水位	水位计
后池	水位	m	高低水位	水位计
监测设备	信号强度	dBm	≥−80dBm	RTU
	电压	V	≥2.8V	RTU
	离线		1d 未上报	RTU
	失联		3d 未上报	RTU

（5）管网预警指标

管网监测预警指标包括管网流量、压力、末梢水质和监测设备监测预警等（表6.3-6）。

表6.3-6　　　　　　　　　　　　　　管网监测预警指标表

类型	名称	单位	正常范围	数据来源
流量	瞬时流量	m³/h	$(\bar{x}-3\sigma, \bar{x}+3\sigma)$	流量计
	小时水量	m³	$(\bar{x}-3\sigma, \bar{x}+3\sigma)$	流量计
压力	压力	MPa	$(\bar{x}-3\sigma, \bar{x}+3\sigma)$	压力计
末梢水质	管网水浊度	NTU	≤1	水质监测仪
	管网水 pH 值	—	6.5～8.5	
	管网水余氯	mg/L（余氯）	≥0.05	
		mg/L（二氧化氯）	≥0.02	
监测设备	信号强度	dBm	≥−80dBm	RTU
	电压	V	≥2.8V	RTU
	离线		1d 未上报	RTU
	失联		3d 未上报	RTU

（6）入户预警指标

入户预警指标包括基于用水规律的用户用水量预警和监测设备预警等。

根据工业用水户、企业单位、居民等不同用户种类的历史用水数据，统计分析用户用水规律，设置不同的日用水阈值，超过则报警并关表。具体流程如下：

①收集用户最近 90d 用水平均值（m³/d），计算前三个月的用水量平均值。

②设置低预警阈值为连续 3d 用水为零。即除开通信异常、设备离线等情况，智能水表连续 3d 用水量读数为 0，发送预警。

③设置自适应的高预警阈值。即基于用户历史日平均用水量，如小于 3m³/d，则设置高预警阈值为 3m³/d；如大于 3m³/d 小于 10m³/d，则设置高预警阈值为 10m³；如大于 10m³/d，则设置高预警阈值为 30m³/d（图 6.3-2）。

图 6.3-2　户用水量预警规则

注:每月第 1 日根据历史用水数据重新分析用水规律,配置用水预警阈值(表 6.3-7)。

表 6.3-7　　　　　　　　　　　　　用水预警阈值表

类型	名称	单位	正常范围	数据来源
水表	日用水量	m^3	按用户历史日用水数据,小于取 $3m^3$,取 $3m^3$;$3\sim10m^3$,取 $10m^3$;大于 $10m^3$,取 $30m^3$	流量计
监测设备	信号强度	dBm	$\geqslant-80dBm$	RTU
	电压	V	$\geqslant2.8V$	RTU
	离线		1d 未上报	RTU
	失联		3d 未上报	RTU

(7)多级预警级别

针对不同类型的农村供水预警指标,建立多级预警级别,实现不同的预警响应机制。包括水厂自动化、泵站运行、蓄水池、管网监测、入户水表等不同供水工程的预警信息。

1)一般预警

包括水位、流量、压力、用水量超限预警,设备通信短时间异常等,系统推送预警消息至相应运维人员,并根据处理规则自动启停泵站机组或开关水表阀门。

2)中等预警

包括设备长时间离线预警、管网漏损预警等,系统推送预警消息至运维和管理人员,提醒前往现场检修。

3)严重预警

包括水质异常预警、管网爆管预警等,系统推送预警消息至运维和管理人员,要求立即处理异常信息,分配运维任务解决供水异常问题。

通过对不同预警类型建立多级预警级别,形成农村供水运维的预警响应机制(表 6.3-8)。

表 6.3-8   农村供水多级预警级别

预警级别	预警类型				响应机制
	超限预警	历史数据对比分析预警	上下游供水数据分析预警	设备预警	
一般预警	水位、流量、压力、水表用水超限			设备通信异常	系统推送预警消息至相应运维人员,并根据处理规则自动启停泵站机组或开关水表阀门
中等预警		水厂水位落差过大、管网流量过高、管网压力长时间为零	管网漏损预警	设备长时间离线、设备电量低	系统推送预警消息至运维和管理人员,提醒前往现场检修
严重预警	水质异常预警		管网爆管预警		系统推送预警消息至运维和管理人员,要求立即处理异常信息,分配运维任务,规定供水异常解决时间

6.3.2 基于边缘计算的自控响应技术

6.3.2.1 泵站水池智能联动控制技术

为实现水泵自动控制及泵站智能调度,达到泵站自动运行、无人值守、少人值班,提高供水保障能力的目的,本书提出了一种结合物联网、大数据、边缘计算技术的泵站水池智能联动控制技术。

(1)根据水池水位的泵站机组自动启停

系统在运行过程中自动采集来自感知设备的监测数据,包括高位水池水位、泵站机组运行状态等。通过在上位机上设置水泵机组运行条件,实现泵站机组智能自动启停。具体需满足的自动开泵条件如下:

①水泵必须在远程状态且无故障报警;

②多功能控制出水阀必须在远控状态且无故障报警;

③断路器在合闸状态;

④高位水池液位到达低限值;

⑤真空系统就绪。

当满足了上述 5 点参数要求后,可以进行远程开泵。

为了防止高位水池溢出,当水池水位达到高限值时,自动控制停泵。通过水池水位的实时状态,系统自动控制水泵机组启停,实现无人值守,保障正常供水。

(2)基于边缘计算应急情况下泵站自运行

系统在运行过程中自动采集来自感知设备的监测数据,在边缘节点进行计算并更新控制参数。每个节点的计算过程相互独立,不依赖于系统平台,但节点会将更新后的控制参数发送到网络中,完成与其他节点的数据交互。这种处理模式在源头对数据进行处理,使整个网络去中心化,能有效提高系统的可靠性。当系统平台与边缘节点通信中断时,可以保障供水系统正常稳定运行,提高供水保证率。

当泵站或水池发生通信故障,边缘节点根据通信中断前的水位历史数据,分析水位变化速率,并预测短时间内的用水量和水位变化趋势,确定短时间内的应急运行规则,从而控制水阀、水泵启停开闭。

系统启动水泵的条件由泵站的机组工作状态、水池水位的变化情况计算得出。其计算的依据为水池输出水量的变化情况。系统会在每次抽水结束后定时计算水池水位下降的速率,计算方式如下:

$$k = \frac{h_{t-1} - h_t}{\Delta t} \tag{6.3-1}$$

式中:k——Δt 时间内水位下降的速率,其数值反映了当前时段用水量的大小;

h_t——t 时刻水池水位。

为排除干扰,准确反映该时间段内水位下降的速率,系统循环计算 k 值,并求出其平均值 k_n,如式(6.3-2)所示。

$$k_n = \frac{\sum_{t=1}^{n} k_t}{n} \tag{6.3-2}$$

k_n 用于动态调整水泵启动条件中的水池水位下限,如式(6.3-3)所示。

$$\begin{cases} h_t = h_H & (h_t > h_H) \\ h_t = h_L + k_n \cdot b & (h_L < h_t < h_H) \\ h_t = h_L & (h_t < h_L) \end{cases} \tag{6.3-3}$$

式中:h_t——限制于系统设置的水池上限水位 h_H 和水位下限水位 h_L 之间;

b——常数,该参数通过值班人员运维经验进行设置,需要根据水池设计规格及供水工程运行情况进行调整。

通过该策略,可以使水泵在用水量大时提高抽水频率,水池保持较高的水位;在用水量低时延长水泵停机时间,降低启动频率,减少设备磨损。当系统通信中断时,泵站可以根据设定的运行规则自动启停,调整运行频率,保持水池水位位于正常范围,保障正常供水(图 6.3-3)。

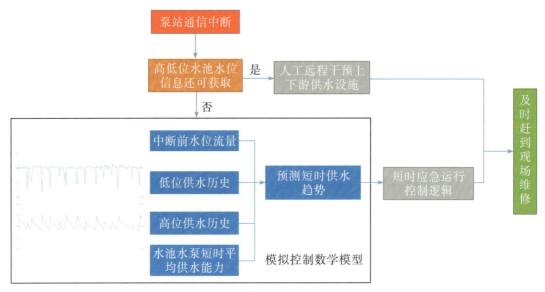

图 6.3-3　应急情况下的泵站自运行技术

6.3.2.2　农村水厂自适应加药控制技术

(1)基于原水流量水质的 PAC 自适应加药控制

PAC 加药系统,在沉淀池入口处设置投加点,将原水的氨氮、温度、浊度、溶解氧、pH 值及原水流量相关水质参数作为前馈数值,以沉淀池出水浊度(沉后水浊度)为反馈值,建立数学模型来自动调节加药量,采用前馈、反馈参数一起参与控制的闭环控制法。

通过深入现场调研记录数据,建立起符合现场实际情况的数学模型。由于原水水质是不断变化的,必须能够快速响应原水的变化,迅速调整投加比例,又能够根据沉后水浊度进行适当的调整,保证沉后水浊度控制在 0.8NTU 以下。

沉淀池出水浊度是衡量加药量的重要指标,在原水水质及 PAC 溶液的浓度等因素发生变化时能及时响应,在极其短的时间内调整投加比例,从而保证聚合氯化铝的准确投加。

投加计量泵通过改变转速与冲程来改变投加量。原水流量按比例控制计量泵冲程;浊度控制是 PLC 根据原水浊度和沉淀池出水浊度来控制,沉淀池出水浊度和设定要求的出水浊度相比较;根据计量泵的工作原理可知:计量泵的冲程与进水流量、投加药剂的比例成正比,与计量泵本身最大投加量、药剂的浓度成反比,即

$$X(\%) = \frac{100 \times P \times Q}{q_m \times C} \qquad (6.3\text{-}4)$$

$$f(H_z) = \frac{50 \times P \times Q}{q_m \times C \times X(\%)} \qquad (6.3\text{-}5)$$

$$q = \frac{P \times Q}{C} = KfH \qquad (6.3\text{-}6)$$

式中：P——投加药剂比例，mg/L；

Q——进水流量，m³/h；

q_m——计量泵本身最大投加量，L/h；

C——药剂浓度，g/L；

X——冲程百分比；

f——电机的工作频率；

q——投加药剂的流量。

由上式可知，投加药剂量随着冲程 X 的变化而变化，所以计量泵冲程自动调节器是通过改变冲程 X 的值来实现投加药剂流量的控制，同时，再通过沉后水浊度仪的数值，并在仪表上输出一个 $4\sim20\mathrm{mA}$ 的标准信号给 PLC，经运算后，再通过 PLC 送到变频调速器，通过变频调速器来调节计量泵的电机工作频率 f 来实现补偿。同时，计量泵频率及冲程设定值也可以由操作员终端按定值控制。

根据沉淀池进水流量、沉淀池出水浊度及原水浊度的自适应加药系统，实现絮凝剂精准投加，保证了出厂水水质达标。

(2)基于原水流量的次氯酸钠自适应投加控制

水厂中投加次氯酸钠的主要目的是消毒杀菌，从而保证水质的安全。投加次氯酸钠分为前加与后加两种。前加的主要功能是杀死水中的氧化有机物、微生物、细菌及延长加氯消毒接触时间；后加主要是为了补充第一次前加氯后的余氯不足，确保余氯达到出厂指标。

前加次氯酸钠的控制方式比较简单，主要是根据原水流量投加比例及药剂的浓度来投加，投加比例系数根据操作人员的需要而设定。这种投加方式是一种开环控制方式，前加次氯酸钠的控制的数学模型如下：

$$I = K \times Q \qquad (6.3\text{-}7)$$

式中：I——控制器的输出($4\sim20\mathrm{mA}$)；

K——投加比例系数；

Q——原水流量。

投加比例系数 K 可以在上位机上由人工设定。

后加次氯酸钠的控制原理为与投加聚合氯化铝相类似,即投加泵根据原水流量、投加后余氯分析仪上的数值与设定的余氯值,采用 PID 控制器输出一个控制量来控制投加泵,形成一个闭环控制,使得余氯值向设定值逼近,从而确保出厂水余氯指标合格。

6.3.2.3 管网漏损应急自动响应控制技术

本书基于农村供水管网运行诊断关键技术,对管网进行爆管检测。当爆管发生时,本书综合考虑供水方向、管网拓扑结构和上下游供水关系,分析和推演不同层级管道(末梢、支管、干管)的状态,给出对于整个供水系统影响和损失最小的爆管的阀门关闭策略,自动采取应急响应控制措施,保障供水安全。

管网爆管事件发生后,系统根据应急响应控制技术自动关闭爆管位置上游最近的阀门,减少漏损。并根据爆管点的地理位置和管网的拓扑结构,计算爆管和关阀影响的区域和用户范围,及时通知用户停水信息,方便用户及时做好准备。

6.3.3 农村供水多场景智能 AI 分析技术

6.3.3.1 水表读数图像 AI 识别技术

我国居民用水表仍存在大量的机械水,需要人工抄读工,该方式不仅费时费力,还有可能因为人工的疏忽出现错误。基于此现状,本书依托互联网技术的普及和智能移动终端的广泛使用,采用云端水表读数图像识别技术改进抄表员人工抄表的作业方式,使用手机拍照的方式获取水表读数图像,并对水表读数进行智能识别。手机拍摄水表见图 6.3-4。

图 6.3-4　手机拍摄水表照片

由于手机拍摄标准无法严格执行,不同抄表员拍摄的素材差异较大,光线、角度、范围等均不一致,成像质量也参差不齐,因此本书设计以下智能识别算法(图 6.3-5)。

图 6.3-5 水表读数智能识别算法流程

在实际情况中,采集的图片可能存在光照不均、亮度过强或者亮度不足等情况,导致图片偏暗或者偏亮,使得字符与背景的区分度不够。采用直方图均衡化、光补偿算法等方法进行图像增强,改善图像采光上的不足。采用基于局部空间域的中值滤波和双边滤波,对水表表面老化被腐蚀、传输过程中受到其他信号干扰、成像设备拍摄时环境光照不均等进行噪声去除。二值化是通过灰度值的差异选定阈值,将原灰度图变成仅含 0 和 255 的二值图像,使图像简化的同时充分凸显有效信息。通过读数框的矩形特征,计算图片旋转角度,将图像进行倾斜角度校正(图 6.3-6)。

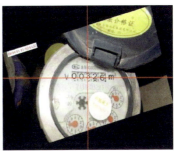

图 6.3-6 水表图像校正示意图

读数框定位与分割,根据水表图像中读数框的矩形框特征,定位读数区域,并分割出读数区(图 6.3-7)。

对于已知水表读数位数的情况,可按等间距对字符进行分割,然后对单个数字进行分类,对于水表读数位数未知的情况,采用 YOLOv3 目标检测网络,对读数进行直接识别(图 6.3-8)。

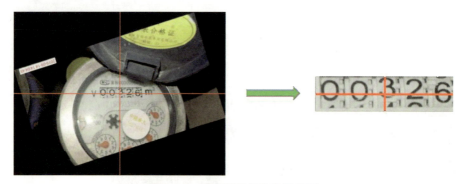

图 6.3-7　水表读数框定位示意图

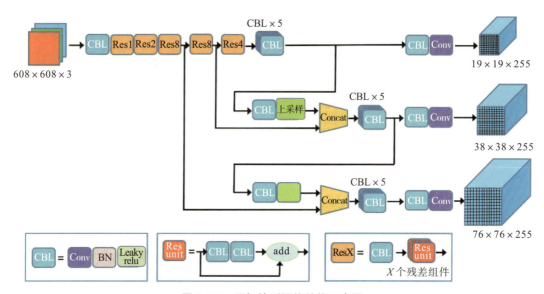

图 6.3-8　目标检测网络结构示意图

本项目对 160 幅水表读数框进行测试,部分测试结果见图 6.3-9。

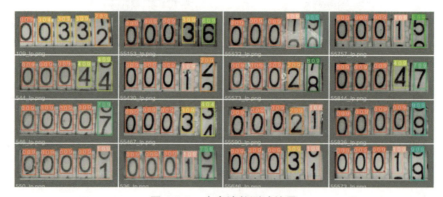

图 6.3-9　水表读数测试结果

最终测试水表读数 AI 识别技术的准确率为 99.4%。经项目验证,能够满足项目的抄表作业需求。

6.3.3.2　农村供水视频 AI 分析技术

紧紧围绕着提高农村供水标准,完善农村供水工程设施,稳步提升农村供水保障水平的农村供水工作的主要目标,本节针对农村供水厂从视频监控角度对农村供水保障工作进行技术支撑,尤其是对供水厂、水源地等。本书构建以 AI 智能分析为核心的视频 AI 分析平台,平台基于应用需求在算法训练单元进行模型的创建和训练,生成适用于不同场景的具体识别算法,在统一的算法管理单元中对模型算法、算法应用、数据资源等支撑算法的资源进行统一管理,最终根据用户提供的算法推理环境进行相应部署,分为中心算法模式和前端阶段计算模式。平台整体架构见图 6.3-10。

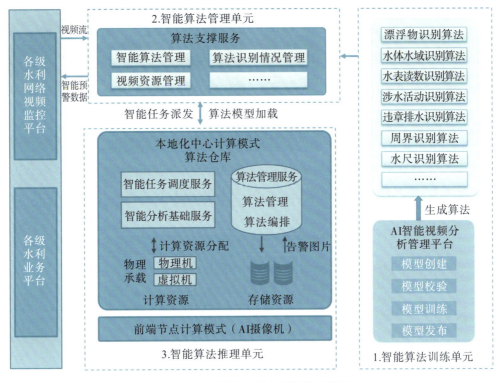

图 6.3-10　视频 AI 分析平台整体架构

水源地是一个地区的重要生态屏障和战略饮用水源地,特别是在水短缺、水污染等问题日益严重的当下,守护水源地安全至关重要,其中最关键的则是对水面漂浮物进行检测。漂浮物主要来源于附近居民丢弃的生活垃圾、建筑弃渣等,本书从真实生产项目现场收集漂浮物 12782 张,按两级标签分类漂浮物类别,数据集共分成 20 大类,42 小类,大类表示范围包含小类。对于收集到的图片,统一进行白化、降噪,尽可能地提高图片质量。本书使用开源的标注工具 CVAT 对数据集进行标注,标签采用"一级标签_二级标签"的组合形式(图 6.3-11)。

(a)水面植物_水葫芦

(b)包_塑料袋

(c)瓶子_塑料瓶

(d)动物_鱼

图 6.3-11　标签示例图

素材样本存在对象大小差异大、种类多的特点，为科学指导清漂工作，本书提出基于 Mask R-CNN 的水面漂浮物检测技术，在目标检测的基础上，拓展掩码分支，主要为获取漂浮物轮廓，即漂浮物像素面积，网络结构见图 6.3-12。

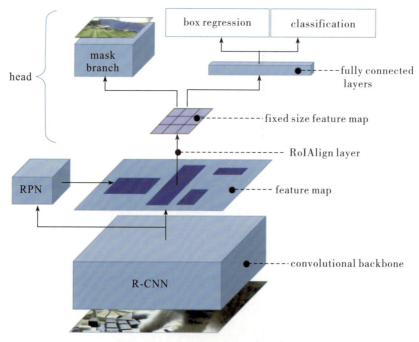

图 6.3-12　Mask R-CNN 网络结构示意图

核心的特征提取,网络分类仍然采用和 Faster R-CNN 类似的结构,主要在 ROI 特征提取区域(图 6.3-13)。

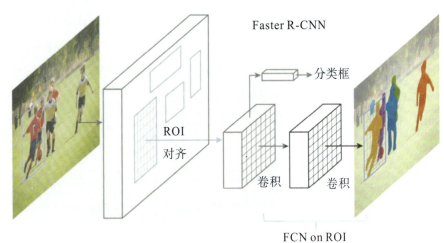

图 6.3-13　ROI 特征提取示意图

基于 ResNet 基础网络结构对图像的深层特征进行提取,在与 Faster R-CNN 共用分类支线时,在 ROI 卷积网络的结果上,加以拓展得到物体轮廓。针对网络的特征提取部分,分别使用 VGG16、ResNet50 和 ResNet101,以漂浮物中最典型的塑料瓶、鱼、塑料袋和水葫芦这四类目标进行对比研究,留取 10% 的素材进行测试,测试结果见图 6.3-14。

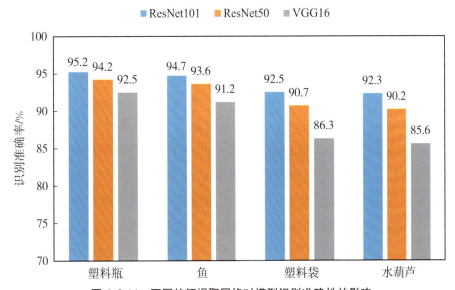

图 6.3-14　不同特征提取网络对模型识别准确性的影响

在典型目标的测试中,RestNet101 的识别准确显著高于其他两种结构,本网络最终采用 RestNet101 作为基础的特征提取网络。

随着供水厂的自动化、智能化发展,已经可以实现全面智能化控制,现场无人值守、控制中心无人值班、远程智能监控,因此为保障厂区设备自动化运行,无闲杂人员干扰,基于视频监控对厂区范围的入侵检测变得尤为重要。本书基于视频监控手段,采用深度神经网络技术,对厂区周边安全范围进行全天候智能监控,一旦发现任何异常目标靠近行为,立即抓拍报警,并向相关业务平台和负责人推送报警消息,提醒查看。本书采用移动侦测和目标检测网络对入侵行为进行智能监测,技术路线见图 6.3-15。

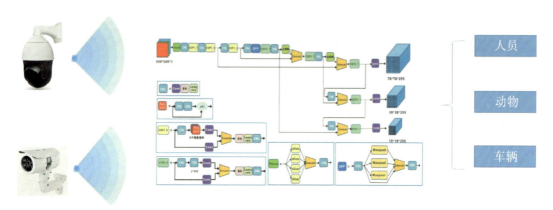

图 6.3-15　入侵检测技术路线

首先基于移动侦测技术对多路监控视频进行实时监测,一旦发现监控画面中的移动目标立即触发初级警戒。移动侦测就是通过对视频帧的分析、比较来检测画面变化是一种方法。基于移动侦测发现运动目标后,将监控图像送入目标检测网络进行二级检测,基于神经网络优秀的特征提取能力和检测能力,对目标种类和位置进行精准检测。

在图像输入端,使用 Mosaic 数据增强操作提升模型的训练速度和网络的精度,一般针对不同的数据集,都需要设定特定长宽的锚点框,而本网络内嵌聚焦算法,自适应计算锚点框长宽,同时根据图像尺寸自适应缩放图片到网络输入尺寸大小。Backbone 阶段采用 Focus 结构和 CSP 结构,即通过先分片提取特征,然后再合并多通道特征的 Focus 结构,本网络设计了两种 CSP 结构,以 YOLOv5s 网络为例,CSP1_X 结构应用于 Backbone 主干网络,另一种 CSP2_X 结构则应用于 Neck 中。Neck 结构采用 FPN+PAN 的结构(图 6.3-16)。

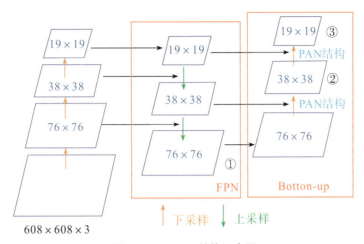

图 6.3-16 Neck 结构示意图

通过移动侦测和目标检测网络,准识别异常闯入行为,区分闯入对象的类型,如常见的人员、动物和车辆,附加产生报警的摄像头名称、位置、时间以及发生报警前后时间段的视频录像一并发送给监管平台和相关负责人,提醒及时人工复核处置。

6.3.4 基于数字孪生的农村供水运维技术

6.3.4.1 农村供水工程模拟仿真技术

"数字孪生"是用数字化的方法构建一个和现实水厂一模一样的数字世界的技术,充分利用基于 BIM 的三维数字物理模型、传感器协议数据传输、运行历史存储等数据,在数字化的虚拟空间中完成水厂设施的物理映射,形成物理维度上的实体世界和信息维度上的数字世界同生共存、虚实交融的格局,构建全方位的运维保障体系。本书选用 Cesium 作为基础三维 GIS 引擎,并在其基础上进行了大量的二次开发,封装了一整套完整的基于 JavaScript 语言的 API,形成了一个 B/S 架构,免安装、无插件、跨平台的 GIS+BIM 数字孪生平台(图 6.3-17)。

建设完整的自动化监控系统(图 6.3-18),实现远程在线自动监测水厂的运行状况及临界值报警,水泵、消毒设备的自动运行监控及故障报警,水厂的水源地水质及周边环境监测及报警,视频安防监控,数据上报与信息管理,水厂运营管理,提高农村供水工程自动化与信息化管理水平。

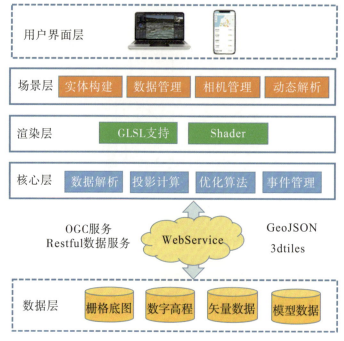

图 6.3-17　数字孪生平台技术架构

图 6.3-18　农村供水工程自动化与信息化管理水平

　　全域数据的感知,除应包含设备采集的监测数据外,还包含日常的业务数据(图 6.3-19)。业务管理数据主要包括漏损管理、统计分析、工程管理、客服营收、巡检管理、值班管理、考核管理、超限报警、成本库存、远程控制、化验管理等。多维业务数据的汇集,有助于上级单位对各处水厂的综合运营情况进行实时跟踪了解,亦可对各处水厂运行状况进行横向比较分析,为节省水厂运营开支,提高运行质量提供数据支撑。

图 6.3-19　农村供水工程自动化与信息化管理水平

6.3.4.2　基于"四预"体系的运维技术

针对农村供水管理粗放、运维分散、监管不足等问题,本书基于供水监管"预报—预警—预演—预案"体系,以用水预测预报结果辅助支撑水厂制水,建立多模态感知一体化监测预警体系,构建以"预警诊断—问题中心—运维工单"为核心的预警运维耦合协同机制,提高供水保障、运维水平和决策能力(图 6.3-20)。

图 6.3-20　农村供水运维中心

建立完善工程运维问题中心,接受各类型预警诊断、用户上报、运维检查信息,利用多种途径实现运维问题的主动发现。将过去农村供水问题由基层运维人员现地处理转变为中心化处理,协同现场人员完成运维任务,把关审核运维记录,减少现场运维人员工作量,实现 24h 专业化运维响应。根据不同来源的故障报警,生成和管理故障记录单,包括系统自动报警、巡检发现异常、电话上报、微信上报等记录单来源。根据工程故障记录单,制定和管理维修任务,选择维修方案,确定维修内容、范围、维修时间等。

建立运维知识库,将各类供水工程巡检、维修、养护流程模板化,实现工程设备维修养护流程的电子化、标准化、及时化,根据统一标准和流程规范运维人员工作,提高运维效率。根据不同工程对象制定和管理不同的维修方案,包括水厂、泵站、蓄水池、供水管道、水表等工程的维修内容、维修范围、责任人等。运维场景见图 6.3-21。

图 6.3-21　运维场景

泵站巡检模板见表 6.3-9。

表 6.3-9　　　　　　　　　　　泵站巡检模板

巡检频率	1	巡检预计小时	3
一级指标	二级指标	三级指标	填报形式
环境卫生	卫生情况	是否卫生	是否选项

续表

水泵机组	泵轴承	温度是否正常	是否选项
	泵体	声音是否正常	是否选项
		泵体是否有振动	是否选项
		泵体是否渗漏	是否选项
	电机	温度是否正常	是否选项
变压器	储油柜	变压器的油温和温度计是否一致和正常	是否选项
		变压器各部位是否有渗油、漏油情况	是否选项
	套管	套管外部是否有破损裂纹、严重油污、放电痕迹及其他异常现象	是否选项
		套管油位是否正常	是否选项
	冷却器	各冷却器手感温度是否正常	是否选项
		风扇、油泵、水泵运转是否正常	是否选项
		油流继电器是否工作正常	是否选项
		水冷却器的油压应大于水压（制造厂另有规定者除外）	是否选项
	电气特征	引线接头、电缆、母线是否有发热迹象	是否选项
		有载分接开关的分接位置及电源指示是否正常	是否选项
	外观特征	变压器声响是否正常	是否选项
		吸湿器是否完好	是否选项
		吸附剂是否干燥	是否选项
		压力释放器、安全气道及防爆膜是否完好无损	是否选项
		各控制箱和二次端子箱是否关严，无受潮	是否选项
		干式变压器的外部表面有无积污	是否选项
	变压器室	变压器室的门、窗、照明是否完好	是否选项
		变压器室房屋是否漏水	是否选项
		变压器室内温度	填值
配电柜	配电柜	输出频率	填值
		输出电流	填值
		输出电压	填值
		内部直流电压	填值
		散热器温度	填值
		环境温度	填值
		是否有异常振动	是否选项
		是否有异响	是否选项

续表

配电柜	配电柜	风扇是否正常	是否选项
		接地是否完好	是否选项
设备	RTU 设备	接地线是否完好	是否选项
		传导电缆是否完好	是否选项
		连接导线是否完好	是否选项
水位计	水位计	外观和连线是否完好	是否选项
太阳能板	太阳能板	是否有异物遮挡	是否选项
		是否工作正常	是否选项
		是否有损坏情况	是否选项
阀门	阀门驱动器	是否正常工作	是否选项
	进水闸阀	是否漏水	是否选项
		开关是否正常	是否选项
水池	外观特征	观测水位	填值
		检查人孔是否破损，是否锁好，是否盖好	是否选项
		检查通气孔是否阻塞	是否选项
		检查溢流管是否破损、有溢流痕迹	是否选项
		池顶及周围是否堆放杂物	是否选项
	水质	是否浑浊	是否选项
		是否有肉眼可见物	是否选项
		是否有异常颜色	是否选项
		有无臭味和异味	是否选项

管网监测点巡检模板见表 6.3-10。

表 6.3-10   管网监测点巡检模板

巡检频率	1	巡检预计小时	5
一级指标	二级指标	三级指标	填报形式
管道	外观特征	是否有压、埋、占等行为	是否选项
		管道是否有无漏水、腐蚀、地面塌陷、人为损坏等现象	是否选项
阀门	闸阀	是否有漏水	是否选项
		开关是否正常	是否选项
	排气阀	检查排气孔是否堵塞	是否选项
	减压阀	压力表数值是否正常	是否选项

续表

设备	RTU 设备	接地线是否完好	是否选项
		传导电缆是否完好	是否选项
		连接导线是否完好	是否选项
流量计	超声波流量计	外观和连线是否完好	是否选项
压力计	电压式压力计	外观和连线是否完好	是否选项
太阳能板	太阳能板	是否有异物遮挡	是否选项
		是否工作正常	是否选项
		是否有损坏情况	是否选项

调蓄池巡检模板见表 6.3-11。

表 6.3-11 调蓄池巡检模板

巡检频率	1	巡检预计小时	2
一级指标	二级指标	三级指标	填报形式
水池	外观特征	观测水位	填值
		检查人孔是否破损、未锁好或盖好	是否选项
		检查通气孔是否阻塞	是否选项
		检查溢流管是否破损、有溢流痕迹	是否选项
		池顶及周围是否堆放杂物	是否选项
	水质	是否浑浊	是否选项
		是否有肉眼可见物	是否选项
		是否有异常颜色	是否选项
		有无臭味和异味	是否选项
设备	RTU 设备	接地线是否完好	是否选项
		传导电缆是否完好	是否选项
		连接导线是否完好	是否选项
水位计	水位计	外观和连线是否完好	是否选项
太阳能板	太阳能板	是否有异物遮挡	是否选项
		是否工作正常	是否选项
		是否有损坏情况	是否选项
阀门	阀门驱动器	是否正常工作	是否选项
	进水闸阀	是否漏水	是否选项
		开关是否正常	是否选项

联户表井巡检模板见表 6.3-12。

表 6.3-12 联户表井巡检模板

巡检频率	1	巡检预计小时	2
一级指标	二级指标	三级指标	填报形式
表井	外观特征	有无压、埋、占等行为	是否选项
		井内是否漏水	是否选项
水表	闸阀	是否有漏水	是否选项
		开关是否正常	是否选项
	水表	检查水表运转是否正常	是否选项
设备	RTU 设备	接地线是否完好	是否选项
		传导电缆是否完好	是否选项
		连接导线是否完好	是否选项
太阳能板	太阳能板	是否有异物遮挡	是否选项
		是否工作正常	是否选项
		是否有损坏情况	是否选项

建立供水运维任务执行审核机制,实现问题上报、问题受理、任务派单、运维抢修、过程记录、复核确认的闭环流程(图 6.3-22)。问题中心记录故障后,根据工程故障记录单,选择维修方案,制定和管理维修任务,确定维修内容、范围、维修时间等。制定维修任务后,管理人员将任务派发至各维修人员,通过移动端接收维修任务。以进度条的形式反馈维修任务的执行进度情况,并通过维修人的移动设备反馈维修位置和维修情况。维修人通过移动端反馈维修过程记录信息,包括维修前后现场图片、文字等。管理人员可通过 PC 端和移动端查看维修任务结果反馈的信息。并对维修反馈结果进行审核。系统保存审核通过后的维修记录,支持维修全过程记录的查询和展示。

图 6.3-22 运维任务闭环处理流程

本书通过提出基于"四预"体系的运维技术,成立工程运维中心,建立预警运维耦合协同机制,减轻基层运维工作量,显著提升了农村供水运维服务水平,取得了显著的经济效益和社会效益。在彭阳人饮工程实施后,供水监测预警准确率达到90%以上,基层供水运维人员从90人减少到40人,年运维成本降低120万,实现了"减员、节水、降本、增效"的突出效果。

6.3.5 应用实践

通过建立农村供水监测预警体系,对农村供水工程运行状态实现实时监测、及时预警、快速响应。本书在宁夏回族自治区南部山区的彭阳县智慧人饮项目中得到应用实践,项目自2018年上线以来,每年平均发送供水异常预警约300余次,预警准确率达到90%以上,其中通信故障预警占79%,设备损坏预警占比12%,管网供水异常预警占比6%,其他预警占比3%。成功发现识别供水事故12次,及时响应处理,减少损失。管理工作人员由90人减少到40人,管网漏失率由35%降到20%左右,年节约水量30万 m³,相当于全县农村生活用水总量的13%,实现了"节水、降本、增效"。

2022年7月27日17:00—23:00,重庆某区县仁贤公司服务部DN200供水主管上的金带—仁贤1监测点(5001550261)监测到流量和压力骤降(图6.3-23)。

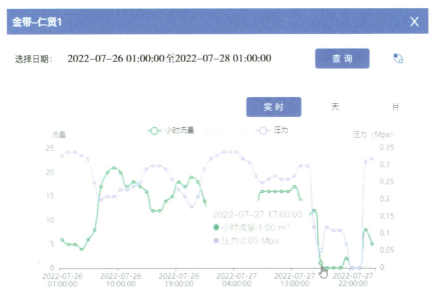

图6.3-23 金带—仁贤1监测点流量和压力预警

其上游的金带出水2监测点(5001550113)流量在当天17:00突然增大(图6.3-24)。

图 6.3-24　金带出水 2 监测点流量和压力预警

系统及时发出了预警,通知了仁贤服务部,并通过管网漏损应急自动响应控制技术,关闭了供水 DN200 干管阀门。仁贤服务部带领安排抢修班组,水厂组织运维人员及时对该管道进行维修,沿着金带—仁贤监测点(5001550261)上游管段巡查,因这段管道全部沿着河道敷设,不易发现爆管漏水点,经过仔细巡查后发现爆管点,随后使用配套哈夫节进行爆管抢修,于当日晚上 23:00 后恢复供水,在工程运维记录中有此次爆管抢修事件。

为了验证本节方法在实际生产中的使用效果,选取某区县一水库水源地作为图像视频 AI 技术验证场所,该水源地视频监控点的分布见图 6.3-25、图 6.3-26。

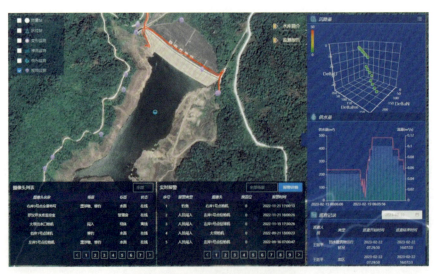

图 6.3-25　视频监控布设示意图

图 6.3-26 冯庄小湾调蓄池及其电动阀门井

围绕水源地四周总计安装 32 路视频监控,对人员闯入、水面漂浮物等农村供水场景进行智能分析。在近半年运行期间,累计报警 65 次,人员闯入报警 42 次,水面漂浮物报警 23 次,经过监管人员复核,人员闯入误报 2 次,水面漂浮物误报 1 次。最终人员闯入准确率 95.23%,水面漂浮物识别准确率 95.65%。

在 2020 年 1 月 5 日,受降雪天气影响,彭阳人饮工程中的冯庄乡小湾村调蓄池进水管道破损,漏水沿梯田流向村庄。

人饮系统及时发现雅石沟调蓄池水位异常,并对该异常进行了报警(图 6.3-27、图 6.3-28)。雅石沟村 150m³ 调蓄池低水位报警阈值为 150cm,系统自 2020 年 1 月 5 日凌晨 5:50 至上午 9:04,持续发出水位低报警,并通过运维问题中心将消息推送至运维人员。

报警状态	物理地址			报警内容			水位数值	报警时间	工程名称
未处理	物理地址:64221:通道数据值	34.40	通道数据变化值 0.00	报警事件	数值低于下限	报警限值 150	34.4	2020/1/5 9:04	冯庄乡雅石沟村150m³调蓄池
未处理	物理地址:64221:通道数据值	34.80	通道数据变化值 0.00	报警事件	数值低于下限	报警限值 150	34.8	2020/1/5 8:34	冯庄乡雅石沟村150m³调蓄池
未处理	物理地址:64221:通道数据值	35.20	通道数据变化值 0.00	报警事件	数值低于下限	报警限值 150	35.2	2020/1/5 8:24	冯庄乡雅石沟村150m³调蓄池
未处理	物理地址:64221:通道数据值	36.40	通道数据变化值 0.00	报警事件	数值低于下限	报警限值 150	36.4	2020/1/5 8:14	冯庄乡雅石沟村150m³调蓄池
未处理	物理地址:64221:通道数据值	38.00	通道数据变化值 0.00	报警事件	数值低于下限	报警限值 150	38	2020/1/5 8:09	冯庄乡雅石沟村150m³调蓄池
未处理	物理地址:64221:通道数据值	40.40	通道数据变化值 0.00	报警事件	数值低于下限	报警限值 150	40.4	2020/1/5 8:04	冯庄乡雅石沟村150m³调蓄池
未处理	物理地址:64221:通道数据值	43.60	通道数据变化值 0.00	报警事件	数值低于下限	报警限值 150	43.6	2020/1/5 7:59	冯庄乡雅石沟村150m³调蓄池
未处理	物理地址:64221:通道数据值	46.80	通道数据变化值 0.00	报警事件	数值低于下限	报警限值 150	46.8	2020/1/5 7:54	冯庄乡雅石沟村150m³调蓄池
未处理	物理地址:64221:通道数据值	49.60	通道数据变化值 0.00	报警事件	数值低于下限	报警限值 150	49.6	2020/1/5 7:49	冯庄乡雅石沟村150m³调蓄池
未处理	物理地址:64221:通道数据值	52.80	通道数据变化值 0.00	报警事件	数值低于下限	报警限值 150	52.8	2020/1/5 7:44	冯庄乡雅石沟村150m³调蓄池
未处理	物理地址:64221:通道数据值	54.80	通道数据变化值 0.00	报警事件	数值低于下限	报警限值 150	54.8	2020/1/5 7:39	冯庄乡雅石沟村150m³调蓄池
未处理	物理地址:64221:通道数据值	58.00	通道数据变化值 0.00	报警事件	数值低于下限	报警限值 150	58	2020/1/5 7:34	冯庄乡雅石沟村150m³调蓄池
未处理	物理地址:64221:通道数据值	62.80	通道数据变化值 0.00	报警事件	数值低于下限	报警限值 150	62.8	2020/1/5 7:29	冯庄乡雅石沟村150m³调蓄池
未处理	物理地址:64221:通道数据值	63.60	通道数据变化值 0.00	报警事件	数值低于下限	报警限值 150	63.6	2020/1/5 7:24	冯庄乡雅石沟村150m³调蓄池
未处理	物理地址:64221:通道数据值	66.40	通道数据变化值 0.00	报警事件	数值低于下限	报警限值 150	66.4	2020/1/5 7:19	冯庄乡雅石沟村150m³调蓄池
未处理	物理地址:64221:通道数据值	69.60	通道数据变化值 0.00	报警事件	数值低于下限	报警限值 150	69.6	2020/1/5 7:14	冯庄乡雅石沟村150m³调蓄池
未处理	物理地址:64221:通道数据值	73.20	通道数据变化值 0.00	报警事件	数值低于下限	报警限值 150	73.2	2020/1/5 7:09	冯庄乡雅石沟村150m³调蓄池
未处理	物理地址:64221:通道数据值	75.20	通道数据变化值 0.00	报警事件	数值低于下限	报警限值 150	75.2	2020/1/5 7:04	冯庄乡雅石沟村150m³调蓄池
未处理	物理地址:64221:通道数据值	76.80	通道数据变化值 0.00	报警事件	数值低于下限	报警限值 150	76.8	2020/1/5 6:59	冯庄乡雅石沟村150m³调蓄池
未处理	物理地址:64221:通道数据值	78.80	通道数据变化值 0.00	报警事件	数值低于下限	报警限值 150	78.8	2020/1/5 6:54	冯庄乡雅石沟村150m³调蓄池
未处理	物理地址:64221:通道数据值	80.80	通道数据变化值 0.00	报警事件	数值低于下限	报警限值 150	80.8	2020/1/5 6:49	冯庄乡雅石沟村150m³调蓄池
未处理	物理地址:64221:通道数据值	82.00	通道数据变化值 0.00	报警事件	数值低于下限	报警限值 150	82	2020/1/5 6:44	冯庄乡雅石沟村150m³调蓄池
未处理	物理地址:64221:通道数据值	83.60	通道数据变化值 0.00	报警事件	数值低于下限	报警限值 150	83.6	2020/1/5 6:39	冯庄乡雅石沟村150m³调蓄池
未处理	物理地址:64221:通道数据值	85.60	通道数据变化值 0.00	报警事件	数值低于下限	报警限值 150	85.6	2020/1/5 6:34	冯庄乡雅石沟村150m³调蓄池
未处理	物理地址:64221:通道数据值	86.80	通道数据变化值 0.00	报警事件	数值低于下限	报警限值 150	86.8	2020/1/5 6:29	冯庄乡雅石沟村150m³调蓄池
未处理	物理地址:64221:通道数据值	88.80	通道数据变化值 0.00	报警事件	数值低于下限	报警限值 150	88.8	2020/1/5 6:24	冯庄乡雅石沟村150m³调蓄池
未处理	物理地址:64221:通道数据值	91.20	通道数据变化值 0.00	报警事件	数值低于下限	报警限值 150	91.2	2020/1/5 6:19	冯庄乡雅石沟村150m³调蓄池
未处理	物理地址:64221:通道数据值	91.60	通道数据变化值 0.00	报警事件	数值低于下限	报警限值 150	91.6	2020/1/5 6:14	冯庄乡雅石沟村150m³调蓄池
未处理	物理地址:64221:通道数据值	94.40	通道数据变化值 0.00	报警事件	数值低于下限	报警限值 150	94.4	2020/1/5 6:09	冯庄乡雅石沟村150m³调蓄池
未处理	物理地址:64221:通道数据值	95.20	通道数据变化值 0.00	报警事件	数值低于下限	报警限值 150	95.2	2020/1/5 6:04	冯庄乡雅石沟村150m³调蓄池
未处理	物理地址:64221:通道数据值	96.80	通道数据变化值 0.00	报警事件	数值低于下限	报警限值 150	96.8	2020/1/5 5:59	冯庄乡雅石沟村150m³调蓄池

图 6.3-27 系统报警记录

图 6.3-28　运维中心页面

冯庄乡雅石沟村 150m³ 调蓄池位于冯庄小湾 100m³ 调蓄池上游,并为其直接供水,该水池状态受冯庄小湾 100m³ 调蓄池直接影响。因此,当雅石沟村 150m³ 调蓄池发生持续低水位现象时,根据两座水池水位变化和水池之间流量计变化情况,应用供水管网漏损区域定位技术,分析得出事故发生区域存在问题(图 6.3-29)。

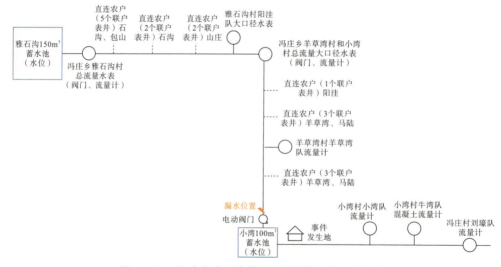

图 6.3-29　冯庄乡雅石沟管网及监测控制设备结构图

运维人员及时查看预警信息,根据系统监测数据分析管网漏损情况,确定漏损点位,并提出应急处置方案。经过运维人员快速及时响应维修,避免漏水事件冲毁农田、房屋,有效保障了彭阳县农村居民的用水安全。该项目为减少彭阳县供水漏损及经济财产损失做出了突出贡献,为保障彭阳农村用水安全发挥了重要作用。

6.4 "互联网＋农村供水"智慧管控平台

6.4.1 架构设计

"互联网＋农村供水"智慧管控平台框架见图 6.4-1,平台具体分为感知采集层、基础设施层、数据汇聚层、支撑平台层、业务应用层和平台用户层。

图 6.4-1 "互联网＋农村供水"智慧管控平台框架

6.4.1.1　感知采集层

从水源地、水厂、泵站、蓄水池、管网到用水户全程引入自动监测控制,包括水位、流量、水质、压力、视频、闸泵自动化等自动化监控设施,实现多级供水设施设备联合自动运行,实现"无人值守、少人值班"和从水源到入户的全程自动化。

6.4.1.2　基础设施层

基础设施层包括互联网和4G/5G无线网络资源、计算存储资源和农村供水指挥调度中心。

6.4.1.3　数据汇聚层

汇集、整合、共享提供农村供水工程信息化体系所需的各相关数据,包括水厂和水源地数据、骨干管网的数据、供水水泵数据、蓄水池数据、调蓄池数据、联户水表数据,以及在业务应用运行过程中产生的数据。

6.4.1.4　支撑平台层

支撑平台层包括基础支撑平台和使能平台。基础支撑平台为系统提供身份认证、通用流程、短信、数据交换、地理信息平台等服务,使能平台包括智能物联感知平台和管网监测诊断模型。

6.4.1.5　业务应用层

业务应用层以供水管理业务为核心,重点围绕自动化监控预警、供水安全、运行诊断、供水计费、工程管理等展开。

(1)自动化监控预警

通过高水平的自动化测控体系和信息化管理系统的建设,加强管网运行状态的预测预警能力,减少供水系统故障发生率;在发生故障的情况下,可迅速诊断定位并响应处置,减少供水中断时间;在对管网及建筑物进行常规检修养护之前,可合理安排储水,避免供水中断,从而提升本地区的供水保障率。

(2)供水安全

针对水源地、调蓄池等重要节点,通过实时监测供水过程中的水质情况,并辅以智能视频监控捕捉人为事件,保证农村供水用水水质安全达标。

(3)运行诊断

在从水源地、干管、支管到入户的全线周密、精准计量的基础上,通过厘清管线拓扑结构,分级、分区计算水量损失,动态掌握局部及整体管网水损情况,对爆管等异常报警,提升水资源利用效率。

（4）供水计费

在精准计量和远程控制的基础上，通过在PC端和移动端分别建立水费管理和水费缴纳信息化系统，提高管理人员对水费计收情况的统筹掌握，并在方便群众水费缴纳的同时，做到用水、收费信息公开透明。

（5）工程管理

面向农村供水工程构建从工程规划设计、施工建设、运行维护等全生命周期的工程管理系统，实现"一工程一档案"，达到对进度、质量、资金、安全等方面的精细管理目标，全面提升工程建设与运行的管理水平，科学有效地保障工程的安全运行和效益的持续性发挥。

6.4.1.6 平台用户层

平台用户层包括县水利局、农村饮水协会、供水企业和社会公众用户。通过构建农村供水一张图，一方面为供水形势分析提供更加全面丰富的信息支持，另一方面发挥数据资源整合与利用的价值。同时，建设大屏展示系统、移动端App、微信公众号等应用，面向供水管理人员和社会公众，提供方便、快速、全面的信息服务。

6.4.2 业务功能

6.4.2.1 在线监控

对于还未实现自动化监控的供水工程，通过自动化监测手段实现农村供水工程进水管、加药、沉淀、过滤、消毒、清水池、出水管、高位水池/调节池、管网、测控井、入户水表的全过程动态监测，实现供水工程运行状态和数据的实时掌握（图6.4-2、图6.4-3）。

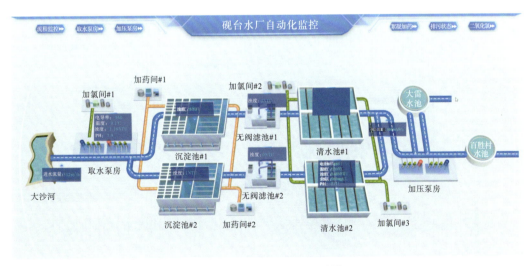

图 6.4-2　自来水厂流程监控

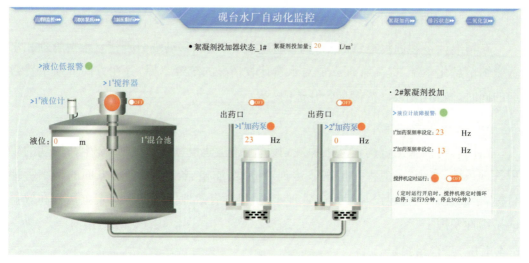

图 6.4-3 水厂组态控制

供水工程自动化监控系统采集并监测水源地、水厂、蓄水池、泵站、管网、入户水表和视频监控的有关信息，实现水厂、蓄水池、测控井等设备的自动化监控，整合监测数据并集中展示，实现统一的数据采集、状态监测、故障报警。满足快速了解运行状态和处理预警预报事件，降低水量损失、设备损失，维修成本的需求，实现整个供水系统的灵活高效和智能。供水工程自动化监控系统具备监测设备配置、监测数据管理、工程组态管理、报警预警管理、远程控制、视频监控等能力。

6.4.2.2 分析诊断

建设工程监测诊断系统，实现根据历史数据预测供水趋势，能够诊断和处理干管、分干管至入户末端整体区间的漏损和爆管，支持分级分区的供水水损分析计算。为运维管理人员掌握需水情况、直观把控管网运行状态提供支撑(图 6.4-4)。

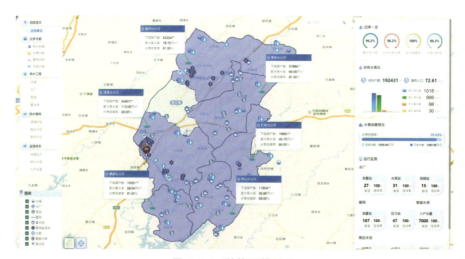

图 6.4-4 整体形势展示

6.4.2.3 工程运维

建设人饮工程运维管理系统,实现对农村供水工程的基础档案信息管理、移动巡检、维修养护等工作。人饮工程运维管理子系统具备工程信息管理、工程巡检、维修管理、养护管理等功能。建立各类供水工程电子档案,包括水厂、清水池、测控井、水表等工程,实现各类工程的基本信息、业务信息、机电设备信息、负责人员信息以及现场照片的管理,便于工程档案的查询和使用。工程业务信息管理用于对水厂、蓄水池、测控井、泵站、入户水表等各类工程的业务信息进行管理(图 6.4-5)。

图 6.4-5 水厂信息配置

6.4.2.4 水费计收

水费计收管理系统实现全区域用户信息、用水量、缴费情况管理,提供信息查询服务,并能支持微信公众号等多种缴费方式,能够统计分析用水量、用水异常情况、水费收缴情况等信息,方便领导和业务人员把握水费计收具体形势的需求,提高信息化管理水平。

实现水费计收统一化管理,建立水费计收管理系统,提供信息公布的网络平台和短信推送服务,支持多种缴费方式,主要具备用户管理、水价管理、抄表管理、收费管理、智能水表管理和统计分析等功能(图 6.4-6)。

图 6.4-6　用户管理

6.4.2.5　生产运营

　　生产经营管理是基于供水企业下属厂站分公司的生产经营数据进行统计分析，用于辅助用户进行生产经营决策,针对不同层级的用户关注的重点分别进行数据统计分析(图 6.4-7),为不同层级的用户提供有效的信息。

图 6.4-7　统计指标

6.4.2.6　综合监管

　　建设智慧供水专题一张图,实现全区水源地、水厂、高位水池、调节池、供水管网、入户等对象的信息综合展示。可以通过在电子地图上查询和解析各个乡镇的工程供水水量、供水保障率、供水人口等信息。支持柱状图、饼图、报表等多种清晰直观的表达方式。可以通过在电子地图上查询出相应范围内工程的水费收缴信息,并汇总得到水费收缴形势解析表,查询和解析的内容包括各个片区工程的供水量、供水水价、应收水费、实收水费、水费收缴率等信息。水费收缴形势解析功能既可查看单个区域的水费收缴信息,也能统计整个智慧人饮工程的水费收缴情况,实现对于农村供水工程水费收缴形势的整体把控,并可在下拉菜单中选择年、月、日等不同时段的水费收缴查询条件,支持柱状图、饼图、报表等多种清晰直观的表达方式。基于一张图,结合地理位置信息、管网位置信息、管网运行监测信息以及管网分析结果,提供直观的管网运行状态于地图之上,既能一目了然地掌握管网的实时运行情况,亦可从空间维度智能检索和查询管网相关的信息详情(图6.4-8)。

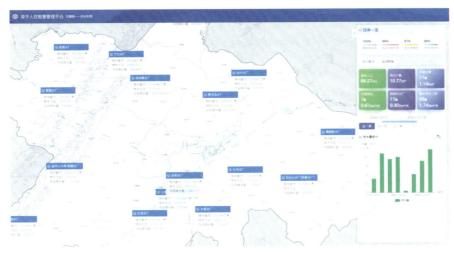

图 6.4-8　供水形势专题

基于物理大屏,建设智慧供水专题大屏,实现全区水源地、水厂、高位水池、调节池、供水管网、入户等对象基于大屏的分析展示(图6.4-9)。

图 6.4-9　数字孪生水厂

6.4.2.7 移动应用

智慧人饮 App 实现人饮业务信息化管理系统的全覆盖,集成各个业务科室的工作,提高工作效率,满足用户实时掌握整个人饮的工程运行、供水用水、巡检维修等情况的需求,基于移动应用,实现基于手机端的信息综合查询、预警预报、远程控制以及移动巡检功能。

6.5 本章小结

农村供水信息化在研究和实施层面均存在一系列空白和难题。首先,农村供水管网存在点多、面广、线路长的问题,管网往往依靠起伏的地形实现加压,管道沿地势起伏。供水关键设施多数布置在野外,网络及供电情况复杂;其次,基于传统管网水力学的运行诊断算法对于管网本底数据、压力和流量监测要求极高,农村供水难以满足要求;再次,基于物联网的农村供水监测预警尚无完整体系,农村供水自动化建设后相应的运维知识存在缺失。因此,需要建设标准化高、运维效果好、应急程度高的运维体系。

通过自动化监控设施以及信息化管理手段,实现各水厂、清水池、输水管网、入户水表自动化运行,管理模式从以前的人工管理转变为"无人值守、少人值班",降低人员运维成本。工程供水量、供水人口、供水保障率、工程运行监控等各类信息实时传递、展示、分析,数据更准确全面。利用适应农村供水管网监测诊断模型,结合大数据手段及时发现管网漏损和爆管,提高检修效率,有效节约水量。建成农村供水移动服务应用,利用微信公众号为载体,打通计量、控制、运维、服务数据链条,为农村居民提供移动报装、报修、缴费途径,有效提升服务质量和群众满意度。

第7章 厂网河湖一体化调度智慧管控

7.1 活水调度

围绕长江大保护中工程运行管理工作需要,充分运用云计算、物联网、人工智能、大数据等新一代信息技术,应用多源感知监控、活水调度模型、厂站网一体化运营等方面关键技术。基于河道水体管控目标,系统性地梳理河道管控监测内容、布设原则,利用视频 AI 等先进技术进行污染情况、排口排水状态的分析与预警,提升智慧管控智能化水平。利用水动力水质模型、智能优化算法等技术手段,构建满足河道水质水量的预测预警体系,研发活水优化调度模型及算法,并与闸站控制联动,实现运行调度智能化。研发了以"立体监测、及时预警、智能管控、快速响应、便捷服务、科学决策"为特色的专业产品,集中展现我院在长江大保护方面的专业积累和信息化能力,为获取长江大保护项目提供产品支撑。

7.1.1 水动力水质模型构建

本书基于开源水动力水质模型 SWMM 完成一维河道模型构建,主要涉及河道水动力学模型以及闸泵水力学模型。

7.1.1.1 管渠水力学模型

SWMM 模型中水动力学模块基于圣维南方程组描述一维河道非恒定流波动演进过程,方程组由连续性方程以及动量方程共同组成,公式如下:

$$\frac{\partial A}{\partial t} + \frac{\partial Q}{\partial x} = 0 \tag{7.1-1}$$

$$\frac{\partial Q}{\partial t} + \frac{\partial}{\partial x}\left(\frac{Q^2}{A}\right) + gA\left(\frac{\partial y}{\partial x}\right) + gAS_f = 0 \tag{7.1-2}$$

式中:A——河道过水断面的面积,m²;

x——距离,m;

y——河道水位，m；

g——重力加速度，m/s²；

S_f——摩阻坡降。

7.1.1.2 闸泵水力学模型

（1）闸门水力学模型

闸门水力学主要研究闸门水流状态和过流能力，用于控制和调节河道及水库流量。对于单一闸门，实际出流情况主要有闸孔自由出流、闸孔淹没出流、堰自由出流、堰淹没出流四类。其中，闸孔出流（Flow under Sluice Gate）指水流受到闸门控制且闸前水位的壅高，水流从闸底边缘与闸底板之间的孔口流出的现象。堰流（Weir flow）指水流受到堰坎阻碍，上游水位壅高水流从溢流堰顶下泄的出流现象。并根据闸门出流受水跃位置影响可进一步划分为自由出流河淹没出流两种。上述 4 种闸门出流状态见图 7.1-1。

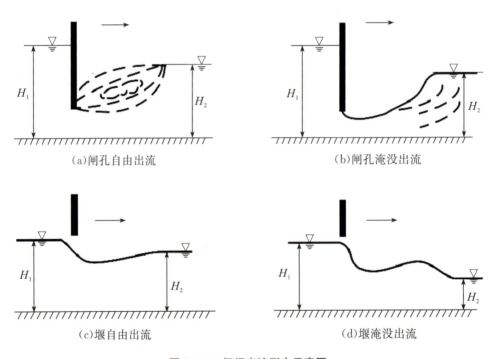

（a）闸孔自由出流　　　　　　　　　　（b）闸孔淹没出流

（c）堰自由出流　　　　　　　　　　（d）堰淹没出流

图 7.1-1　闸门出流形态示意图

对于淹没出流，可按下式进行计算：

$$Q = C_d A_0 \sqrt{2gH_e} \tag{7.1-3}$$

式中：C_d——无量纲孔口流量系数；

A_0——开孔面积，m²；

H_e——孔口处看到的有效水头,m。

对于非淹没出流,侧面孔口进口水位低于开孔顶部时,孔口作堰。

对于侧面孔口,进口水位低于孔口开孔顶部时,此时出流表现出堰流属性,临界水头可按式(7.1-4)进行计算:

$$H^* = Z_0 + \omega Y_{full} \tag{7.1-4}$$

当进口水头 H_1 低于该高度时,通过孔口的流量可利用一般堰流公式近似计算:

$$Q = C_w L (H_1 - Z_0)^{1.5} \tag{7.1-5}$$

式中:C_w——堰流系数,$m^{1/2}/s$;

L——等价堰的顶部长度,m。

当 $H_1 = H^*$ 时,该公式的流量与孔口出流相同,求解 $C_w L$,得到

$$C_w L = \frac{C_d A_0 \sqrt{g}}{\omega Y_{full}} \tag{7.1-6}$$

(2)泵站水力学模型

泵站是一种可将水流提升至较高海拔的机械设备,在 SWMM 泵站水力学模型中,提供 4 种类型泵站供用户选择(图 7.1-2)。

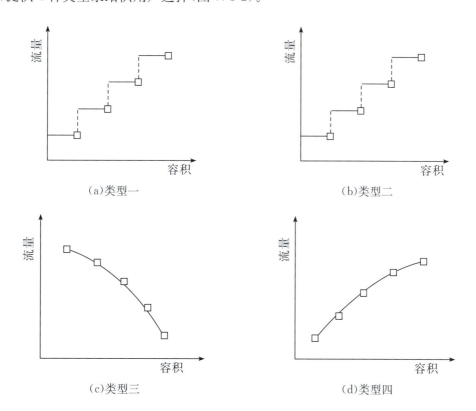

图 7.1-2　水泵曲线图

类型一：具有蓄水井或集水池的离线水泵，曲线呈阶梯状，其流量随着蓄水井可用容积的持续增加而增加，且为非连续性变化。

类型二：指流量随着进水节点深度持续增加的在线变频水泵，流量呈阶梯状增加，变化不连续。

类型三：可看成一般的水泵，流量随着进水和出水节点间水头差连续变化，参数设置可选用轴流泵的水泵特征曲线。

类型四：与类型二的水泵相似，为变速在线水泵，流量随进水节点的深度呈连续变化。

每一时间步长 Δt 内每台水泵消耗能量可按下式进行计算：

$$W = 9.8(H_2 - H_1)Q(\Delta t/3600) \tag{7.1-7}$$

式中：H_1 和 H_2——泵站前后节点水深，m；

$\quad Q$——泵站提升流量，m^3/s；

$\quad \Delta t$——泵站抽排时间，s。

7.1.2 活水调度规则评价体系

7.1.2.1 评价指标体系构建

利用闸、泵工程进行活水调度时，涉及安全、经济、生态、环境等多方面因素，调度方案比选决策时应全方位综合考量。因此，有必要构建活水调度评价指标体系，为调度方案的科学比选提供系统支撑。本书基于文献调研成果以及荆州市古城区河网活水调度实际需求，以水动力提升、水质改善以及工程运行经济性为活水优化调度目标，从上述 3 个方面合理选取评价指标，构建活水调度水动力—水质—工程经济评价指标体系。

（1）水动力

河网水体流动不畅是城市河网水质难以保证的主要原因。已有研究和工程实践表明，增加水体流动性可以提高水体的自净能力，中国水利水电科学院认为"水流流速作为一个能较好反映水体水动力条件的综合表征指标，既能反应水体迁移流动特性，又能反映水体滞留时间"。本次活水调度涉及 8 条河渠，很难让每一条河渠、每一河段维持一定流速稳定流动，因此本书选择将死水河段长度占比 f_1、活水河段长度占比 f_2 作为河道水动力评价指标，并根据实际河网流速、评价考核标准、死水临界流速 v_d 和活水临界流速 v_l，全面衡量不同调度方案下河网水动力全局改善情况。

死水河段长度占比 f_1 和活水河段长度占比 f_2 通过以下公式计算：

$$f_1 = \frac{S_{v<v_d}}{S_a} \times 100\% \qquad (7.1\text{-}8)$$

$$f_2 = \frac{S_{v>v_l}}{S_a} \times 100\% \qquad (7.1\text{-}9)$$

式中：f_1——死水河段长度占比，为无量纲数；

$\quad\quad f_2$——活水河段长度占比，为无量纲数；

$\quad\quad v_l$——河道活水流速度，本书取 0.2 m/s；

$\quad\quad v_d$——死水临界流速，0.05 m/s；

$\quad\quad v$——调度期末流速，m/s；

$\quad\quad S_{v<v_d}$——调度期末流速小于死水临界流速河道长度，m；

$\quad\quad S_{v>v_l}$——调度期末流速大于活水临界流速河道长度，m；

$\quad\quad S$——河道总长度，m。

（2）水质

改善水质是城市水环境治理的主要目标，也是闸泵引水冲污的主要目的，本书综合考虑水质改善程度以及调度过程中水质改善效率，选用水质达标耗时 f_3、期末水质改善 f_4 作为水质改善效果指标

水质达标耗时 f_3 和所述期末水质改善 f_4 通过以下公式计算：

$$f_3 = t_d - t_o \qquad (7.1\text{-}10)$$

$$f_4 = c_0 - c_e \qquad (7.1\text{-}11)$$

式中：f_3——断面水质达标耗时，h；

$\quad\quad t_d$——断面水质达标时间，h；

$\quad\quad t_0$——调度模拟开始时间，h；

$\quad\quad f_4$——期末水质改善，mg/L；

$\quad\quad c_0$——模拟开始时污染物浓度，mg/L；

$\quad\quad c_e$——模拟结束时污染物浓度，mg/L。

（3）工程经济

在活水调度过程中，通过泵站引排水可有助于水体以一定流速循环流动，但在抽排运行过程中会做功耗能产生一定的运行费用，是影响活水调度经济性的主要因素。

泵站运行费用 f_5 计算见式（7.1-12）：

$$f_5 = \frac{W\delta}{\eta} = \frac{9.8\delta(H_2 - H_1)Q(\Delta t/3600)}{\eta} \qquad (7.1\text{-}12)$$

式中：f_5——调度过程中泵站抽排电费，元；

δ——区域电价,对于荆州古城区,泵售用电价格为 0.4567 元/kW·h;

η——泵站效率,为无量纲数。

上述公式中用于求解死水河段长度占比、活水河段长度占比、水质达标耗时、期末污染物浓度降低值和泵站抽排电费的参数均来自水动力水质模型的输出。

7.1.2.2 目标函数确定

多目标优化问题的解不是唯一的,而是一组全局均衡解,即最优非劣解集或 Pareto 最优解集,数学形式如下式所示:

$$\text{Maximize/Minimize}\{Y = [f_1(X), f_2(X), \cdots, f_n(X)]\} \tag{7.1-13}$$

$$\text{s. t.} \begin{cases} g_i(X) \leqslant 0, i = 1, 2, \cdots, I \\ h_i(X) \leqslant 0, i = 1, 2, \cdots, I \end{cases} \tag{7.1-14}$$

式中:$X = (x_1, x_2, \cdots\cdots, x_D)$——$D$ 维决策向量;

Y——目标向量;

$f_k(X)$——目标函数,$k = 1, 2, \cdots\cdots, K$,$K$ 为优化目标数;

$g_i(X), h_j(X)$——耦合模型的第 i 个不等式约束和第 j 个等式约束,$g_i(X) \leqslant 0, h_j(X) = 0$。

处理多目标优化问题时,常通过数学方法处理,将多目标问题转化为单目标问题,再利用成熟的单目标算法进行求解。在本书中,采用评价函数法,通过将各个目标函数赋予不同的权重,得到一个新的单目标函数,将多目标问题转化为单目标问题。本书涉及死水河段长度占比 f_1、活水河段长度占比 f_2、水质达标耗时 f_3、期末水质改善 f_4、泵站运行费用 f_5 五类指标,其单位以及对于活水优化调度作用方向存在差异,经标准化处理后才可对不同类型要素进行评价。

根据评价指标体系中的 5 个指标的理想正负点 $f_{i\max}$ 与 $f_{i\min}$($i = 1, 2, 3, 4, 5$;$f_{i\min} \leqslant f_i \leqslant f_{i\max}$)以及预设标准化公式,对所述 5 个指标可行解对应目标向量 $F = (f_1, f_2, f_3, f_4, f_5)$ 进行标准化,得到可行解对应的标准化向量 $AF = (\alpha_1, \alpha_2, \alpha_3, \alpha_4, \alpha_5)$。

其中,对活水河段长度占比 f_1、期末水质改善程度 f_4 为正向目标,以第一预设规则进行标准化,得到活水河段长度占比 f_1 经标准化处理后相对目标接近度 α_1、期末水质改善 f_4 经标准化处理后相对目标接近度 α_4,如式(7.1-15)所示:

$$\alpha_i = \frac{f_i - \min f_i}{\max f_i - \min f_i} \tag{7.1-15}$$

对死水河段长度占比 f_2、水质达标耗时 f_3 和泵站抽排电费 f_5 负向指标以第二预设规则进行标准化,得到死水河段长度占比 f_2 经标准化处理后相对目标接近度

α_2、水质达标耗时 f_3 经标准化处理后相对目标接近度 α_3 以及泵站抽排电费 f_5 经标准化处理后相对目标接近度 α_5，如式(7.1-16)所示：

$$\alpha_i = \frac{\max f_i - f_i}{\max f_i - \min f_i} \tag{7.1-16}$$

最终得到可行解标准化向量 $AF = (\alpha_1, \alpha_2, \alpha_3, \alpha_4, \alpha_5)$，其中，正理想点 $AF_{\max} = (1,1,1,1,1)$，负理想点 $AF_{\min} = (0,0,0,0,0)$。

活水调度过程中，不同时期、不同调度人员对上述五评价指标对于调度决策的贡献程度可能存在差异。本书中，预留上述五评价指标权重自定义接口，用户可根据区域实际情况、个人工作经验，对上述五评价指标权重 ω_1、ω_2、ω_3、ω_4、ω_5 进行定义。

基于用户定义五评价指标权重 ω_1、ω_2、ω_3、ω_4、ω_5 及其对应标准化向量 $AF = (\alpha_1, \alpha_2, \alpha_3, \alpha_4, \alpha_5)$，采用加权欧式距离计算所属标准化向量 $AF = (\alpha_1, \alpha_2, \alpha_3, \alpha_4, \alpha_5)$ 相对目标接近度 f，以相对目标接近度 f 最大为目标，确定活水多目标优化调度目标函数，将多目标转化为单目标问题。

其中，可行解标准化后向量 $AF = (\alpha_1, \alpha_2, \alpha_3, \alpha_4, \alpha_5)$ 至正理想点 $AF_{\max} = (1,1,1,1,1)$ 加权欧式距离 g_1 通过如下公式进行计算：

$$g_1 = \left[\omega_1^2(\alpha_1-1)^2 + \omega_2^2(\alpha_2-1)^2 + \omega_3^2(\alpha_3-1)^2 + \omega_4^2(\alpha_4-1)^2 + \omega_5^2(\alpha_5-1)^2\right]^{0.5} \tag{7.1-17}$$

可行解标准化后向量 $AF = (\alpha_1, \alpha_2, \alpha_3, \alpha_4, \alpha_5)$ 至负理想点 $AF_{\min} = (0,0,0,0,0)$ 加权欧式距离 g_2 通过如下公式进行计算：

$$g_2 = \left[\omega_1^2(\alpha_1-0)^2 + \omega_2^2(\alpha_2-0)^2 + \omega_3^2(\alpha_3-0)^2 + \omega_4^2(\alpha_4-0)^2 + \omega_5^2(\alpha_5-0)^2\right]^{0.5} \tag{7.1-18}$$

最终得到活水多目标优化调度目标函数：

$$\max f = \frac{g_1}{g_1 + g_2} \tag{7.1-19}$$

7.1.3 活水调度规则多目标优化算法

7.1.3.1 优化算法

活水优化调度涉及水动力、水质、工程经济多方面要素，是一个多目标优化决策问题。传统的多目标优化问题的处理方法存在较多缺点，因此多目标优化算法的出现能够弥补缺陷，达到全局最优解。处理多目标优化问题关键在于各分目标函数的最优解往往是相互独立的，从而需要在决策空间中寻求一个全局最优解集，对各分目标函数的最优解进行权衡调节已得到最终解，可通过各类算法来实现。常见的多目标优化算法有进化算法、蚁群算法、模拟退火算法、遗传算法和粒子群算法等。由于各算法在不同领域存在的差异和本身缺陷,研究者也提出了一些改进算法和组合算法以提高算法精度。

遗传算法(genetic algorithm)的基本思想是基于达尔文进化论和孟德尔的遗传学说产生的,由密歇根大学的教授 J. H. Holland 首先提出,该算法是借鉴生物自然选择和遗传机制,形成的一种概率性随机搜索方法,具有隐含的并行性、鲁棒性等特点。遗传算法是一种可应用于复杂系统的全局优化算法,由于算法不需要太多额外信息,只需要确定目标函数与适应度函数即可求解,因此为求解复杂问题提供了一种通用框架,目前该算法已经成为优化计算中最重要的算法之一。本书采用在河网调度数值模拟方面应用较多的第二代遗传算法 NSGA-Ⅱ 对调度方案进行优化。该算法不仅具有遗传算法 NSGA 的优点,如搜索能力强、扩展性强等,而且引入了精英选择策略,有利于保持父代中的优良个体进入下一代,迅速提高种群水平,拥有快速高效的求解能力。

NSGA-Ⅱ算法的 3 个关键步骤包括精英选择策略、快速非支配排序和个体拥挤距离,其优化流程如下:

(1)精英选择策略

精英选择策略是通过保留父代中的优良个体直接进入子代,防止获得的 Pareto 最优解丢失。将第 t 次产生的子代种群和父代种群合并,对合并后的新种群进行非支配排序,并按照非支配顺序添加到规模为 N 的种群中作为新的父代。

(2)快速非支配排序

支配的概念是对于解集 X_1 和 X_2 而言的,如果 X_1 对应的所有目标函数都不比 X_2 大(即最小问题),且存在一个目标值比 X_2 小,则 X_2 被 X_1 支配。

快速非支配排序是一个循环分级过程:首先找出种群中的非支配解集,记为第一非支配层,令 $i_{Rank} = 1$(i_{Rank}是个体 i 的非支配值),将其从种群中除去,遍历种群中的每个个体,继续寻找种群中的非支配解集,然后令 $i_{Rank} = 2$,以此方式重复上述操作,直到整个种群被全部分级。

(3)个体拥挤距离

为了使计算结果在目标空间比较均匀地分布,维持种群的多样性,对每个个体计算拥挤距离,选择拥挤距离大的个体,拥挤距离的定义为:

$$L[i]_d = L[i]_d + (L[i+1]_m - L[i-1]_m)/(f_m{}^{max} - f_m{}^{min}) \quad (7.1\text{-}20)$$

式中:$L[i+1]$——第 $i+1$ 个个体的第 m 个目标函数值;

$f_m^{\max}$ 和 $f_m^{\min}$——集合中第 m 个目标函数的最大和最小值。

7.1.3.2　决策变量

以泵站抽排流量以及闸门开度为优化调度决策变量,对河道活水多目标优化调度模型进行优化求解,计算在满足上述约束条件下以加权欧氏距离相对目标接近度最大时的闸门开度以及泵站抽排流量过程,作为最终执行下发调度方案。

7.1.3.3　优化求解

活水调度涉及水动力、水环境以及工程经济等多方面因素,是一个多变量的非线性规划问题,对于复杂的非线性优化问题采用一般基于迭代原理的数值解法,通常难以找到全局最优解,易在求解过程中局部收敛。由于遗传算法具有自组织、自适应、所求的解为全局最优解等优点,且是一种只需要目标函数即可求解的随机搜索方法,适合处理函数优化问题,因此,本书将遗传算法应用到活水多目标优化调度模型的求解中。

本书构建的水动力水质模型共包含 8 条河道、40 个横断面、5 个闸门、1 个泵站,优化调度决策变量为模型中闸门开度以及泵站抽排流量随时间变化过程。优化求解时,首先基于遗传算法生成初始调度方案簇,形成水动力水质模型输入文件(后缀名 *.inp);当用户确认计算时,调用水动力水质模型计算引擎,对古城区河网引调水过程中任意时段各河道以及闸泵水位、流量、流速、水质变化过程进行模拟;SWMM 模型运行模拟后会生成报告文件(后缀名 *.rpt)、结果文件(后缀名 *.out)。报告文件是对模型的整个模拟计算过程的总结,通过文本形式保存;结果文件主要是各对象的模拟信息记录的二进制文件,包括各河道以及闸泵水位、流量、流速、水质随时间变化过程。提取计算结果中各河道断面流速、出口断面污染物浓度、泵站抽排流量结果,作为本书构建的水动力—水质—工程经济评价指标体系输入,利用 NSGA-Ⅱ算法以相对目标接近度最大为优化迭代方向,对上述决策变量优化迭代,进而实现水动力水质模型、活水多目标优化调度评价模型耦合。当进化代数大于设定代数时,优化迭代终止,此时相对目标接近度最大的闸泵调度方案即为最优闸泵调度方案。活水多目标优化调度耦合模型模拟计算流程见图 7.1-3。

此外,为提升耦合模型求解速度和效率,本书基于遗传算法自身并行性,在模型系统集成过程中采用微服务架构,分布式集群部署,采用多线程、多服务器分布式计算,为海量调度方案的高效计算提供算力支撑。

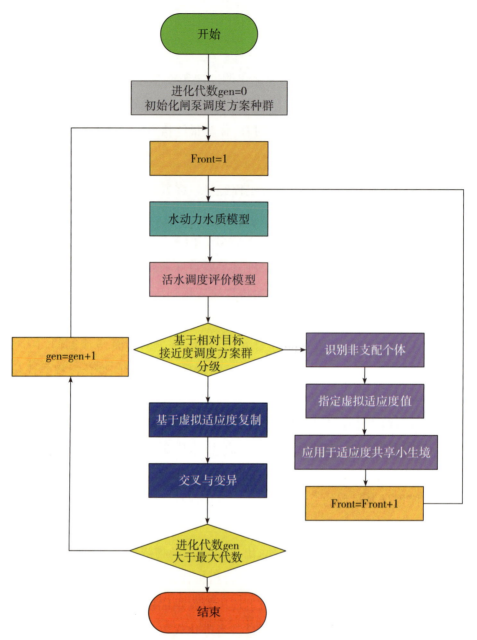

图 7.1-3 活水多目标优化调度耦合模型计算流程

7.1.4 应用实践

活水调度模型应用实践依托于荆州市水环境综合治理断面测量与闸泵基本信息调研成果,选取荆州市古城区为研究区域,以境内港南渠、护城河、西干渠、太湖港渠、荆沙河、荆襄河、殷家港、豉湖渠为活水调控模拟对象,构建活水调度模型,为活水调控模拟提供模型支撑。

基于荆州市古城区水环境综合整治项目成果,引江济汉渠为活水调度主要引水水源,太湖港渠、港南渠为补充水源。结合区域实际情况,本书活水调度模型以太湖港渠起点、港南渠分水闸上游1km处流量为上边界,以太湖港渠终点、玫湖渠南港桥节制闸、西干渠黄港节制闸处水位为下边界,并对活水路线范围内荆襄河闸、太湖港南岸节制闸、护城河闸、荆沙河节制闸、荆襄内河进水闸以及柳门泵站进行概化处理,作为闸泵边界。

7.1.4.1 模拟情景设置

活水调度方案涉及水动力、水质、调度方案经济性等多方面要素,不同换水时长、不同闸泵调控计算时间步长以及不同的评价目标权重将直接影响最终优化调度结果。本书以古城区3日活水方案为典型调度场景,闸门、泵站调控频率设置为1天/次,并将古城区水质优化改善为主要考量目标,总权重为0.6(其中水质达标速度权重设置为0.3、期末水质改善程度最优得分设置为0.3);工程运行经济性以及水动力改善为次要考虑因素,其中泵站耗能最小评价指标权重取为0.2、死水长度占比最小评价指标权重取为0.1、活水河段占比最大评价指标权重取为0.1,调度方案定义以及目标函数设置情况见图7.1-4。

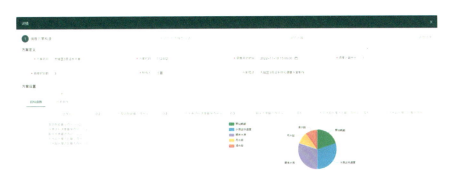

图 7.1-4　调度方案定义与目标函数设置

在古城区河网调度方案制定过程中,还需考量河网防洪排涝以及生态景观要求以及闸泵运行调度安全性。基于调研获取资料中防洪排涝水位要求,完成河网水位上限约束设置;基于生态景观水位要求,完成河网水位下限约束;根据闸门泵站设计流量参数,完成闸泵流量上下限约束(图7.1-5)。

图 7.1-5　约束条件设置

7.1.4.2　水动力水质参数设置

（1）基础信息

与管网排水系统不同，城市河网一般有初始流量与水位，沿程水质可能存在空间不一致性，为降低模型前期的不稳定性、提高模型初始的模拟精度，进行模型预热处理（图 7.1-6）。根据前期试算结果，当预热 18h 后可消除前期影响，因此本研究 3 日优化调度方案预热期设置为 18h。综合考虑计算效率与计算精度要求，本次调度模拟计算时间步长设置为 30s。

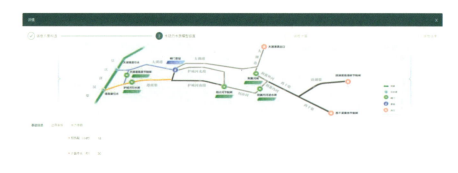

图 7.1-6　模型基础参数设置

（2）边界条件

基于水源可引水量、出口水位监测情况以及水质加密监测结果，对模型水情、水质边界条件进行设置（图 7.1-7、图 7.1-8）。

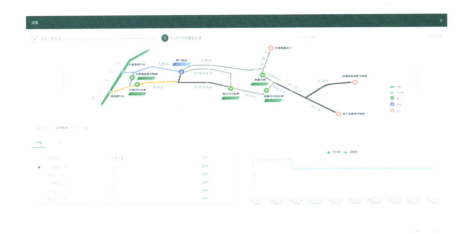

图 7.1-7 太湖港渠入流边界条件

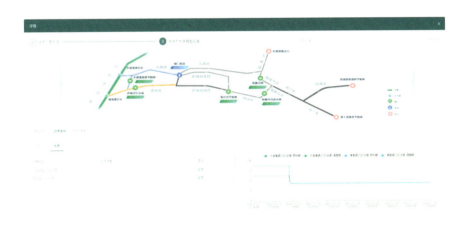

图 7.1-8 水质边界条件设置

7.1.4.3 调度结果分析

(1)各代得分变化情况

优化迭代过程中,各代方案五评价指标得分以及方案总分变化情况见图 7.1-9。总体而言,在优化迭代过程中,除活水河段占比外,其余各评价指标得分与总分均呈上升趋势:从第 1 代至 50 代,死水河段占比得分从 80.3 上升至 85.721;活水河段占比得分维持在 59.38 保持不变;水质达标速度由 34.722 上升至 38.889;最终水质改善程度由 82.975 上升至 84.853;泵站抽排耗能由 72.773 上升至 99.044;总分由63.832 上升至 71.441。上述现象表明,采用优化算法可使闸泵调度方案按照用户预期方向优化。在调度过程中,水质达标速度与最终水质两个水质评价目标相关指标均呈上升状态,造成上述现象的原因是活水调度"引清济污"可以稀释河道本底污染物浓度,改善河道水质,在引水水源流量、引水水质以及调度总时间一定的情况下,通过遗传算法对闸门、泵站调度过程进行优化,可以减少上游清水到达河道出口断面的时间,进而提升下游出口断面水质达标速度。此外,死水河段占比得分提高了 5.321,活水河段占比得分基本保持不变,造成上述现象的原因是古城区河网淤塞较为严重,河道水动力条件不佳,存在死水角落,引水通过增大入流影响区域水动力状况,降低河网死水河段长度。在引水水源流量、引水水质以及调度总时间一定的情况下,利用遗传算法对闸泵调度过程进行优化,利用闸门错峰开启、泵站引流,有效缩短死水河段占比,但由于闸泵调度能力有限,古城区河网底坡平缓,水流速度高于活水临界速度河段长度增长并不显著。在整个优化调度过程中,泵站抽排耗能由 72.773 上升至99.044,上升较为显著,泵站耗能得分上升显著的主要原因是,闸门泵站均为河道水力调控要素,在引流量以及引水水质较好的条件下,可以利用闸门错峰开启,实现自流活水状态,改善河网水质。

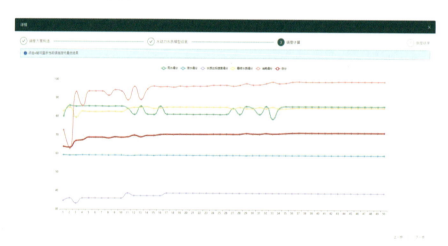

图 7.1-9　方案得分随种群代数变化情况

(2)优化调度结果

在古城区 3 日活水调度情景下,最优方案的调度详细过程以及水动力水质调度结果见图 7.1-10。在调度过程中,柳门泵站总抽排水量逐渐上升,在调度期末总抽排水量为 7496.467m³,太湖港渠 COD 浓度、跋湖渠 COD 浓度、西干渠出口 COD 浓度在 44h 时即达到Ⅳ类水考核标准,在调度期末,上述 3 个出水口 COD 浓度分别为18.753mg/L、19.71mg/L、19.717mg/L,总体而言,随着引水时间增长,出水口 COD浓度逐渐降低。

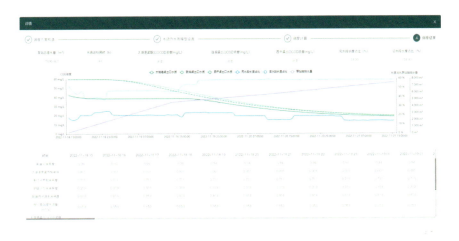

图 7.1-10　古城区 3 日活水优化调度结果

调度过程中闸门开度与泵站抽排流量时间变化见表 7.1-1。在上述五闸门中,荆襄河闸与荆襄内河进水闸开度表现出错峰调度趋势:第一天开度较大,第二天开度较小,第三天开度较大。造成上述现象的主要原因是上述两节制闸距离出口断面较为接近,且闸门过流能力较强,荆襄河闸设计过流量为 40m³/s,荆襄内河进水闸设计过流量为 26m³/s,利用闸门错峰启闭,可以改善河道水动力条件,更有利于源头活水进入下游。

表 7.1-1　　　　　　　　　　闸门开度与泵站抽排流量时间变化表

	1d	2d	3d
荆襄河闸开度	0.940	0.183	0.949
太湖港南渠节制闸开度	0.001	0.183	0.226
荆沙河节制闸开度	0.711	0.784	0.387
护城河节制闸开度	0.319	0.339	0.647
荆襄内河进水闸开度	0.814	0.435	0.922
柳门泵站抽排流量/(m³/s)	0.053	0.015	0.018

7.2　厂网河湖一体化调度

本书基于当前长江大保护生产、管理以及服务各方实际业务需求,结合目前一体化调度平台研制成果,对比分析目前各大主流水动力水质模型,确定以开源水动力水质模型 SWMM 为调控模拟手段;选取典型示范区域,收集区域排水管网、调控设施、下垫面以及降雨、水质水量监测数据,完成排水管网概化处理及模型参数率定验证,进而完成一维水动力水质模型构建;针对性解决偷排漏排、合流制排口初雨污染以及暴雨污水厂进厂水质水量动态冲击问题,制定泵站抽排以及截流井截流调控方案并进行情景模拟;基于情景模拟结果,对不同调度方案下合流制排水管网运行状态、污水处理厂进厂水质水量动态变化情况、合流制排口溢流污染严重程度以及对应调度方案经济成本完成调度方案对比评价,为形成科学决策与智慧管控"厂、站、网"一体化管理体系和"监测—评价—预测—调度—指挥"一体化的城市水系统运行调度决策体系提供模型支撑。

厂站网一体化调度技术路线见图 7.2-1。

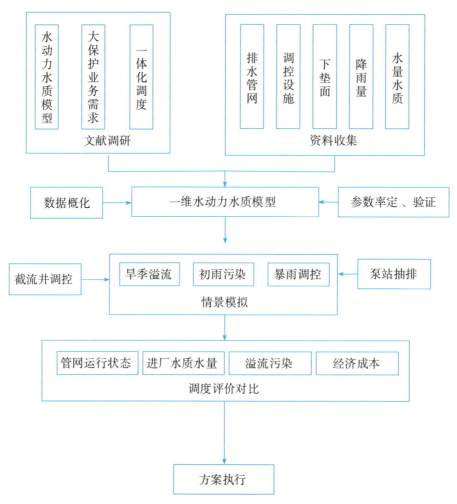

图 7.2-1　厂站网一体化调度技术路线

7.2.1　雨污管网模型

7.2.1.1　管网拓扑关系清洗与简化

为了利于管网建模和养护,将区域内的污水流量分配到相应的排水管渠上,使管网系统的流量分配更加符合实际情况,有必要以河流、道路、排水管的走向等对流域的收水分区进一步细化。划分收水区域,须遵循以下几个原则:

(1)遵循系统的完整性和闭合性

划分小片区是为了让收水范围更加精确,应保证划分之后不产生管网的缺失和错接,不与相邻的小片区重复,确保分区摸查数据的相对独立性和可验证性(图7.2-2、图7.2-3)。

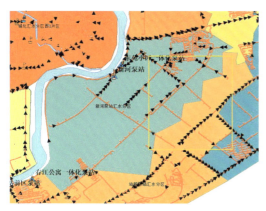

图 7.2-2　管网跨区调整前　　　　　图 7.2-3　管网跨区调整后

(2)充分考虑排水设施建设现状

在划分的过程中,考虑每一个小的收水范围内的污水处理设施、污水收集和传输系统等污水设施建设现状,确保分区的可操作性、合理性和有效性。

(3)以道路和河流走向为导向

排水管网一般沿道路和河网走向分布,通过观察排水管网结构,剔除走向和拓扑关系异常的管网。

(4)以主干管、集中入流点为导向

综合考虑计算时间与计算精度要求,对排水管网结构进行简化。简化时主要遵循以下原则:

1)删除末端管长小于10m的管道

末端支管管长小、收纳污水流量小,数量多,计算耗时较长,因此可对末端支管进行删除,提升模型计算效率。

2)监测点位50m缓冲区范围内管道不宜删除

为保证模型计算率定要求,以监测点为圆形,其50m半径内支管不宜进行简化,避免管网简化对率定验证造成影响。

3)同等材质、同等坡度,管网合并简化

当区域管网较为复杂时,可通过删除同等材质、同等坡度中间节点,以一较长管道代替的方式,进行管网合并简化。

基于以上原则,对区域管网基于自研程序,完成管网批量简化。程序界面见图 7.2-4,可通过修改 length、distence 对管长以及缓冲区半径参数进行修改。其中绿色为简化后管道,红色为删除末端支管。

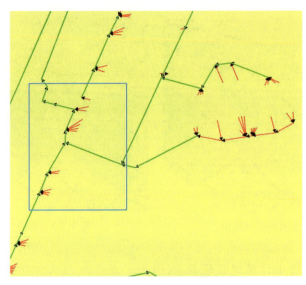

图 7.2-4　管网简化效果

7.2.1.2　雨污管网模型构建

将梳理清洗完成之后的雨水管网和污水管网拓扑数据以及子汇水分区合并,初步生成 SWMM 模型,手动添加污水泵站、调蓄池、截流排污泵、封堵排口、污水处理厂泵站前池等关键构筑物,并依据工程竣工图纸手动检查和修正拓扑关系,形成厂站网河湖一体化调度平台模型。污水入流基于各小区户数规模乘以排水系数得到,排水时间变化参考邻近监测点位的时间变异性。调蓄池、泵站、封堵排口和截流排污泵的启闭规则使用 SWMM 内置的"CONTROLS"模块依据时间和控制节点的液位实时调整。

水质污染物的主要来源为排入合流制系统的居民生活污水、降雨冲刷地表带入管网的地表沉积污染物。合流制管道需要考虑污水的输送,故水质模型的建立分为两个部分:一是在模型中通过降雨进入排水系统的污染物种类与污染物浓度,实现对雨季水质模拟。二是通过在模型中新建污水事件,设置污水模式曲线,向模型中输入合流制排水系统旱流生活污水水量和水质信息。

7.2.2 调度规则评价体系

7.2.2.1 调度场景及调度目标

（1）晴天调度目标

1）调度模拟对象

污水管网、泵站、污水处理厂入口。

2）调度手段

主要为污水泵站调度。

3）调度目标

降低污水处理厂前池液位、降低管网液位、降低厂站运行耗能。

4）约束条件

管网运行液位限制、泵站抽排能力限制、污水厂进厂浓度、水量限制等。

（2）雨天调度目标

1）调度模拟对象

污水管网、泵站、污水处理厂入口、雨水管网、雨水调蓄池。

2）调度手段

在考虑污水泵站调度的同时，还要兼顾调蓄池对初雨的截流，雨后考虑调蓄池的有序放空。

3）调度目标

内涝量最小、溢流污染负荷最小。

4）约束条件

管网运行液位限制、泵站抽排能力限制、调蓄池调蓄容量限制、污水厂进厂浓度、水量限制等。

7.2.2.2 调度规则评价算法

一体化调度涉及的评价对象较多，涉及的评价指标也较为复杂，需要对单点数据进行归一化处理，将数据转换为零到一百之间的数值。对于数值越大越好的评价指标，如调蓄量、预排空水量、水质提升幅度等，为了便于在不同方案之间横向对比，基于改进 sigmoid 函数定量评估方案表现，其中额外定义了一个系数 k，用于调整参数确保指标合理性，如式（7.2-1）所示：

$$V = \frac{1}{1 + e^{-kv_{调度}}}$$

（7.2-1）

式中：$v_{调度}$——方案待评价值；

V——归一化后的数值；

k——经验系数。

对于数值越小越好的评价指标，如调度期间闸门开度改变次数、溢流量、报警时长改变次数，评价算法如式(7.2-2)所示：

$$M = \frac{1}{1 + c \times m} \tag{7.2-2}$$

式中：m——方案待评价值；

M——归一化后的数值；

c——经验系数。

对于时序数据，需要评价其每个对象整个调度期的指标变化，整体评价算法如式(7.2-3)所示：

$$V_{总} = \sum_{i=1}^{N} \sum_{t=0}^{T} v_{i,t} \times \delta_t \tag{7.2-3}$$

式中：$v_{i,t}$——某个时刻 t 的对象的 i 的指标；

δ_t——时间间隔（t 时刻和 $t+1$ 时刻的间隔）。

7.2.3　应用实践

7.2.3.1　宜昌市主城区排水系统现状与问题

宜昌市长江过境 232km，占长江中下游的 12%、湖北全省的 22%。目前，宜昌市主城区内西陵、伍家岗及高新区已完成管网排查工作，雨污管网合计约 2307.99km，长江干流及一级支流（运河、柏临河）排口多达 72 处。排水系统错综复杂，老城区清污未彻底分流，大量山溪水进入污水管网，导致污水厂进水浓度长期偏低和旱季污水溢流；合流区截流倍数偏低，雨季溢流污染较严重。因此亟须运用一体化调度系统及溢流污染优化模型分析，结合工程措施支撑对智能截流井、调蓄池、泵站等排水系统调控处理设施进行科学调控，辅助污水系统提质增效、河道水环境长效监管，实现"晴天污水不下河，初期雨水少溢流"的目标。

表 7.2-1　　　　　宜昌市主城区排水管网情况

行政区块划分	排水片区划分	排查管网量统计/km			
		已排查总量	雨水	污水	合流
西陵区	葛洲坝排水片区	11.14	—	—	11.14
	东湖西陵云集路排水片区	96.92	—	—	96.92

行政区块划分	排水片区划分	排查管网量统计/km			
		已排查总量	雨水	污水	合流
西陵区	体育场路排水片区	44.08	—	—	44.08
	果园路、隆康路排水片区	58.65	—	—	58.65
	西坝排水片区	27.08	—	—	27.08
	沙河片区	184.39	115.13	62.32	6.94
伍家岗区	中南合益路排水片区	102.77	68.36	34.41	—
	白洋冲排水片区	54.83	40.04	14.78	—
	柏临河路排水片区	50.92	35.40	15.52	—
	董家冲排水片区	80.03	52.81	27.22	—
	龙盘湖片区	36.65	25.46	11.18	—
高新区	东山园排水片区	133.28	92.36	40.92	—
	花艳冲排水片区	192.36	120.63	71.74	—
	土门河排水片区	155.66	99.59	56.07	—
点军区	点军区	401.83	259.16	142.01	0.66
猇亭区	猇亭区	325.90	214.86	111.05	—
夷陵区	夷陵区	351.50	178.40	121.30	51.80
合计		2307.99	1302.20	708.53	297.27

7.2.3.2 排水系统优化算法实现策略

近年来,随着算法研究的开展以及信息化技术的高速发展,为调度方案的科学制定与智能寻优提供了新思路。本书参照相关文献以及实际工程经验,构建主城区排水系统水动力模型,实现宜昌主城区排水系统优化模型开发,对闸门开度与泵站抽排流量进行优化演算。

7.2.3.3 水动力水质模型

(1)算法原理

宜昌市主城区排水系统水动力模型由地表产汇流模型和管渠水力学模型组成。

1)地表产汇流模型

地表产流模型通过对城区的子汇水区进行划分,统计计算大气降水到地面后扣除蒸发、截留、洼蓄、下渗量等损失形成净雨过程数据;地表汇流模型基于产流数据,通过非线性水库法计算各子汇水区域中的地表产流沿坡降方向汇入集水口的时间序列数据。

2)管渠水力学模型

针对排水系统中的径流污染累计和冲刷模拟,考虑地表污染物在降雨时随径流流动,进入城市排水系统,后集中排放到受纳水体,模拟不同下垫面和土地利用条件下径流中非点源污染物的累计和冲刷过程。

本书在模型构建中采用线性累计法和非线性累计法两种方法模拟地表污染物随径流增长的过程;通过幂函数累积公式、指数函数累积公式与饱和函数累积公式描述污染物累积过程;通过指数冲刷函数、比例冲刷函数、平均浓度函数3种数学模型来表征地表的污染物冲刷过程。

(2)水动力模型建模

排水管网水力模型主要由5类要素构成,即点、线、面、运行条件和控制参数,其中,点、线、面要素分别代表了检查井、排水管网和集水区。排水管网模型实现水力仿真模拟计算,是依据构成模型网络的各要素在特定平面或空间,基于拓扑关系建立的可代表真实排水系统的虚拟排水管网系统。

综合考虑研究区域雨水管网复杂性与计算精度要求,采用手动划分与自动划分相结合的方式进行子汇水区划分。根据宜昌市主城区排水管网情况将研究区域葛洲坝排水片区、东湖西陵云集路排水片区、果园路隆康路排水片区进一步划分为8个排水分区,服务面积约9.38km²。研究区域排水分区见图7.2-5。

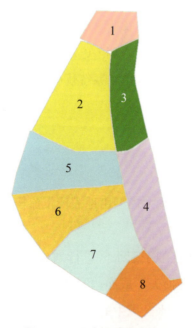

图7.2-5 研究区域排水分区

基于分区成果,采用泰森多边形法进一步进行汇水区划分,结合城区管网拓扑数据,经过适当的规则对管网进行简化与拓扑分析修正后,最终研究区域共有 523 个检查井与子汇水区、535 根管段、13 个出水口、13 个智能截流井、一个污水提升泵站、一个调蓄池(图 7.2-6)。

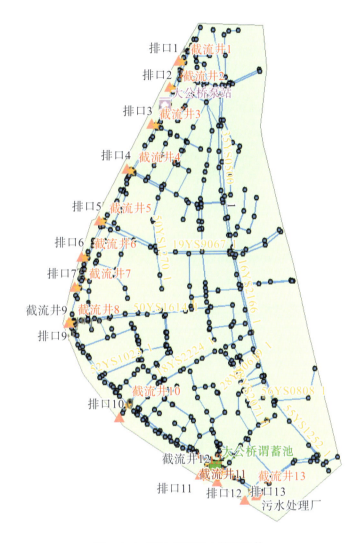

图 7.2-6 研究区域排水管网拓扑

(3)降雨模型

根据《室外排水设计规范》(GB 50014—2021),城市雨水管网系统设计时,应综合考虑研究区域人口密集程度、经济发展状况。截至 2018 年末,宜昌市常住人口为413.59 万,属于大城市,宜昌市伍家岗大公桥污水泵站系统处于中心城区,出于安全性考虑,暴雨厂网稳态设计降雨重现期取为 5 年。此外,根据宜昌市合流制初期雨水控制指标,初雨溢流污染调控目标为 5mm 降雨时沿江溢流口 60min 不溢流,因此初雨设计总降雨量取为 5mm。

基于设计暴雨和芝加哥雨型公式构建降雨过程,宜昌市的设计暴雨强度公式为:

$$q = 2350.507 \times \frac{(1+0.620)\lg P}{(t+16.763)^{0.671}} \tag{7.2-4}$$

式中:q——设计暴雨强度,L/(s/hm^2);

$\quad\quad P$——设计重现期,a;

$\quad\quad t$——降雨历时,min。

利用芝加哥雨型计算宜昌市 5 年一遇(即重现期 $P=5$)设计降雨过程以及 5mm 设计降雨过程,降雨峰值系数 r 取为 0.375,暴雨历时 120min,降雨强度的计算公式如式(7.2-5)所示,其中 $A=2350.507, b=16.763, c=0.62, n=0.671$。降雨强度变化过程见图 7.2-7。

$$i = \frac{q}{167} = \frac{A \times (1+c \times \lg P)}{167 \times (t+b)^n} \tag{7.2-5}$$

式中:i——设计暴雨强度,mm/min;

$\quad\quad q, P, t$ 意义同式(7.2-4);

$\quad\quad A, c, b, n$——当地经验参数,根据统计方法确定。

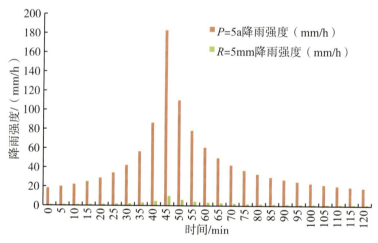

图 7.2-7 降雨强度变化过程

7.2.3.4 模型应用成果

(1)模型关键参数

本书中综合考虑进厂污染物浓度、合流制排口溢流 COD 总量、污水管网节点溢流水量以及在整个调度过程中泵站抽排耗能因素。在本书中进行初雨溢流污染调控模拟时,进厂 COD 浓度时长得分权重为 0.3、溢流 COD 总量得分权重为 0.4、溢流总水量最低得分为 0.2、泵站耗能最低得分为 0.1。

为保证排水系统各类调控设备正常运行使用,在调度过程中各类调控设备将受到取值约束。根据临江溪污水处理厂历史进水流量监测数据,进厂 COD 范围为 80~250mg/L,本书取进厂 COD 浓度限制范围为 80~280mg/L;大公桥污水提升泵站抽排流量范围为 0~1425m³/h,即 0~0.395m³/s;大公桥调蓄池在调度过程中池水位约束范围为 0~5.55 m,有效池容约束为 21 万 m³。依据《室外排水设计标准》(GB 50014—2021),截流倍数宜采用 2~5,并宜采取调蓄等措施,提高截流标准,减少合流制溢流污染对河道的影响。因此,本书智能截流井截流倍数约束范围为 2~5。

此外,为保证在降雨模拟前旱季污水已填充污水管网,提升模型运行稳定性,在降雨前需预热模型。综合考虑研究区域管网复杂性与计算效率要求,系统默认预热时间为 2h,计算时间步长设置为 30s。模型中对旱季污染物流量与水质进行赋值,预热期以及调度期中,13 个智能截流井流量均为 0.056m³/s、COD 污染物浓度均为 117mg/L,初雨 COD 污染物浓度确定为 280mg/L。

研究区域范围内有 HDPE、UPVC、钢筋混凝土以及砖石 4 种材质管渠,此 4 种管渠曼宁系数分别为 0.010、0.010、0.013、0.014。由于水流在管道中运动过程较快,参照相关文献研究结果,将 COD 衰减系数设置为 0。

(2)调度成果分析

根据调度模型计算结果,在整个调度过程中,进厂 COD 浓度完全达标。在 3h 调度模拟过程中,COD 污染物浓度先为水平状,于 30min 后开始上升,于 1h40min 达到峰值 224.98mg/L,这说明污染物浓度变化过程与降雨变化过程相比,具有一定滞后性,且在降雨结束后,污水处理厂进厂污染物浓度逐渐降低,但仍比旱季污水浓度高。造成上述现象的主要原因是:初雨中 COD 浓度比管网旱季污水浓度高,降雨从发生到汇集到污水处理厂需要一定时间,因此 COD 浓度表现出一定滞后性;根据质量守恒原理,进厂 COD 浓度将会介于旱季 COD 浓度和初雨中 COD 浓度之间,这与薛甜等的研究一致。进厂 COD 浓度随时间变化过程见图 7.2-8。

图 7.2-8　进厂 COD 浓度随时间变化过程

在整个调度计算过程中,泵站累计抽排水量随时间变化过程见图 7.2-9。在整个调度过程中,泵站抽排总水量为 4266m³,根据预设泵站启闭规则,泵站开机台数为两大一小,抽排流量为 0.395m³/s。

图 7.2-9　泵站抽排水量随时间变化过程

大公桥调蓄池水位随时间增加而逐渐增大,在调度开始阶段,由于调蓄池已开展预排预降,调蓄池水位为 0.06 m,在调度结束时,调蓄池水位为 0.196m,整个调度过程中,调蓄池水位上升了 0.136m,收纳初雨水量 5193m³。徐祖信等通过优化调蓄设计,大幅提高了污染物截流负荷,本书中的实际降雨量较小,尽管调蓄池已全力收水,但是液位上升幅度并不高。调蓄池水位随时间变化过程见图 7.2-10。

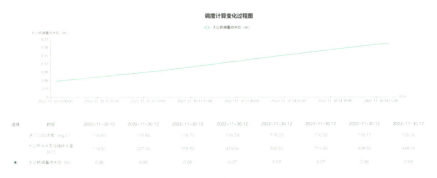

图 7.2-10　调蓄池水位随时间变化过程

　　智能截流井的设计初衷是在初雨后及时关闭,减少污水管网负荷。在本书优化的控制策略中,截流井在初雨后并非完全关闭,而是在溢流点液位到达阈值前,提前开启截流井,以充分利用雨水管网排水能力,减少雨水进入污水系统流量,减轻溢流污染对受纳水体环境质量的冲击。13 个智能截流井的截流流量随时间变化总体呈现先增大,再减小趋势,流量变化过程与降雨变化过程具有较好一致性。由表 7.2-2可知,在降雨入流量不变的条件下,截流井加上动态调整的策略后,根据机理模型计算结果统计,溢流量由 1265.210m³ 下降到 837.530m³,溢流量削减幅度为 33.80%,更多雨水通过排水口排出,说明优化后的调度策略能够充分利用排水系统调蓄空间,以轮排的形式将雨水排出,减小了对环境的冲击。

表 7.2-2　　　　　　　　　　　　　调度控制对比

参数	截流井不加控制	截流井加控制
入流量/万 m³	47.159	47.159
溢流量/m³	1265.210	837.530
排水口出流量/m³	47.032	47.075
调蓄池液位/m	0.196	0.196

7.3　长江大保护智慧水务管控平台

7.3.1　系统架构

　　构建智慧水务系统,主要包括感知采集建设、基础设施环境、数据中心、支撑平台建设、智能应用建设和用户层展示。智慧水务系统总体架构见图 7.3-1。

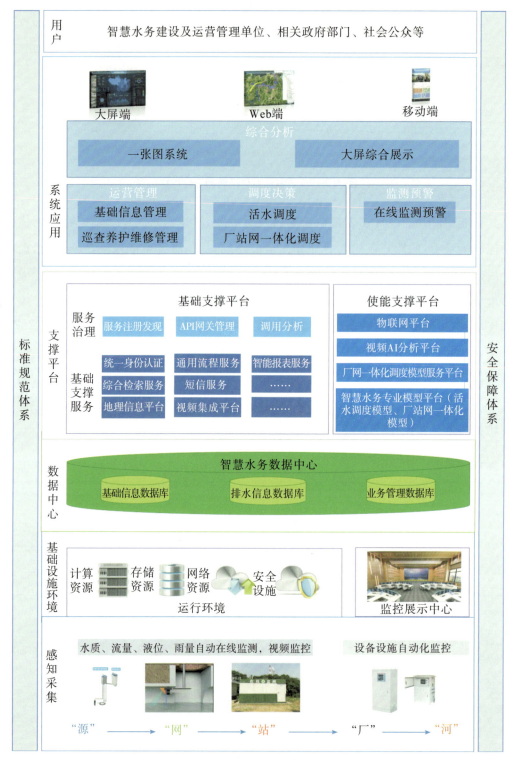

图 7.3-1　智慧水务系统总体架构

(1)感知采集

本书针对"源、网、站、厂、河"建设水质、流量、液位自动在线监测以及便携式监测、雨量监测、视频监控等前端感知采集设备,构建覆盖项目范围的智能感知采集体系,为智慧水务系统建设工程管理提供数据支撑。

(2)基础设施环境

基础设施环境包括运行环境(计算资源、存储资源、网络资源和安全资源)和监控展示中心,形成集中展示、综合会商、调度指挥、教育培训于一体的基础设施环境。

(3)数据中心

数据中心结合项目建设数据需求,主要包括基础信息数据库、排水信息数据库和业务管理数据库。数据中心预留相关数据接口,便于实现与各涉水单位的数据共享和交换。

(4)支撑平台

搭建满足各应用系统建设需求的支撑平台,主要包括基础支撑服务平台、地理信息平台、数据汇聚交换平台、物联网平台、视频 AI 分析平台、自动化远程控制支撑平台、智慧水务专业模型平台等。

(5)系统应用

系统应用系统是用户通过各类终端直接面向用户,为用户各类业务管理提供辅助支撑的软件,是提升管理能力的主要体现。同时业务系统也是数据汇集的主要渠道,通过系统的运行使用,使各类数据能够汇集存储至数据库中。主要包括在线监测预警、基础信息管理、巡查养护维修管理、活水调度、厂站网一体化调度、一张图、LED大屏综合展示。

7.3.2 业务功能

7.3.2.1 监测预警

监测预警模块集气象监测预警、排水管网监测、物联网设备质量评估于一体。通过近 12h 雨量监测和管网、调蓄池液位监测,判断排水系统负荷。用户可通过系统自定义各点位阈值报警级别。根据高精度降雨预报,及时开展应急响应。通过及时性、完整性和准确性 3 个维度评估物联网设备数据传输质量,对于数据部分缺失的点位,开展监测数据清洗,并与工单系统联动,及时开展物联网设备维护(图 7.3-2)。

图 7.3-2　监测一张图

7.3.2.2　运行诊断

运行诊断结合长时间排水系统监测数据，对管网常见的冒溢与高液位、淤积堵塞、雨污混接问题开展分析诊断，并与工单结合，调度工作人员及时前往现场处理管网问题。排水管网随时间推移会发生变化，运行诊断模块设计了管网诊断规则及排水分区自定义编辑，便于用户根据变化情势手动调整诊断规则(图 7.3-3)。

图 7.3-3　管网运行诊断

7.3.2.3　调度决策

（1）活水调度

长江大保护智慧管控平台以沅江项目为依托，采用两种补水路线，活水提质补水路线一：通过汲水港运河、桔园桥运河，控制闸门，从下至上逐级换水，实现浩江湖对上琼湖、下琼湖、石矶湖的补水;活水提质补水路线二:通过杨泗桥运河、边山运河、桔园桥运河,控制闸门,从下至上逐级换水,实现对蓼叶湖、下琼湖的补水。建设了活水调度一体化调度决策平台,实现沅江五湖活水调度的水质监测、水质报警、方案制订、方案预演、方案评估、调度反馈的应用闭环(图7.3-4、图7.3-5)。

图7.3-4 活水评估模拟界面

图7.3-5 活水调度反馈界面

(2)一体化调度

以六安长江大保护项目为依托,集成六安大保护运营系统、集控系统以及管网分析诊断模型,以水利专业模型为核心,结合大数据、人工智能、物联网等新一代信息化手段,在现有成果基础上构建集监测预报、分析预警、调度预演、管网诊断、预案会商决策、调度控制于一体的厂站网河湖一体化调度平台,实现预测—预警—诊断—预演—决策—控制闭环,提升排水系统运行管理智慧化水平。

开发调度预演及调度方案评估对比,对一体化调度方案的实施效果进行前瞻预演,辅助调度决策,防控排水系统运行风险、提升运行效能、降低运行成本。提供调度模拟多场景自定义切换、模型参数设置、多设施动态调控、多要素全面模拟服务平台。基于监测数据对调度规则进行综合评估,检验调度规则在实际运行中的效果。对同一调度场景下多种调度规则进行对比分析,辅助调度规则进一步优选。

厂网河湖一体化调度模型通过对现有泵站调度规则的分时段分片区多目标优化,精准解决了污水泵站频繁启闭和管网"高液位,低流速"难题(图7.3-6)。基于大数据模型和高精度降雨预报,预测排水变化趋势和管网液位变化,定量预测雨水冒溢(图7.3-7),为降雨期间人车物调配提供了有效依据。

图 7.3-6　管网多目标优化成果

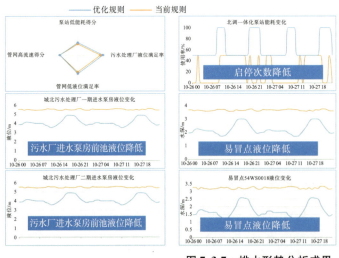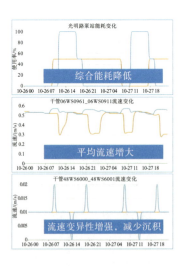

图 7.3-7　排水形势分析成果

7.3.2.4 调度控制

从调度决策模块验证后的调度方案，在调度控制模块下发执行。用户也可以根据自定义需求，在调度控制模块手动创建调度方案，下发到集控系统执行。集控控制执行后反馈到调度控制模块，判断调度指令执行是否到位。另外，本模块还有调度方案的存档、查询功能，为调度复盘提供支持(图7.3-8)。

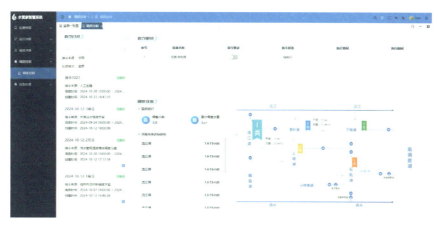

图7.3-8　调度控制界面

7.3.2.5 应急响应

应急响应模块主要针对不同降雨强度下的应急预案开展管理，在雨前、雨中、雨后实时调度人车物应急调度，通过对预案响应措施的创建、编辑、执行的全流程管理，在GIS地图上实时展示路面积水、检查井冒溢等问题，展示人员和物资的调配情况，实时反馈并调整应急响应调度策略，从而最大化调度效果(图7.3-9、图7.3-10)。

图7.3-9　应急预案库

图 7.3-10　应急队伍管理

7.4　本章小结

针对长江大保护具体业务需求,分别对活水调度模型、厂站网一体化调度模型的构建和集成技术构建了长江大保护智慧水务管控平台。通过建立活水调度评价指标体系,并耦合水动力水质模型、优化算法,形成了活水多目标优化调度模型;制定了活水多目标优化调度模型的并行计算策略,并结合自身智慧水务平台的技术特点,将模型集成至智慧水务平台,可实现海量调度方案的实时在线快速模拟,为合理化引水、精细化调控、增流提质提供模型支撑。基于实际污水处理厂运行管控需要,设计旱季溢流污染调控、初雨溢流污染调控、暴雨厂网稳态调控情景,基于情景模拟分析等手段辅助厂、站、网科学、合理指挥调度,可辅助解决城市晴天溢流、暴雨污水进厂水质水量不均衡等调度问题。

第8章　流域水旱灾害防御与应急管控

　　针对降雨—径流预报预见期短、山洪风险高、防洪决策难、应急效率低等重难点问题,研发短期降雨—径流集合滚动预报、基于视频 AI 监测水位的山洪分级预警、防洪调度高保真高效率预演、基于 LBS 的应急避险等关键技术,并在集成研发成果的基础上搭建数字孪生中小流域防洪"四预"智能管控平台,实现降雨—径流预报精度提升与预见期延长、山洪风险精准识别预警、防洪调度科学决策与应急全过程高效响应,有力提升流域洪水防御处置能力。

8.1　短期降雨—径流集合滚动预报技术

　　短期降雨—径流集合滚动预报技术利用多个降雨—径流模型(即水文模型,包括集总式、分布式、神经网络)分别对流域降雨—径流过程进行模拟,预报流域/子流域出口站点流量过程;采用 BMA 径流集合预报模型,对各降雨—径流模型的径流预报成果进行集合计算,以克服单一降雨径流模型结构导致的预报不确定性,提升预报稳健性;基于径流误差校正模型(如 ARMA 模型、AR-GARCH 模型),利用径流预报误差在时间序列上的自相关性、异方差性等特征,对径流集合预报的误差进行修正,减小预报误差(图 8.1-1)。

8.1.1　集总式水文模型

　　集总式水文模型采用的数学方程通常不考虑流域下垫面特性、水文过程、模型参数等的空间变异性,模型认为流域面上各点的水力学特征是均匀分布的,流域面上任何一点的降雨,其下渗、渗漏等纵向水流运动都是相同和平行的。集总式水文模型具备一定的物理基础,但是由于它不考虑水文单元之间的交换过程,其输出结果通常只能反映整个流域的面平均状况和流域出口的水文过程,无法给出水文变量在流域内的分布,满足不了规划管理实践中对流域内各个位置水情预报的需要,且模型参数变量通常取流域平均值,需要通过校准才能获得。

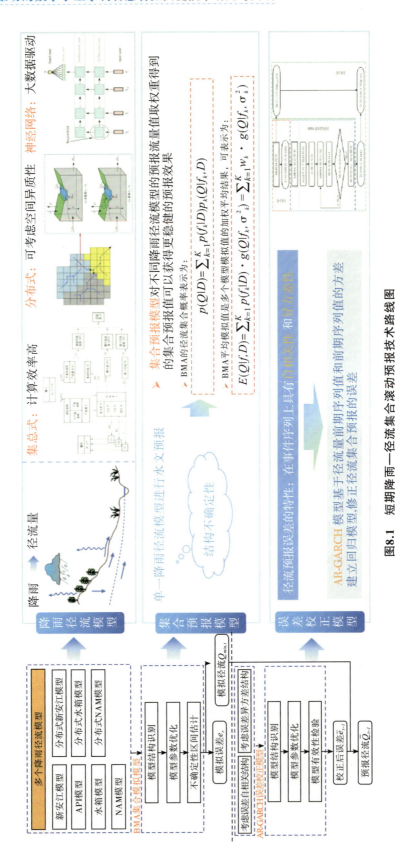

图8.1 短期降雨—径流集合滚动预报技术路线图

8.1.1.1 新安江模型

新安江模型由河海大学赵人俊教授在 1963 年提出,理论基础为湿润地区的蓄满产流原理。新安江模型是一个分散性的概念模型,在我国湿润、半湿润地区得到了广泛的应用。其中,三水源新安江模型应用较为广泛,其主要特点是三分,即分单元、分水源、分阶段。分单元是把整个流域划分成为许多单元,这样主要是为了考虑降雨分布不均匀的影响,其次也便于考虑下垫面条件的不同及其变化;分水源是指将径流分成为三种成分,即地表、壤中、地下,三种水源的汇流速度不同,地表最快、地下最慢;分阶段指将汇流过程分为坡面汇流阶段和河网汇流阶段,原因是两个阶段汇流特点不同,在坡地,各种水源汇流速度不同,在河网则无此差别。其模型结构见图 8.1-2。

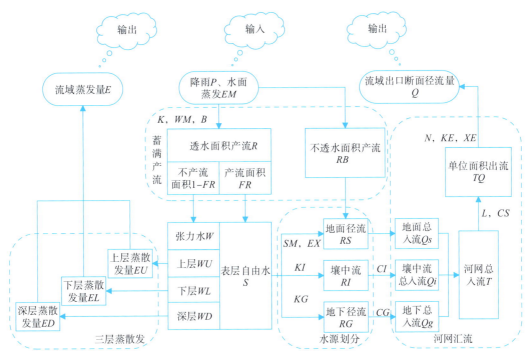

图 8.1-2 新安江模型结构

8.1.1.2 API 模型

API 模型又称前期影响雨量模型,由五变数降雨径流相关图发展形成,表达式是传统的降雨径流相关图,故又称降雨径流经验相关法。其所用前期影响雨量预报降雨产流量始于 20 世纪 40 年代。API 模型属多输入、单输出静态的系统数学模型,主要用于一次洪水径流量预报,在我国应用甚广。

API 模型以流域降雨产流的物理机理为基础,以主要影响因素为参变量,建立降雨量 P 与产流量 R 之间定量的相关关系。最常用的是三变量相关图:$R = f(p, Pa)$。三变量相关图制作简单,即按变数值(Pt, Rt)的相关点绘于坐标图上,并标明

各点的参变量 Pa 值,然后根据参变量的分布规律以及降雨产流的基本原理绘制 Pa 的等值线簇。API 模型的流域汇流采用单位线进行计算。

8.1.1.3 水箱模型

水箱模型又称坦克(Tank)模型,是一种概念性径流模型(图 8.1-3)。水箱模型的基本思想是把由降雨转换为径流的复杂过程,简单地归纳为流域的蓄水容量与出流的关系进行模拟。用若干个串联的直列式水箱建立模型,以水箱中的蓄水深度为控制,模拟流域出流和下渗过程。其中每层水箱的侧边有出流孔,底部有下渗孔。上层水箱的入流为流域面上的降雨,下层水箱的入流为上层水箱的下渗量。各层水箱的出流量可理解为流域各蓄水层形成的不同水源的径流量。

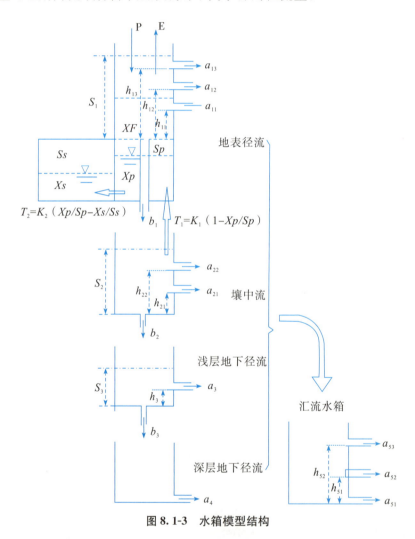

图 8.1-3 水箱模型结构

为使水箱模型具有很好的通用性,一般把第一层水箱的下渗孔开在水箱底上的某处,这一层为土壤水层,来模拟干旱、半干旱地区或者湿润地区的干旱季节。在土壤水层,重力和毛管力对水的运动不起显著作用,也没有下渗,水分只消耗于蒸发。水箱模型的输出汇入河道时,其过程线受槽蓄作用的影响而变形,为了模拟槽蓄变形的影响,在直列式水箱旁边并联一个单一水箱。

8.1.2 分布式水文模型

与传统的集总式模型相比,分布式水文模型从水循环的动力学机制出发描述流域水文问题,既考虑降雨和下垫面空间分布不均对流域产流造成的影响,同时也能满足环境系统分析的需求,明显优于传统的集总式水文模型,为真实描述和科学模拟降雨径流形成机理提供有效的工具,具有理论上的前沿性。但是由于缺乏高质量观测资料、水文物理机制不完善、计算耗时长等问题,现阶段实际业务应用中集总式水文模型使用范围更为广泛,且其预测精度暂时通常高于分布式水文模型。

分布式水文模型将流域划分为若干个子流域,将每个子流域划分为大小相同的栅格单元。其模型结构包括以下几个部分:

(1)栅格产流计算

将产流理论(如蓄满产流、超渗产流等)应用于栅格尺度,针对每个栅格分别计算其产流量。

(2)栅格汇流演算

对栅格产流进行汇流演算,首先基于栅格流向确定各子流域内栅格的汇流演算顺序,各栅格产流量根据栅格汇流演算顺序依次向下游栅格演算,直至所在子流域的出口处。

(3)河道汇流演算

根据各子流域出口节点处(节点 d 和 e)的流量,结合河网拓扑结构关系依次演算至流域出口处,通常基于马斯京根法进行计算(图 8.1-4)。

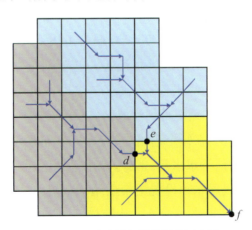

图 8.1-4 子流域与栅格划分示意图

8.1.2.1 分布式新安江模型

分布式新安江模型将逐个栅格作为一个计算单元,蒸散发计算、产流计算及分水源计算分别采用新安江计算原理的单层蒸散发模型、蓄满产流模型及采用自由水蓄水库结构进行水源划分,再计算出每个栅格上的张力水蓄水容量与自由水蓄水容量,得到每一个栅格单元的产流量和地表、壤中、地下3种水源,然后根据栅格演算次序矩阵,将每一个栅格上的地表径流、壤中流按照扩散波模型逐栅格演算至流域的出口,地下径流则采用滞时模型演算至流域出口。在进行栅格演算时,如果当前栅格的土壤含水量未达到饱和,则上游栅格的出流量首先补充当前栅格的土壤含水量;如果当前栅格有河道存在,属于河道栅格,则地表径流、壤中流将按比例把部分流量汇入河道中。在分布式新安江模型中,只考虑地表径流、壤中流对河道和土壤含水量有贡献,汇流也是如此,地表径流、壤中流与地下径流分别采用两种方法计算。其栅格产汇流过程见图 8.1-5。

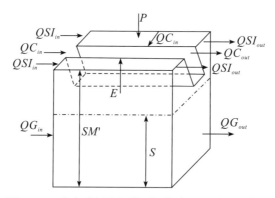

图 8.1-5　分布式新安江模型栅格产汇流过程示意图

8.1.2.2 分布式水箱模型

分布式水箱(Tank)型将整个流域栅格化,在每个栅格上采用概念性 Tank 模型分别计算每个子流域内各栅格时段产流,结合栅格拓扑关系成果,选择相应地表汇流模型,依次计算出各时段各栅格的地表径流 QS;选择对应壤中流、地下径流汇流模型,结合子流域拓扑关系,依次算出各子流域出口各时段壤中流径流 QO 和地下径流 QG,然后与栅格地表径流叠加最终得到流域出口径流 Q。

与集总式水箱模型不同,在每个栅格中,分布式水箱模型设置 3 层水箱,分别为表层水箱、非饱和层水箱、地下水水箱。为考虑干旱地区,集总式水箱模型通过改变表层水箱下渗孔高度,在表层水箱设置土壤层结构,包括主土壤层和次土壤层,土壤层结构中的封存水只用于蒸发。在分布式水箱模型中,表层水箱设置地表径流、表层出流和下渗流。

8.1.3　径流集合预报模型

径流集合预报通过对不同模型的模拟值取不同权重得到综合模拟值,可以保留各单一模型中有价值的信息,进而获得更稳健的预报效果。最常用的径流集合预报模型是贝叶斯模型加权平均(Bayesian Model Averaging,BMA)原理。

假设 Q 为模拟径流值,$D=[X,Y]$ 为实测数据(其中:X 表示输入资料,Y 表示实测的流量资料,$f=[f_1,f_2,\cdots,f_K]$ 是 K 个模型模拟的集合。BMA 的径流集合概率表示如下:

$$p(Q|D)=\sum_{k=1}^{K}p(f_k|D)\cdot p_k(Q|f_k,D) \tag{8.1-1}$$

式中:$p(f_k|D)$ ——在给定实测数据 D 下,第 k 个模型 f_k 的后验概率,它反映 f_k 与实测径流的匹配程度。

实际上,$p(f_k|D)$ 就是 BMA 的权重 w_k,精度越高的模型得到的权重越大。所有的权重都是正值,并且加起来等于 1。$p_k(Q|f_k,D)$ 是在给定模型 f_k 和数据 D 的条件下模拟径流的条件概率方程。如果 f_k 服从均值为 f_k,方差为 σ_k^2 的正态分布,$p_k(Q|f_k,D)$ 可以表示为 $g(Q|f_k,\sigma_k^2)\sim N(f_k,\sigma_k^2)$。

BMA 平均模拟值是多个模型模拟值的加权平均结果。如果单个模型的模拟值和实测值均服从正态分布,平均模拟值的公式如下:

$$E(Q|f,D)=\sum_{k=1}^{K}p(f_k|D)\cdot g(Q|f_k,\sigma_k^2)=\sum_{k=1}^{K}w_k\cdot g(Q|f_k,\sigma_k^2) \tag{8.1-2}$$

BMA 平均模拟方差可通过式(8.1-3)计算:

$$Var(Q|f,D)=\sum_{k=1}^{K}p(f_k|D)\cdot Var(Q|D,f_k)+\sum_{k=1}^{K}p(f_k|D)\cdot \sigma_k^2$$

$$=\sum_{k=1}^{K}w_k(f_k-\sum_{i=1}^{K}w_if_i)^2+\sum_{k=1}^{K}w_k\sigma_k^2 \tag{8.1-3}$$

该公式的右边包括两项:第一项为模型间误差,第二项为模型内误差。

8.1.4　径流误差校正模型

径流误差校正模型基于径流预报误差的特性构建函数关系,以修正径流预报误差,提高预报精度。AR-GARCH 模型可综合考虑径流误差在时间序列上的自相关性与异方差性,被认为是一种行之有效的径流误差校正模型。

(1)AR 模型

自回归(Auto-regressive,AR)模型是研究时间序列的重要方法,其原理是序列前后存在一定的相关性,对于一个 AR(p) 模型,可定义为:

$$\begin{cases} e_t = \varphi_1 e_{t-1} + \varphi_2 e_{t-2} + \cdots + \varphi_p e_{t-p} + a_t \\ \varphi_p \neq 0 \\ E(a_t) = 0, Var(a_t) = \sigma_a^2, E(a_t a_s) = 0, s \neq t \\ E(a_t e_s) = 0, \forall s < t \end{cases} \quad (8.1\text{-}4)$$

式中：e_t——原始序列值；

p——自回归阶数；

φ_p——自回归系数；

a_t——自回归模型残差。

AR（p）模型有 3 个限制条件：① $\varphi_p \neq 0$，这个限制条件保证了 AR 模型的最高阶数为 p；② $E(a_t) = 0, Var(a_t) = \sigma_a^2, E(a_t a_s) = 0, s \neq t$，这个限制条件实际上是要求 AR 模型残差序列 $\{a_t\}$ 为零均值白噪声序列；③ $E(a_t e_s) = 0, \forall s < t$，这个限制条件说明当期的 AR 模型残差项 a_t 与过去的序列值 $e_s(s < t)$ 无关。

（2）GARCH 模型

通常，我们会假定上述方程中的随机误差（a_t）同方差且为常数，但实际上，常存在着异方差问题，因此，为解决此类问题，可借助于广义自回归条件异方差（Generalized Auto-regressive conditional heteroskedasticity, GARCH）模型。对于一个 GARCH（m, s）模型，可定义为：

$$\begin{cases} a_t = \sigma_t \varepsilon_t \\ \sigma_t^2 = \omega + \sum_{i=1}^{m} \alpha_i a_{t-i}^2 + \sum_{j=1}^{s} \beta_j \sigma_{t-j}^2 \end{cases} \quad (8.1\text{-}5)$$

式中：σ_t^2——条件方差随时间变化；

ω——常数；

α_i 和 β_j——条件方差方程的参数；

$\{\varepsilon_t\}$——均值为 0，方差为 1 的独立同分布随机变量序列，通常假定 ε_t 是标准正态分布或者标准化的学生－t 分布或者广义误差分布。

（3）AR-GARCH 模型

对于一个 AR（p）—GARCH（m, s）模型，可定义为：

$$\begin{cases} e_t = \sum_{i=1}^{p} \varphi_i e_{t-i} + a_t \\ a_t = \sigma_t \varepsilon_t \\ \sigma_t^2 = \omega + \sum_{i=1}^{m} \alpha_i a_{t-i}^2 + \sum_{j=1}^{s} \beta_j \sigma_{t-j}^2 \end{cases} \quad (8.1\text{-}6)$$

式中各参数含义同上。

8.1.5 应用实践

本节以宜昌市黄柏河流域为例进行说明。

(1)玄庙观水库

共收集处理3场洪水,其中选取2场洪水过程进行新安江模型参数率定,1场洪水进行模型验证。

1)率定期

新安江模型在率定期的模拟值与实测值基本重合,洪峰合格率达到100%,平均确定性系数达到100%,峰现时间合格率达到100%(以3h以内为合格),模拟精度较高,能够满足生产实际需求(表8.1-1)。

表 8.1-1 新安江模型参数率定结果

洪水场次	洪峰流量相对误差/%	峰现时间误差/h	确定性系数
20231006	−1.8	−3	0.81
20231002	−18.2	0	0.911

2)验证期

新安江模型在验证期的模拟值与实测值基本重合,洪峰合格率达到100%,确定性系数合格率达到100%,峰现时间合格率达到100%(以3h以内为合格),模拟精度较高,能够满足生产实际需求(表8.1-2)。

表 8.1-2 新安江模型验证结果

洪水场次	洪峰流量相对误差/%	峰现时间误差/h	确定性系数
20230923	−19.2	2	0.84

(2)天福庙水库

天福庙水库在2012—2023年共收集处理8场洪水,其中选取6场洪水过程进行新安江模型参数率定,2场洪水进行模型验证。

1)率定期

新安江模型在率定期的模拟值与实测值基本重合,洪峰合格率达到83.3%,平均确定性系数达到100%,峰现时间合格率达到100%(以3h以内为合格),模拟精度较高,能够满足生产实际需求(表8.1-3)。

表 8.1-3 新安江模型参数率定结果

洪水场次	洪峰流量相对误差/％	峰现时间误差/h	确定性系数
20231005	−2.8	0	0.87
20220321	−20	1	0.80
20210831	−0.8	0	0.96
20201002	−34	0	0.81
20200702	−18.1	1	0.76
20150715	−18.6	0	0.83

2）验证期

新安江模型在验证期的模拟值与实测值基本重合，洪峰合格率达到 100％，确定性系数合格率达到 100％，峰现时间合格率达到 100％（以 3h 以内为合格），模拟精度较高，能够满足生产实际需求（表 8.1-4）。

表 8.1-4 新安江模型参数率定结果

洪水场次	洪峰流量相对误差/％	峰现时间误差/h	确定性系数
20231001	−6.7	0	0.83
20200706	−14.8	1	0.94

（3）西北口水库

西北口水库在 2012—2023 年共收集处理 8 场洪水，其中选取 6 场洪水过程进行新安江模型参数率定，2 场洪水进行模型验证。

1）率定期

新安江模型在率定期的模拟值与实测值基本重合，洪峰合格率达到 100％，确定性系数合格率达到 83.3％，峰现时间合格率达到 83.3％（以 3h 以内为合格），模拟精度较高，能够满足生产实际需求（表 8.1-5）。

表 8.1-5 西北口水库参数率定结果

洪水场次	洪峰流量相对误差/％	峰现时间误差/h	确定性系数
20200821	−17.9	0	0.74
20171012	−12.8	−5	0.69
20160805	−4.3	3	0.87
20150630	−11.8	0	0.88
20140902	−9.6	1	0.89
20140831	−9.7	−1	0.91

2）验证期

新安江模型在验证期的模拟值与实测值基本重合，洪峰合格率达到100%，确定性系数合格率达到100%，峰现时间合格率达到100%（以3h以内为合格），模拟精度较高，能够满足生产实际需求（表8.1-6）。

表8.1-6　　　　　　　　　　　　西北口水库模型验证结果

洪水场次	洪峰流量相对误差/%	峰现时间误差/h	确定性系数
20210827	−15.9	0	0.82
20171005	−12.2	−2	0.86

（4）尚家河水库

尚家河水库在2012—2023年共收集处理8场洪水，其中选取6场洪水过程进行新安江模型参数率定，2场洪水进行模型验证。

1）率定期

率定期的模拟值与实测值基本重合，洪峰合格率达到83.3%，确定性系数合格率达到83.3%，峰现时间合格率达到100%（以3h以内为合格），模拟精度较高，能够满足生产实际需求（表8.1-7）。

表8.1-7　　　　　　　　　　　　尚家河水库参数率定结果

洪水场次	洪峰流量相对误差/%	峰现时间误差/h	确定性系数
20230616	−15.3	0	0.80
20210827	12.2	−2	0.89
20180624	−27.8	1	0.71
20171005	3.8	−2	0.76
20160719	−5.3	0	0.64
20140806	−12	1	0.72

2）验证期

模拟值与实测值基本重合，洪峰合格率达到100%，确定性系数合格率达到100%，峰现时间合格率达到100%（以3h以内为合格），模拟精度较高，能够满足生产实际需求（表8.1-8）。

表8.1-8　　　　　　　　　　　　尚家河水库模型验证结果

洪水场次	洪峰流量相对误差/%	峰现时间误差/h	确定性系数
20200821	8.5	0	0.95
20150715	−10.9	0	0.92

8.2 防洪调度高保真高效率预演技术

集成流域干支流关键水情断面、汇水区间的洪水预报成果,对防洪调度模型(包括常规防洪调度模拟模型、防洪优化调度模型)、一维水动力模型、二维水动力模型、灾损评估模型进行无缝耦合,构建"防洪调度——二维水动力推演—灾损评估"一体化模型,协同考虑流域各洪水要素间的相互影响。其中,防洪调度模型涵盖常规防洪调度模拟模型、防洪优化调度模型,可分别支撑水库调度风险的正向预演、水库调度运用方案的逆向推演;支持水库群的联合调度,可充分发挥各水库的防洪潜能;水动力推演模型可实现淹没风险区二维水动力、其余河段一维水动力的耦合计算,且二维水动力采用基于 GPU 的并行加速计算技术,可减少地理空间数据采集需求、改善模拟精度、提高计算速度。上述技术可实现流域防洪调度的高保真、高效率预演,辅助防洪调度科学决策。

8.2.1 水库防洪调度模型

水库是所有防洪工程中对洪水的控制能力和调节作用最强的防洪工程,水库防洪调度技术统筹水库上下游的安全,在权衡安全性与经济性的基础上,决策水库的蓄泄过程。水库防洪调度模型以调洪演算算法为核心,可基于水库的控泄方案(包括闸门控制、泄量控制、规程控制等)对水库的水位/下泄流量过程进行模拟分析;也可结合优化算法,基于防洪调度目标与预设的水量平衡、泄流能力等约束对水库的控泄方案进行寻优计算,得到目标条件下的最优控泄方案及相应的水位/下泄流量过程。前者称为常规防洪调度模型,后者称为防洪优化调度模型。

8.2.1.1 调洪演算算法

入库洪水流经水库时,水库容积对洪水的拦蓄、滞留作用,以及泄水建筑物对出库流量的制约或控制作用,将使出库洪水过程产生变形。与入库洪水过程相比,出库洪水的洪峰流量显著减小,洪水过程历时大大延长。这种入库洪水流经水库产生的上述洪水变形,称为水库洪水调节。水库调洪计算的目的是在已拟定泄洪建筑物及已确定防洪限制水位(或其他的起调水位)的条件下,用给出的入库洪水过程、泄洪建筑物的泄洪能力曲线及库容曲线等基本资料,按规定的防洪调度规则,推求水库的泄流过程、水库水位过程及相应的最高调洪水位和最大下泄流量。

若水库不承担下游防洪任务,那么水库调洪计算的任务是研究和选择能确保水工建筑物安全的调洪方式,并配合泄洪建筑物的形式、尺寸和高程的选择,最终确定水库的设计洪水位、校核洪水位、调洪库容及两种情况下相应的最大泄流量。若水库担负下游防洪任务,首先应根据下游防洪保护对象的防洪标准、下游河道安全泄量、坝址至防洪点控制断面之间的区间入流情况,配合泄洪建筑物形式和规模,合理拟定水库的泄流方式,确定水库的防洪库容及其相应的防洪高水位;其次,根据下游防洪对泄洪方式的要求,进一步拟定为保证水工建筑物安全的泄洪方式,经调洪计算,确定水库的设计洪水位与校核洪水位及相应的调洪库容。

(1)水库调洪基本公式

洪水进入水库后形成的洪水波运动,其水力学性质属于明渠渐变不恒定流。常用的调洪计算方法往往忽略库区回水水面比降对蓄水容积的影响,只按水平面的近似情况考虑水库的蓄水容积(即静库容)。水库调洪计算的基本公式为水量平衡方程式:

$$\frac{1}{2}(Q_t + Q_{t+1})\Delta t - \frac{1}{2}(q_t + q_{t+1})\Delta t = V_{t+1} - V_t \qquad (8.2\text{-}1)$$

式中:Δt——计算时段长度(s);

Q_t、Q_{t+1}——t 时段初、末的入库流量,m^3/s;

q_t、q_{t+1}——t 时段初、末的出库流量,m^3/s;

V_t、V_{t+1}——t 时段初、末水库蓄水量,m^3。

当已知水库入库洪水过程线时,Q_t、Q_{t+1} 均为已知;V_t、q_t 则是计算时段 t 开始的初始条件。于是,式中仅 V_{t+1}、q_{t+1} 为未知数。必须配合水库泄流方程 $q = f(V)$ 与上式联立求解 V_{t+1}、q_{t+1} 的值。当水库同时为兴利用水而泄放流量时,水库泄流量应计入这部分兴利泄流量。假设暂不计兴利泄流量,若为堰流,则下泄流量的计算公式为

$$q_1 = \varepsilon m B h_1 \sqrt{2gh_1} \qquad (8.2\text{-}2)$$

式中:ε——侧收缩系数;

m——流量系数;

B——溢洪道宽;

h_1——堰上水头。

若为孔口出流,则泄流公式为

$$q_2 = \mu\omega\sqrt{2gh_2} \qquad (8.2\text{-}3)$$

式中:μ——孔口出流系数;

ω——孔口出流面积;

h_2——孔口中心水头。

由式(8.2-2)或式(8.2-3)所反映泄流量 q 与泄洪建筑物水头 h 的函数关系可转换为泄流量 q 与库水位 Z 的关系曲线 $q = f(Z)$。借助于水库容积特性 $V = f(Z)$,可

进一步求出水库下泄流量 q 与蓄水容积 V 的关系，即

$$q = f(V) \tag{8.2-4}$$

下面说明如何进行一次洪水的水库调洪计算。图中 $Q-t$ 为入库洪水过程线；$q-t$ 为水库调洪计算需要推求的出库流量过程线。设 t 为计算过程的面临时段，由入库洪水资料可知时段初、末流量 Q_t、Q_{t+1} 的数值，V_t、q_t 为该时段已知的初始条件。水库蓄水量的增量 $\Delta V = V_{t+1} - V_t$。利用式(8.2-1)、式(8.2-4)可求解时段末的水库蓄水量 V_{t+1} 和相应的出库流量 q_{t+1}。前一个时段的 V_{t+1}、q_{t+1} 求出后，其值即成为后一时段的 V_t、q_t 值，使计算有可能逐时段地连续进行下去。必须指出，上述水库调洪计算中采用的泄流函数式 $q = f(V)$ 是基于泄洪设施为自由溢流的条件建立的。所谓自由溢流是指泄洪设施不设闸门，或虽设有闸门，但闸门达到的开度不对水流形成制约的情况。

（2）水库调洪演算龙格—库塔数值解法

水库调洪演算多采用试算法、图解法或相关图法，如常用的蓄率中线法即为图解法的一种。试算法进行调洪计算在试算前需要绘制水位库容及水位下泄流量关系曲线，试算过程中要反复计算和查读曲线，其缺点是试算工作量大，不容易求出下泄过程，同时反复查读曲线容易引起计算误差。这些方法的原理都是通过图解和求解相关水量平衡方程，但计算工作量大、效益低、在编程灵活性、调算精度方面存在一定的局限性。随着计算机在内存容量、计算速度等方面的快速发展，为采用数值算法更为直接地求解水量平衡方程提供了有利条件。本书水库调洪演算采用龙格—库塔数值解法，当水库的下泄流量随着库水位的变化而变化时，已知时段内的平均入库流量、时段初的库水位与出库流量，求解水库时段末水位和出库流量。数值解法的优点是适合计算机程序设计、能充分发挥计算机优越性能，在计算机实时洪水调度计算过程中，不存在其他算法在试算或迭代过程中可能出现的计算不收敛的"死循环"情况，计算精度高、速度快，适用于多泄流设备、变泄流方式、变计算时段等复杂情况下的调洪计算，便于应用计算机进行求解。此方法不需作图与试算，使用便于编制通用的程序模块，可以大大提高调洪演算的速度和精度，使洪水调度方案的生成更快速、更准确。

若假定水库水位为水平起落，则水库调洪计算的实质，仍是对下列微分方程的求解，即

$$\frac{\mathrm{d}V(Z)}{\mathrm{d}t} = Q(t) - q(Z) \tag{8.2-5}$$

式中：$Q(t)$ —— t 时刻入库流量；

$q(Z)$ —— 库水位为 Z 时通过泄水建筑物的泄流量；

$Z = Z(t)$——时间 t 的函数；

$V(Z)$——库水位为 Z 时的库容。

若已知 n 时段内的预报入库平均流量 Q_n，n 时段初的水位 Z_{n-1} 与库容 V_{n-1}，时段初的泄流量 $q(Z_{n-1})$，泄流设备的开启状态，则应用定步长四阶龙格—库塔法求解式(8.2-4)，可求得 n 时段末的库容 V_n，即

$$V_n = V_{n-1} + \frac{1}{6}[k_1 + 2(k_2 + k_3) + k_4] \qquad (8.2\text{-}6)$$

式中：

$$\begin{cases} k_1 = h_n[Q_n - q(Z(V_{n-1}))] \\ k_2 = h_n\left[Q_n - q\left(Z\left(V_{n-1} + \dfrac{k_1}{2}\right)\right)\right] \\ k_3 = h_n\left[Q_n - q\left(Z\left(V_{n-1} + \dfrac{k_2}{2}\right)\right)\right] \\ k_4 = h_n[Q_n - q(Z(V_{n-1} + k_3))] \end{cases} \qquad (8.2\text{-}7)$$

式中：$Z(\cdot)$——由库容在水库水位—库容关系曲线上用插值法求得；

$q(\cdot)$——由水库水位—泄流量关系曲线，通过插值法求得；

h_n——n 时段的时段长；

N——调洪计算的总时段数，$n = 1, 2, \cdots, N$。

式(8.2-5)和式(8.2-6)中，流量的单位为 $\mathrm{m^3/s}$，水位的单位为 m；水量的单位为 $\mathrm{m^3}$；时段长的单位为 s。求得 V_n 后，即可求得 Z_n，从而求得水库水位、库容与泄洪量随时间的变化过程。

（3）水库库容曲线和泄流曲线的处理

在规划设计工作中，水库的特性曲线 $V = f(Z)$ 和 $q = f(V)$ 一般不是以连续曲线的形式给出，而是以离散的列表函数形式给出。所以采用数值解析法进行调洪计算时，首先要解决如何处理离散型的库容曲线与泄流曲线问题。从试算法可知水位—库容曲线和库容—泄流曲线都为单一曲线。根据单一曲线的线型结合给出的水库水位—库容结点，利用插值法进行计算。一般常用的插值法有拉格朗日法、埃尔米特插值、样条插值、逐次线性插值法等。其中，拉格朗日插值法是比较简单的最常用的方法之一，一般选用拉格朗日插值公式进行计算就可以取得满意的结果。多项式插值一般随着插值多项式次数的增高，计算精度相应提高，考虑到库容—泄流和水位—库容曲线都比较简单。根据试算比较发现用二次插值就能完全满足精度要求。对于多项式插值公式，当 $n = 2$ 时，得到水位—库容曲线二次插值函数：

$$V(Z) = V_0 \frac{(Z - Z_1)(Z - Z_2)}{(Z_0 - Z_1)(Z_0 - Z_2)} + V_1 \frac{(Z - Z_0)(Z - Z_2)}{(Z_1 - Z_0)(Z_1 - Z_2)} + V_2 \frac{(Z - Z_0)(Z - Z_1)}{(Z_2 - Z_0)(Z_2 - Z_1)}$$

$$(8.2\text{-}8)$$

式中：$V(Z)$——水库库容；

Z——水库水位。

8.2.1.2 常规防洪调度模型

（1）规则调度模型

每一个水库都有既定的调度规则，这些调度规则大多是以水位为指标的分级调度原则，或者是以入库流量为控制的分级调度原则。在规划设计时，大多未考虑预报因素，是相对保守的调度方式。在大多数情况下，实时预报调度方式的效果比规则调度方式好。但规则调度是绝对安全可靠的，人们常常把它作为考核预报调度模型效果的基础方案。

按规则调度时，泄流量通常是已知的，水量平衡方程求解比较方便，只需考虑泄洪设施的泄流能力约束。

（2）泄量控制模型

泄量（出库流量）控制调度是通过人工输入出库流量，以此为初始值进行连续演算，计算库水位变化过程，为水库的防洪调度提供一定的参考，可以基本满足日常工作的需要。

坝址至防洪控制点区间洪水很小甚至可忽略时，对于给定的相应于下游防洪标准的入库洪水，可按下游防洪控制点安全泄流量采取固定泄量控制的洪水调度方式。

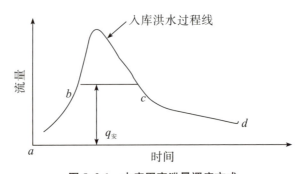

图 8.2-1　水库固定泄量调度方式

（3）闸门控制模型

闸门控制调度是通过人工选择出流方式和输入泄洪洞个数、溢洪道个数、闸门开度。由闸门开度推求出库流量，以此为初始值进行连续演算，为水库的防洪调度提供一定的参考，可以基本满足日常工作的需要。

8.2.1.3 防洪优化调度模型

水库防洪调度的目标有多种，如：

①最大削峰优化调度：在保障水库大坝安全的前提下，应满足防洪的要求，最大可能地削减洪峰流量，使下游防洪控制断面的过流尽可能均匀。

②剩余防洪库容最大优化调度：尽可能保障水库大坝的安全，使得水库有最大的剩余防洪库容用以拦蓄洪水。

（1）最大削峰优化调度模型

该模型优先考虑目标2超防洪控制点安全泄量的流量平方和最小。

1）优化调度目标

目标一：超防洪控制点安全泄量的流量平方和最小。假设流域有两个防洪控制点，则其目标函数为

$$f_1 = \min\left[\sum_{t=0}^{T}(\max\{0, Q_{s,t}^{H1} - Q_{safe}^{H1}\})^q + \sum_{t=0}^{T}(\max\{0, Q_{s,t}^{H1} - Q_{safe}^{H2}\})^q\right]$$

(8.2-9)

式中：$Q_{s,t}^{H1}$、$Q_{s,t}^{H2}$——防洪控制点1、2在时刻 t 的流量；

Q_{safe}^{H1}、Q_{safe}^{H2}——防洪控制点1、2的河道安全泄量；

q——违反程度的惩罚系数，当 $q=1$ 时，违反程度线性惩罚，仅仅关注违反程度总量最小；当 $q=2$ 时，违反程度二次方惩罚，此时违反程度会采取宽浅式破坏，不会出现集中式限制违反。

目标二：各水库下泄流量平方和最小。假设流域有3个水库参与调度，则其目标函数为

$$f_2 = \min\left[\sum_{t=0}^{T}(Q_{s,t}^{R1})^2 + \sum_{t=0}^{T}(Q_{s,t}^{R2})^2 + \sum_{t=0}^{T}(Q_{s,t}^{R3})^2\right] \quad (8.2\text{-}10)$$

式中：$Q_{s,t}^{R1}$、$Q_{s,t}^{R2}$、$Q_{s,t}^{R3}$——水库1、2、3在时刻 t 的下泄流量。

目标三：防洪预留库容最大：

$$f_3 = \max\left[\max\{0, V_{design}^{R1} - V_{\max}^{R1}\} + \max\{0, V_{design}^{R2} - V_{\max}^{R2}\} + \max\{0, V_{design}^{R3} - V_{\max}^{R3}\}\right]$$

(8.2-11)

式中：$V_{\max}^{R1}$、$V_{\max}^{R2}$、$V_{\max}^{R3}$——水库1、2、3在调度期的最大库容。

目标四：闸门动作次数最小：

$$f_4 = \min(Num^{R1} + Num^{R2} + Num^{R3}) \quad (8.2\text{-}12)$$

式中：Num^{R1}、Num^{R2}、Num^{R3}——水库1、2、3的闸门动作次数。

2）约束条件

约束一：水量平衡约束：

$$V_{i,t} = V_{i,t-1} + (I_{i,t} - O_{i,t})\Delta t \quad (8.2\text{-}13)$$

$$I_{i,t} = q_{i,t} + O_{i-1,t} \quad (8.2\text{-}14)$$

式中：$V_{i-1,t}$、$V_{i,t}$——第 i 座水库第 t 个时段的初、末库容，m^3；

$I_{i,t}$、$O_{i,t}$、$q_{i,t}$——第 i 座水库在时段 t 的入库、出库、区间来水流量，m^3/s；

Δt——在调度周期的时段间隔，s。

约束二：水位约束：

$$Z_i^{\min} \leqslant Z_{i,t} \leqslant Z_i^{\max} \tag{8.2-15}$$

式中：$Z_{i,t}$——第 i 座水库第 t 个时段坝前水位，m；

$Z_i^{\max}$、$Z_i^{\min}$——第 i 座水库坝前水位的上、下限，m。

约束三：调度边界约束：

$$Z_{i,0} = Z_i^{begin}, Z_{i,T} = Z_i^{end} \tag{8.2-16}$$

式中：Z_i^{begin}、Z_i^{end}——是第 i 座水库的调度期起调、汛末水位，m。

约束四：泄流能力约束：

$$0 \leqslant Q_{i,t} \leqslant Q_i^{\max}[Z_{i,t}] \tag{8.2-17}$$

式中：$Q_i^{\max}[Z_{i,t}]$——第 i 个水库在第 t 时刻的水位所对应的最大泄流能力，m^3/s。

（2）剩余防洪库容最大优化调度模型

1）优化调度目标

目标一：防洪预留库容最大。假设流域有 3 个水库参与调度，则其目标函数为

$$f_1 = \max\left[\max\{0, V_{design}^{R1} - V_{\max}^{R1}\} + \max\{0, V_{design}^{R2} - V_{\max}^{R2}\} + \max\{0, V_{design}^{R3} - V_{\max}^{R3}\}\right] \tag{8.2-18}$$

式中：$V_{\max}^{R1}$、$V_{\max}^{R2}$、$V_{\max}^{R3}$——水库 1、2、3 在调度期的最大库容。

目标二：超防洪控制点安全泄量的流量平方和最小。假设流域有两个防洪控制点，则其目标函数为

$$f_2 = \min\left[\sum_{t=0}^{T}(\max\{0, Q_{s,t}^{H1} - Q_{safe}^{H1}\})^q + \sum_{t=0}^{T}(\max\{0, Q_{s,t}^{H1} - Q_{safe}^{H2}\})^q\right] \tag{8.2-19}$$

式中：$Q_{s,t}^{H1}$、$Q_{s,t}^{H2}$——防洪控制点 1、2 在时刻 t 的流量；

Q_{safe}^{H1}、Q_{safe}^{H2}——防洪控制点 1、2 的河道安全泄量；

q——违反程度的惩罚系数，当 $q=1$ 时，违反程度线性惩罚，仅仅关注违反程度总量最小；当 $q=2$ 时，违反程度二次方惩罚，此时违反程度会采取宽浅式破坏，不会出现集中式限制违反。

目标三：各水库下泄流量平方和最小：

$$f_3 = \min\left[\sum_{t=0}^{T}(Q_{s,t}^{R1})^2 + \sum_{t=0}^{T}(Q_{s,t}^{R2})^2 + \sum_{t=0}^{T}(Q_{s,t}^{R3})^2\right] \tag{8.2-20}$$

式中：$Q_{s,t}^{R1}$、$Q_{s,t}^{R2}$、$Q_{s,t}^{R3}$——水库 1、2、3 在时刻 t 的下泄流量。

目标四:闸门动作次数最小:

$$f_4 = \min(Num^{R1} + Num^{R2} + Num^{R3}) \qquad (8.2-21)$$

式中:Num^{R1}、Num^{R2}、Num^{R3}——水库1、2、3的闸门动作次数。

2)约束条件

约束一:水量平衡约束:

$$V_{i,t} = V_{i,t-1} + (I_{i,t} - O_{i,t})\Delta t \qquad (8.2-22)$$

$$I_{i,t} = q_{i,t} + O_{i-1,t} \qquad (8.2-23)$$

式中:$V_{i-1,t}$、$V_{i,t}$——第 i 座水库第 t 个时段的初、末库容,m^3;

$\qquad I_{i,t}$、$O_{i,t}$、$q_{i,t}$——第 i 座水库在时段 t 的入库、出库、区间来水流量,m^3/s;

$\qquad \Delta t$——在调度周期的时段间隔,s。

约束二:水位约束:

$$Z_i^{\min} \leqslant Z_{i,t} \leqslant Z_i^{\max} \qquad (8.2-24)$$

式中:$Z_{i,t}$——第 i 座水库第 t 个时段坝前水位,m;

$\qquad Z_i^{\max}$、$Z_i^{\min}$——第 i 座水库坝前水位的上、下限,m。

约束三:调度边界约束:

$$Z_{i,0} = Z_i^{begin}, Z_{i,T} = Z_i^{end} \qquad (8.2-25)$$

式中:Z_i^{begin}、Z_i^{end}——第 i 座水库的调度期起调、汛末水位,m。

约束四:泄流能力约束:

$$0 \leqslant Q_{i,t} \leqslant Q_i^{\max}[Z_{i,t}] \qquad (8.2-26)$$

式中:$Q_i^{\max}[Z_{i,t}]$——第 i 个水库在第 t 时刻的水位所对应的最大泄流能力,m^3/s。

8.2.2 洪水演进模型

8.2.2.1 一维水动力模型

一维水动力模型的控制方程由对任一控制体取质量守恒定律及动量守恒定理得到。假设有一控制表面系统包围一个控制体积,并使控制体积的内部和外部是被唯一定义的。通过控制表面由外部进入控制体积的流体净质量,等于这一体积所增加的净质量;作用于控制体积的冲量与通过控制表面的进出流体净动量的矢量和等于这一体积内的动量增量。

由质量守恒定律推导得到水流连续方程,由动量守恒定律推导得到水流动量方程。连续方程与动量方程共同组成一维非恒定水流的基本方程,又称为圣维南(Saint Venant)方程。方程如下:

水流连续方程:

$$\frac{\partial Z}{\partial t} + \frac{1}{B}\frac{\partial Q}{\partial x} = \frac{q}{B} \tag{8.2-27}$$

水流运动方程：

$$\frac{\partial Q}{\partial t} + gA\frac{\partial Z}{\partial x} + \frac{\partial}{\partial x}(\beta uQ) + g\frac{Q^2}{c^2 AR} = 0 \tag{8.2-28}$$

式中：x——里程，m；

$\quad t$——时间，s；

$\quad Z$——水位，m；

$\quad B$——过水断面水面宽度，m；

$\quad Q$——流量，m^3/s；

$\quad q$——侧向单宽流量，m^2/s，正值表示流入，负值表示流出；

$\quad A$——过水断面面积，m^2；

$\quad g$——重力加速度，m/s^2；

$\quad u$——断面平均流速；

$\quad \beta$——校正系数；

$\quad R$——水力半径；

$\quad c$——谢才系数；

$\quad n$——曼宁糙率系数。

对一维非恒定水流的连续方程与动量方程采用有限差分法中的 Preissmann 隐式格式进行离散，Preissmann 四点隐格式的基本思想是对相邻的四点平均向前差分。对 t 的微商取相邻节点上向前时间差商的平均值，对 x 的微商则取相邻两向前空间差商的平均值或加权平均值。具体形式如下：

$$\begin{cases} \dfrac{\partial f}{\partial x} = \theta\dfrac{f_{j+1}^{n+1} - f_j^{n+1}}{\Delta x} + (1-\theta)\dfrac{f_{j+1}^n - f_j^n}{\Delta x} \\ \dfrac{\partial f}{\partial t} = \dfrac{f_{j+1}^{n+1} + f_j^{n+1} - f_{j+1}^n - f_j^n}{2\Delta t} \end{cases} \tag{8.2-29}$$

式中：f——任一函数；

$\quad \theta$——权重因子，其值为小于或等于 1 的整数；

$\quad J$——空间坐标方向；

$\quad n$——时间坐标方向。

根据上述关系可将连续方程离散为

$$Q_{j+1}^{n+1} - Q_j^{n+1} + C_j Z_{j+1}^{n+1} + C_j Z_j^{n+1} = D_J \tag{8.2-30}$$

其中：

$$C_j = \frac{B_{j+\frac{1}{2}}^n \Delta x_j}{2\Delta t\theta} \tag{8.2-31}$$

$$D_j = \frac{q_{j+\frac{1}{2}}}{\theta} - \frac{1-\theta}{\theta}(Q_{j+1}^n - Q_j^n) + C_J(Z_{j+1}^n + Z_j^n) \tag{8.2-32}$$

可将动量方程离散为：

$$E_j Q_j^{n+1} + G_j Q_{j+1}^{n+1} + F_j Z_{j+1}^{n+1} - F_j Z_j^{n+1} = \varphi_J \tag{8.2-33}$$

其中：

$$E_j = \frac{\Delta x_j}{2\theta \Delta t} - (\alpha u)_j^n + \left(\frac{g|u|}{2\theta c^2 R}\right)_{j+1}^n \Delta x_j \tag{8.2-34}$$

$$G_j = \frac{\Delta x_j}{2\theta \Delta t} + (\alpha u)_j^n + \left(\frac{g|u|}{2\theta c^2 R}\right)_{j+1}^n \Delta x_j \tag{8.2-35}$$

$$F_j = (gA)_{j+\frac{1}{2}}^n \tag{8.2-36}$$

$$\varphi_j = \frac{\Delta x_j}{2\theta \Delta t}(Q_{j+1}^n + Q_j^n) - \frac{1-\theta}{\theta}\left[(\alpha uQ)_{j+1}^n - (\alpha uQ)_j^n\right] - \frac{1-\theta}{\theta}(gA)_{j+\frac{1}{2}}^n(Z_{j+1}^n - Z_j^n)$$

$$\tag{8.2-37}$$

河网计算在隐式离散的基础上采用"分级联解法"。"分级联解法"的本质是利用河段离散方程的递推关系，建立汊点的离散方程并求解，其算法基本原理为：首先将河段内相邻两断面之间的每一微段上的圣维南方程组离散为断面水位和流量的线性方程组；通过河段内相邻断面水位与流量的线性关系和线性方程组的自消元，形成河段首末断面以水位和流量为状态变量的河段方程；再利用汊点相容方程和边界方程，消去河段首、末断面的某一个状态变量，形成节点水位（或流量）的节点方程组；最后对简化后的方程组采用追赶法求解。

网状河道的汊点是相关支流汇入或流出点。汊点处的水流情况通常较复杂，目前对河网进行非恒定流计算时，通常使用近似处理方法，即汊点处各支流水流要同时满足流量衔接条件和动力衔接条件：

流量衔接条件：

$$\sum_{i=1}^m Q_i = 0 \tag{8.2-38}$$

动力衔接条件：

$$Z_1 = Z_2 = \cdots = Z_m \tag{8.2-39}$$

式中：Q——汊点第 i 条支流流量，流入为正，流出为负；

Z_i——汊点第 i 条支流的断面平均水位；

m——汊点处的支流数量。

8.2.2.2 二维水动力模型

主要基于二维圣维南浅水方程组进行计算，由连续性方程和动量方程组成，将其

用守恒量代替,则方程组的形式可表示为

$$\frac{\partial U}{\partial t} + \frac{\partial E^{adv}}{\partial x} + \frac{\partial G^{adv}}{\partial y} = \frac{\partial E^{diff}}{\partial x} + \frac{\partial G^{diff}}{\partial y} + S \qquad (8.2\text{-}40)$$

式中的各个守恒量可以表示为以下形式:

$$U = [h, hu, hv]^{\mathrm{T}} \qquad (8.2\text{-}41)$$

$$E^{adv} = [hu, hu^2 + 0.5g(h^2 - b^2), huv]^{\mathrm{T}} \qquad (8.2\text{-}42)$$

$$E^{diff} = \left[0, \frac{2hv_t \partial u}{\partial x}, hv_t\left(\frac{\partial u}{\partial y} + \frac{\partial v}{\partial x}\right)\right]^{\mathrm{T}} \qquad (8.2\text{-}43)$$

$$G^{adv} = [hv, huv, hv^2 + 0.5g(h^2 - b^2)]^{\mathrm{T}} \qquad (8.2\text{-}44)$$

$$G^{diff} = \left[0, hv_t\left(\frac{\partial u}{\partial y} + \frac{\partial v}{\partial x}\right), \frac{2hv_t \partial v}{\partial y}\right]^{\mathrm{T}} \qquad (8.2\text{-}45)$$

式中:h——水深;

u——水流沿 x 方向垂线平均速度矢量分量;

v——水流沿 y 方向垂线平均速度矢量分量;

b——河床的底部高程;

g——重力加速度;

v_t——水平方向上的紊动黏性系数。

S 表示因各类气象要素或水文要素驱动条件造成的其他源项输入,如大气风场、大气压场、降雨径流流量输入等,可以表示为如下形式:

$$S = \begin{bmatrix} 0 \\ g(h+b)S_{0x} - ghS_{fx} + fhv + \tau_x^s + gh\frac{\partial p}{\partial x} \\ g(h+b)S_{0y} - ghS_{fy} - fhu + \tau_y^s + gh\frac{\partial p}{\partial y} \end{bmatrix} \qquad (8.2\text{-}46)$$

式中:S_{0x} 和 S_{0y}——x 和 y 方向上的河床底坡,其表达式为 $S_{0x} = -\partial b/\partial x$ 以及 $S_{0y} = -\partial b/\partial y$;

S_{fx} 和 S_{fy}——x 和 y 方向上的底部摩擦损耗,由糙率、水深以及流速等因素决定;

f——柯氏力系数,根据网格中各节点的地理纬度确定;

τ_x^s 和 τ_y^s——x 和 y 方向上的风应力,通常是由 10m 高大气风场的风速及相关系数求得;

p——由大气气压变化所引起的水面静压升高量(负数则为降低量)。

8.2.2.3　一二维耦合水动力模型

一二维耦合水动力模型主要包含正向耦合和侧向耦合两种耦合模型,两种模式的主要区别在于一维河道边界与二维模型区域的水流交换方式不同。为保障耦合计算的准确性与高效性,采用施瓦茨方法进行耦合迭代计算(见图8.2-2),其中A、B模型分别指代一维、二维水动力模型)。施瓦茨方法将耦合事件的时间范围分割成一个时间间隔序列(如区间t_1至t_2),在每个区间内,分别调用一维水动力模型、二维水动力模型进行计算。一维水动力模型的计算耗时通常比二维水动力模型短很多,因此在一维水动力模型计算完成后,将等待二维水动力模型完成计算,然后再进行模型之间的数据交换和数据沟通,直到达到耦合模型的收敛标准后,进入下一个耦合区间重复同样的过程。

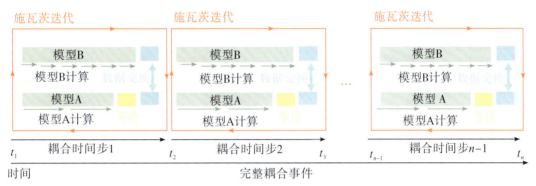

图8.2-2 一二维耦合计算流程图

(1)正向耦合

正向耦合模式下,需要考虑河道上游或下游的边界条件的交互(图8.2-3),在该模式中一二维模型将互为对方提供边界条件并实时进行耦合计算。

针对一二维模型的耦合边界处,两者的边界条件是同时集成的,所使用的具体数据为耦合边界的初始边界条件或者前一个计算时间节点所继承的边界条件;通过定义流量Q或自由水面高度(水位)Z作为变量进行物理量之间的交换计算,直到达到收敛判定条件,如:在模拟亚临界流的情况下,上游一维模型为下游二维模型提供流量作为边界条件,而二维模型经计算后返回水位条件给一维的边界,不断循环往复直至达到收敛区间。可通过如下公式对$[t_1,t_2]$计算时间间隔内的边界交互进行表述:

$$\begin{cases} L_1(S,Q)^k = 0 & \Omega_{1D} \times [t_1;t_2] \\ S_{1D}^k = A_{21}(h_{2D}^{k-1}) & \Gamma \times [t_1;t_2] \end{cases} \tag{8.2-27}$$

$$\begin{cases} L_2(h,u,v)^k = 0 & \Omega_{2D} \times [t_1;t_2] \\ (u,v)_{2D}^k = B_{12}(Q_{1D}^{k-1}) & \Gamma \times [t_1;t_2] \end{cases} \tag{8.2-28}$$

式中:Ω——数据空间;

$\quad\quad \Gamma$——计算时刻;

$\quad\quad A$和B——交换边界;

k——迭代次数；

S——断面湿周；

Q——流量；

u 和 v——X 方向和 Y 方向的垂线平均流速矢量分量；

h——水深。

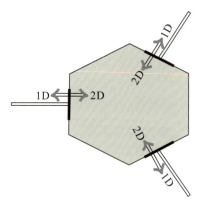

图 8.2-3　正向耦合示意图

（2）侧向耦合

侧向耦合模式下，一维河道的侧边界与二维模型区域的邻近网格节点进行水流交换（图 8.2-4）。

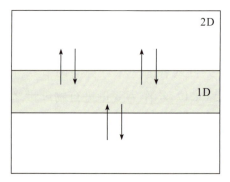

图 8.2-4　侧向耦合示意图

此时主要涉及流量数值的交换，通过堰流公式计算其侧向分流量并不断交换模型数据，直至达到动态平衡。所采用的堰流公式参考：

$$Q_b = \begin{cases} 0.35bh_1\sqrt{2gh_1} & h_2/h_1 \geqslant 3/2 \\ 0.91bh_2\sqrt{2g^2(h_1-h_2)} & h_2/h_1 < 3/2 \end{cases} \tag{8.2-49}$$

$$h_1 = \max(Z_1, Z_2) - Z_b \tag{8.2-50}$$

$$h_2 = \max(\min(Z_1, Z_2) - Z_b, 0) \tag{8.2-51}$$

式中:b——侧堰的宽度;

  h_1、h_2——水位的最高处和最低处;

  Z_1、Z_2——耦合模型计算时的一维河道水位值和二维区域水位值;

  Z_b——河岸的高程。

8.2.3 灾损评估模型应用实践

8.2.3.1 安庆市皖河流域

(1)20160702次洪调度预演

20160702场次洪水为50～75年一遇洪水,洪峰高、洪量大、持续时间长,水库自身及其上、下游防护区存在洪灾风险,是防洪调度的典型应用案例。现实情况下,水库按照调度规程进行泄洪,即于2016年7月1日10时库水位达到82.27m时,启动泄洪洞泄洪;当库水位达到82.8m的汛限水位时,溢洪道8孔闸门全开泄洪。基于规程调度模型,对该调度过程进行模拟,发现花凉亭水库在调度期内的最高水位模拟值为85.81m,比监测值低0.08m;最高水位出现时间模拟值为2016年7月4日18:00,比监测时间晚1h;调度期末水位模拟值为82.66m,比监测值低0.22m(模拟与监测水位过程对比情况见图8.2-5)。另外,此种方案下,花凉亭水库的最大下泄流量达到1809 m³/s,可能会对下游的防洪对象造成一定风险。

图8.2-5 规则调度下花凉亭水库模拟与监测水位过程对比

在规则调度下,花凉亭水库下游的长河段发生堤防溃破,溃破位置在冷家畈附近。经实地调研,溃口于7月3日6时形成,初始深度约4m,宽度约20m;武警抢险合龙失败,溃口不断加大,达到10m深度、50m宽度后保持稳定。溃口导致新仓镇塔山村道路、农田发生淹没,淹没水深约1m,面积达数千亩。淹没期间河道水位很高,距离堤顶高程仅30～50cm;7月7日,其下游的怀宁县域发生圩口溃破,长河水位大幅下降。

利用二维水动力模型对堤防溃破及淹没过程进行了模拟,模拟结果显示,淹没面积 622100m²,约 933.15 亩;最大淹没水深约为 2.42m,平均淹没水深 1.00m。淹没农田面积、淹没水深平均值与调研结果近似一致,证明模型模拟结果可靠(图 8.2-6)。

图 8.2-6 淹没模拟结果

(2)20160706 次洪调度预演

除 20200702 场次洪水外,也利用规则调度模型对 20200706 场次洪水进行了调度计算。根据实际情况,花凉亭水库于 2020 年 7 月 5 日 17 时水位达到 82.8m 时,开启泄洪洞泄洪。因此,设置其起调水位 82.27m、泄洪洞开度最大(全开)进行调度计算,得到其水位与出库流量变化过程。该调度方案下,花凉亭水库在调度期内的最高水位模拟值为 85.95m,比监测值高 0.01m;最高水位出现时间模拟值为 2020 年 7 月 7 日 02:00,比监测时间晚 2h;调度期末水位模拟值为 82.79m,比监测值高 0.01m。模拟与监测水位过程对比见图 8.2-7。

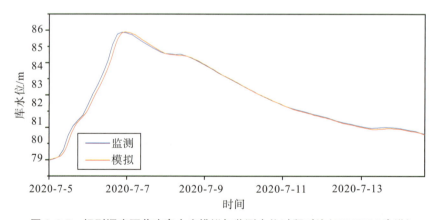

图 8.2-7 规则调度下花凉亭水库模拟与监测水位过程对比(20200706 次洪)

基于一维水动力模型预演花凉亭水库规则调度对下游河道造成的洪水风险。以下游石牌水文站的模拟结果进行说明:场次洪水模拟最高水位 20.54m,比监测值低

0.02m;最高水位出现时间模拟值为2020年7月6日21:00,比监测时间早3h;调度期末水位模拟值为18.33m,比监测值高0.04m。

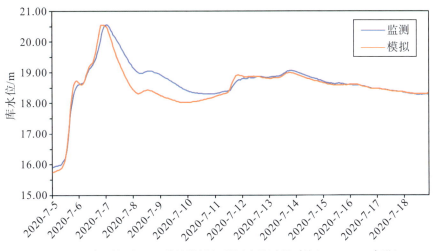

图8.2-8 规则调度下石牌站模拟与监测水位过程对比(20200706次洪)

8.2.3.2 宜昌市黄柏河流域

(1)模型率定

采用2023年10月2日的玄庙观水库开闸数据作为水动力模型的上边界条件,考虑下边界为自由出流,进行模型计算。

经过模型率定,模型在河道内(主槽)的糙率为曼宁系数0.035,在河道外(漫滩及其他区域)为曼宁系数0.04;提取天福庙入库(莲花桥)测站所处断面的流量和水位数据,见图8.2-9。

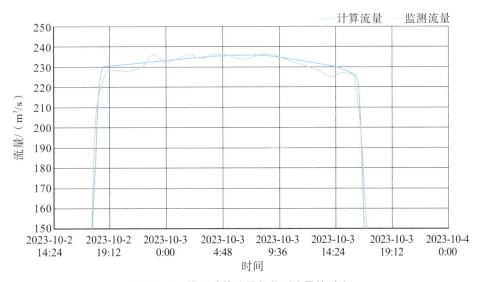

图8.2-9 模型计算流量与监测流量的对比

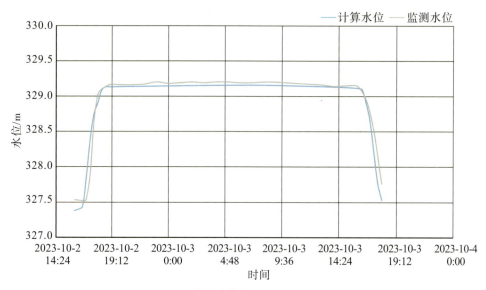

图 8.2-10　模型计算水位与监测水位的对比

通过与《黄柏河流域超标准洪水防御预案》进行比对,在该文档中亦采用河道糙率系数为曼宁系数 0.035,与本书所建模型的参数一致。经过率定后,模型在该场次洪水的 NSE 系数为 0.96,能够满足生产实际需求。

(2)模型验证

采用 2023 年 10 月 6 日的玄庙观水库开闸数据作为水动力模型的上边界条件,考虑下边界为自由出流,进行模型计算,模型的参数与率定成果保持一致,在天福庙入库站的流量和水位过程见图 8.2-11、图 8.2-12。

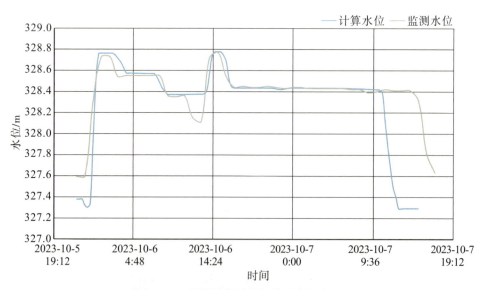

图 8.2-11　模型计算流量与监测流量的对比

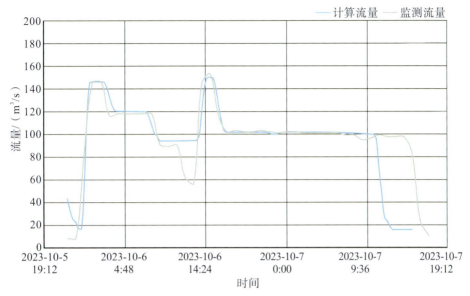

图 8.2-12 模型计算水位与监测水位的对比

可以发现,在洪水末期,2023 年 10 月 7 日 21:00 后,模型的计算结果与实际监测数据相差较大,这可能是由水库在汛期末期的下泄数据记录不完整导致的。

排除 2023 年 10 月 7 日晚 9 点后的数据,模型的计算结果与实际监测数据的 NSE 系数为 0.85,能够满足生产实际需求。

8.3 基于 LBS 的应急避险技术

为突破传统避险转移大量人力复杂统计、信息盲点管理等瓶颈,提高受灾区域人群的识别效率和精度,支撑指导人群应急避险工作,研发了基于多源位置服务(Location based service,简称 LBS)信息和人群画像技术的风险人群精准识别、实时跟踪、快速预警与避险转移路径实时动态优化技术。该技术在传统组织避险撤离的基础上,结合移动互联网、通信运营商等应用信息,提出多源人群数据融合技术,获取人群的位置信息,精准识别洪水风险影响人群位置信息;采用人群画像结合地理信息系统技术,动态绘制涉灾区域内人群特征属性与状态图谱;基于虚拟电子围栏的风险区人群预警技术,及时将洪水风险预警消息推送至风险人群,实时引导撤离至安全区;动态辨识道路拥堵与受淹情况及安置区位置与容量,实现了避险转移时间、路线、安置点等信息的快速实时传递及转移路径和安置方案的实时优化,提高了转移安置的实时性、时效性和有效性。

8.3.1 风险人群精准识别技术

开发防洪避险微信小程序,建立县包乡、乡包村、村包组、组包户"无缝连接"的基层应急避险工作网格化管理平台,实现风险人群信息上报与核查、汛情实时播报与权威发布、汛情风险等级自动更新等功能。综合考虑互联网位置大数据及通信运营商定位大数据在采样频率、成本、定位精度、覆盖范围等方面的优点和特点,将其组成多源数据并融合利用,实现各类数据的相互补充;基于互联网位置大数据及通信运营商定位大数据技术,挖掘洪水淹没区内同期历史人口数据,通过对比分析,验证区域人口数量的合理性;在此基础上,通过广播、电话、短信、高音喇叭等多种通信方式和挨家挨户通知与登记等传统避险技术复核各区域内人群数据,对人群识别信息进一步检验,保障风险人群定位的准确性和全覆盖。

综上,将传统户籍人员识别方法、互联网和通信运营商 LBS 大数据组成多源数据并融合利用,实现风险人群位置信息的实时识别与追踪,消除信息盲点。具体实现方式为:风险区内居民通过短信、微信公众号等方式自主上报个人信息,儿童、老人等没有手机的人群由家人或邻居等有手机用户辅助登记,在此基础上基于 LBS 大数据开发人群精准识别终端应用,在服务支撑层进行标准封装,全面支持腾讯、阿里等互联网公司以及联通、电信、移动等通信运营商的位置大数据接口,采用 GIS 技术导入洪水风险区范围,自动监测和快速获取风险人群位置信息,系统实时自动识别各行政区域(县、镇、村、组)的人口数据,各行政区域管理人员对上报信息复核校正,保证准确度。

当通信中断时,一方面通信运营商采取应急通信车和海事卫星电话等方案进行通信保障,以保证人群位置信息的及时获取;另一方面采用信息化手段与传统登记相结合的方法,避免漏掉部分人员信息。风险人群精准识别技术路线见图 8.3-1。

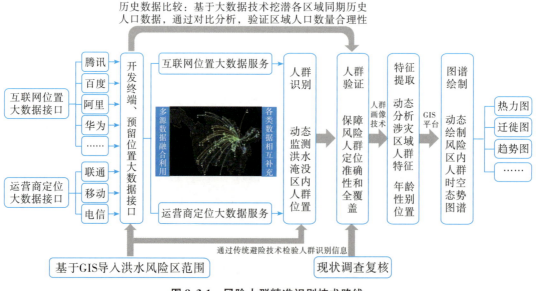

图 8.3-1　风险人群精准识别技术路线

8.3.2 风险人群实时跟踪技术

基于人群画像、人工智能、云计算等技术，动态绘制涉灾区域与安全区域内人群特征图谱（主要包括人群位置、时间、常住地分布等）；基于GIS可视化人群状态图谱，建立洪水风险区的人流热力图，实时掌握受洪水威胁区域内人员聚集、疏散、受困、安置和返迁等情况，动态分析风险人群总数、时空分布及转移趋势，实现风险人群的实时监控与全过程跟踪，为人群的转移避险提供技术支持。风险人群实时跟踪技术路线见图8.3-2。

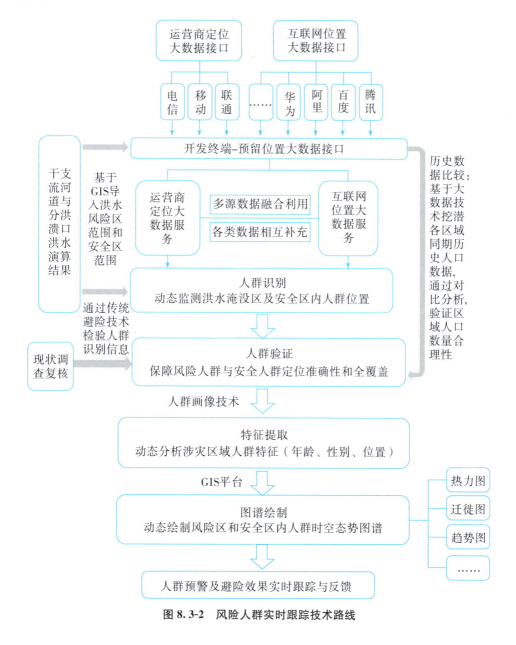

图 8.3-2 风险人群实时跟踪技术路线

8.3.3　风险人群快速预警技术

利用虚拟电子围栏算法对人群位置与洪水风险区的相对关系进行判断,将位于风险区之内的人群识别为风险人群,并利用实时通信技术(短信、微信、App 等)及小区固定式、车载移动式和无人机广播等技术,及时向风险人群靶向发送洪灾预警消息,提示处于高风险区人员远离危险区,提醒和引导人群进行疏散转移。将避险过程分为灾前转移准备、转移实施和灾中救生 3 个阶段,将防洪应急转移预警实时信息、撤离时间、目标位置、最优避险转移路径或安置方案、实时交通路况等信息以地图或动态信息的形式,分门别类地通过传统手段与信息化平台(短信、微信、App 等)推送至管理决策与组织实施人员以及受灾人群,做到预警的针对性和及时性,消除预警信息传递的"中断点"和"拥堵点",把预警信息在第一时间通知到村、户、人,实现避险对象的点对点信息传送和风险区内、区外人群的快速预警,实时引导人群转移第一时间规避风险。风险人群快速预警技术路线见图 8.3-3。

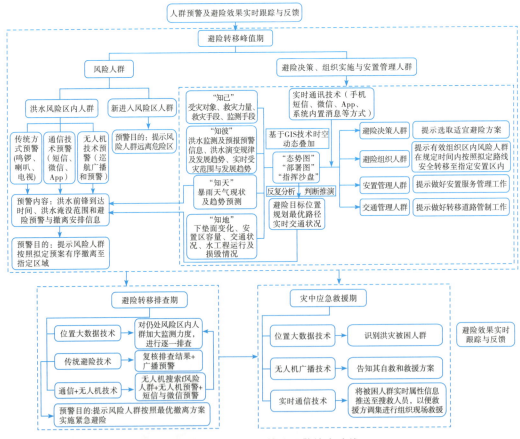

图 8.3-3　风险人群快速预警技术路线

8.3.4 避险转移路径实时动态优化技术

基于人工智能、优化算法和 GIS 空间分析技术手段,结合洪水淹没范围、交通地图、实时区域热力图等,在传统避险方案的基础上,以容量限制路径规划模型为基础,综合考虑道路等级与安全性(即安置场所可达性)、转移路线耗时、供需平衡、道路拥堵等约束因素及转移流向信息动态变化,提出基于实时人群属性的应急避险转移方案实时优化模型,动态辨识道路拥堵与受淹情况及安置区(或安全区、安全台)位置与容量,实现对转移路径和安置方案的实时优化,确保"快速转移、妥善安置、确保安全",提高应急转移效率。

安置容量的动态辨识方面,采用电子围栏技术与实时定位技术相结合的方式,通过缓冲区分析等空间分析手段,实现安置区范围内的人群数量动态识别。具体计算时,利用规则图形空间计算复杂度低的特性,高风险区采用内接似然近似原则、安全区采用内接似然近似原则,加快实时识别计算的效率。避险转移路径的优化调整方面,构建的基于实时人群属性的应急避险转移方案实时优化模型,综合考虑了避洪转移人群、转移道路安全性与区域性、转移道路等级、转移路线最大耗时、安置点容量、安置场所可达性、供需平衡、安置场所就近分配、道路拥堵等约束因素及转移交通工具、目的地、路径等流向信息动态变化。将所有安置场所、待安置的村庄、转移道路分别作为安置容量资源分配的出发点"源"、归属地"汇"以及链接二者的"网络线",容量资源沿着网络流向待安置人员;同时将安置点容量、可达性、道路容量及可通行性作为重要的实时更新权重条件,并在人群转移过程中实时更新人群分布状态,以在实际疏散过程中进一步降低路径规划与实际疏散过程中的偏差,从而降低总体转移耗时。利用启发式方法代替全局最优求解,提高容量限制路径规划模型或其他常规人群疏散算法的计算速度,实现实时转移路径优化。

8.3.5 应用实践

该技术已成功应用于长江流域荆江分洪区麻豪口镇、嫩江流域梅里斯乡、淮河沂沭泗流域皂河镇。基于风险人群精准识别技术、风险人群实时跟踪技术绘制的人群热力图见图 8.3-4 至图 8.3-6。

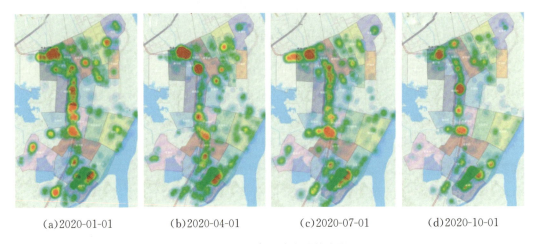

(a)2020-01-01　　　(b)2020-04-01　　　(c)2020-07-01　　　(d)2020-10-01

图8.3-4　麻豪口镇人群热力图

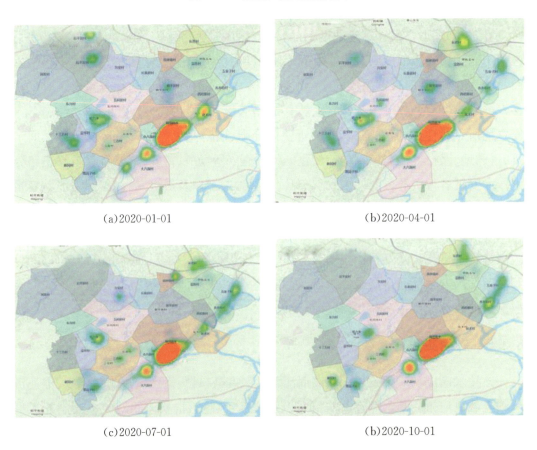

(a)2020-01-01　　　　　　　　　(b)2020-04-01

(c)2020-07-01　　　　　　　　　(b)2020-10-01

图8.3-5　梅里斯乡人群热力图

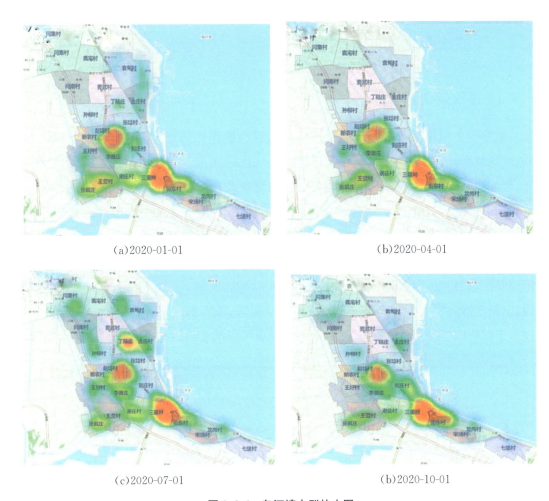

(a)2020-01-01 　　　　　　　　　　　　(b)2020-04-01

(c)2020-07-01 　　　　　　　　　　　　(b)2020-10-01

图 8.3-6 皂河镇人群热力图

基于避险转移路径实时动态优化技术,对荆江分洪区麻豪口镇麻口村的避险转移路径进行了快速规划,规划路径见图 8.3-7。

图 8.3-7 麻豪口镇麻口村避险转移路规划图

8.4 流域水旱灾害防御智慧管控平台

8.4.1 系统架构

数字孪生中小流域防洪智能管控平台针对预报预见期短、山洪风险高、防洪决策难、应急效率低等重难点问题,在充分考虑流域江河湖泊、水利工程、治理管理活动对象、影响区域等现实特点的基础上,接入水位、流量、雨量、闸门开度、视频监控等感知采集设备的实时监测数据,并整合数据资源、融合基础支撑服务,集成模型平台的短期降雨—径流集合滚动预报、防洪调度高保真高效率预演、基于视频 AI 监测水位的山洪分级预警、基于 LBS 的应急避险等关键技术,研发防洪"四预"业务功能体系,包括以精细降雨及洪水"预报"构建防汛第一道防线、以实时智能监测"预警"构建防汛第二三道防线、以调度推演模型"预演"支撑防洪调度科学决策、以多部门多环节贯通、精准定位等技术支撑防汛"预案"及应急响应等,最终实现流域防洪能力的有力提升(图 8.4-1)。

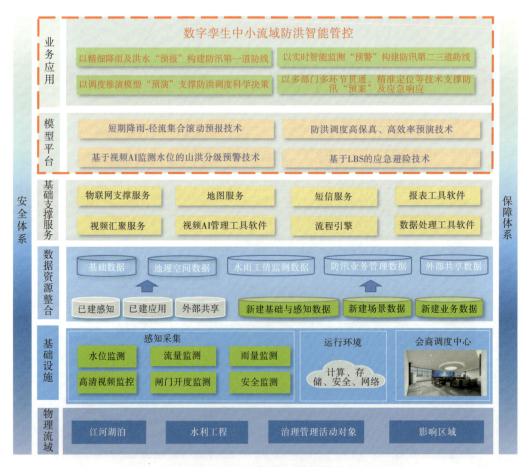

图 8.4-1 数字孪生中小流域防洪智能管控平台系统架构

8.4.2 业务功能

8.4.2.1 以精细降雨及洪水"预报"构建防汛第一道防线

（1）降雨预报

基于多源预报降雨集成—订正技术对商业预报降雨数据、气象部门共享的预报降雨数据进行实时后处理，得到新的鲁棒性高、数值误差小的预报降雨数据。预报降雨数据主要分为两类：

①短临预报：未来 2h 内时间分辨率为 5minn、空间分辨率为 1km×1km 的预报降雨数据，每 5min 更新一次；

②中短期预报：未来 3～14d 内时间分辨率为 1～3h、空间分辨率为 5km×5km～25km×25km 的预报降雨数据，每 6h/12h 更新一次。

前者主要支撑短历时的山洪预警，预留转移时间；后者主要支撑流域洪水预报，延长有效预见期。平台利用分类评价指标（如 TS 评分、探测率 POD、误报率 FAR 等）、连续性评价指标（相关系数 CC、平均误差 ME、均方根误差 RMSE 等）对多源预报降雨数据的精度进行持续评估、对比，优选出精度最高的预报降雨数据；并对优选出的短临、中短期预报降雨数据进行时间尺度上的拼接，即在未来 0～2h 采用短临预报降雨数据，未来 2h～14d 采用中短期预报降雨数据，以充分利用短临预报精细化程度高、数值误差小的优势，最大限度地提升降雨预报的质量（图 8.4-2）。

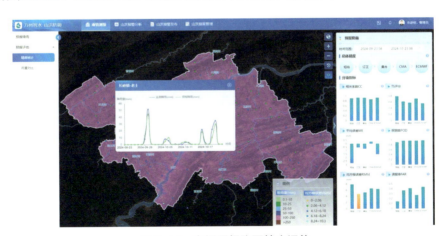

图 8.4-2　多源预报降雨精度评估

平台将优选、拼接出的预报降雨数据自动推送至相关业务模块，供用户直接分析使用。平台可展示网格、风险点、行政区、流域等不同维度的降雨趋势，筑起雨水情第一道防线，预报"空中雨"（图 8.4-3）。

图 8.4-3 预报降雨展示与分析

（2）洪水预报

平台具备预报模型方案管理、次洪数据管理、率定验证计算、实时作业预报（包括人工交互预报、自动预报）、预报成果发布、预报精度评定等通用功能，可实现洪水预报的全流程在线作业。

在预报模型方案管理中，可基于预报对象的空间位置分布划分子流域，并构建流域拓扑关系；集成多种集总式水文模型（新安江模型、API 模型、水箱模型、NAM 模型等）、分布式水文模型（分布式新安江模型、分布式水箱模型等）、河道汇流模型（马斯京根模型等）、BMA 集合预报模型、误差校正模型（ARMA 模型、AR-GARCH 模型等），对于每一个子流域或河道，均可基于其水文地质特性配置合适的洪水预报模型，改善洪水预报效果；耦合水库防洪调度模型，可充分考虑水库调蓄作用对洪水预报的影响（图 8.4-4）。

图 8.4-4 预报模型方案管理

以管理的次洪数据为输入,平台利用率定验证计算功能对集成的优化算法(如SCE-UA、NSGA 等)进行调用计算,得到可使模拟径流与实际径流拟合效果最好的模型参数,以用于实时作业预报(图 8.4-5)。

图 8.4-5　率定验证计算

基于构建的预报模型方案及其率定验证参数,平台对流域洪水进行定时或雨量超阈值的自动作业预报,当自动预报水位接近甚至超过河道警戒水位、水库汛限水位时,提示洪水影响较大,需对自动预报成果进行复核或人工干预修正(即人工交互预报),通过充分利用预报员的人工经验实现对流域/子流域面雨量、区间流量、出口站点流量等模拟数据的调整,提高洪水预报精度(图 8.4-6)。

图 8.4-6　实时作业预报

8.4.2.2　以实时智能监测"预警"构建防汛第二三道防线

(1)降雨监测

自各级水利、气象、应急部门与水库管理单位,整合共享全域雨量站监测数据,实时反映历史及当前降雨实况,筑牢雨水情第二道防线,监测"落地雨"。为提高数据质量、更好地服务于水旱业务分析,将各源雨量监测数据先行整编为整点雨量,并基于异常雨量快速识别技术定位问题站点,利用空间插值技术对问题站点、区域空间网格的雨量数据进行插补,进而计算、展示各流域、各行政区的雨量空间分布与面雨量过程(图8.4-7)。

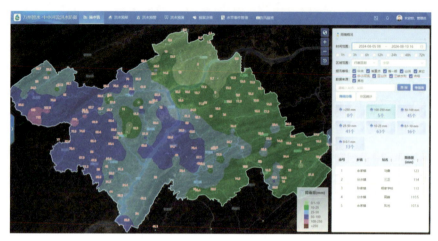

图8.4-7 监测降雨展示与分析

(2)水情监测

在山洪风险点、重点防洪场镇、流域骨干河道的控制断面开展智能水位监测,实时报送断面的监测水位流量变化,进一步夯实雨水情第三道防线,监测"河道水"。由于山洪风险点旁侧河道地势起伏大、水流流态极不平稳,河床狭窄,传统的水位监测设备(如雷达水位计、超声波水位计)不具备良好的安装监测条件,可通过视频AI技术读取水尺读数实现对山洪风险点控制断面水位的实时监测(图8.4-8)。

图8.4-8 基于视频AI的实时水位监测

从三道防线识别到的洪水风险,平台会及时发布预警信息,通知提醒相关责任人,达到准备转移水位、立即转移水位的,还会同步提醒风险区群众。平台利用 LBS 技术与电子围栏技术,通过基站实现预警消息向风险区群众的靶向发送。平台自动记录预警处置的全过程信息,便于用户针对特定水旱灾害事件进行复盘分析(图 8.4-9、图 8.4-10)。

图 8.4-9 预警信息一键发送

图 8.4-10 预警处置全过程记录

8.4.2.3 以调度推演模型"预演"支撑防洪调度科学决策

平台"预演"模块与"预报"模块的洪水预报成果相打通,全面耦合水库调度、河道洪水推演、洪水淹没分析、损失计算相关模型,实现水库调度—河道洪水推演—洪水淹没分析的一体化作业与分析。其以服务工程调度实践为方向,通过正向预演调度风险—逆向推演调度方案的循环计算分析,可及时发现问题,提出措施,迭代优化方案,辅助防洪调度的科学决策。

（1）正向预演调度风险

1）调度预演作业

选择场次洪水数据（预演模式：洪水预报成果；复演模式：历史监测洪水），基于对洪水特点与调度目标的分析初步制定（或修改）调度方案，配置水动力推演计算的模型方案后调用常规调度模型、水动力模型对水库的调度影响进行正向预演，及时发现调度风险。在进行水动力推演配置中，若选择【一维】，系统完全采用一维水动力模型对目标河段的断面洪水过程进行模拟推演；若选择【一二维耦合】，则采用二维水动力模型模拟重点场镇的淹没情况，采用一维水动力模型模拟重点场镇外目标河段的断面洪水过程，且一维、二维模型之间紧密耦合、互为输入输出，以保证模型模拟效果。一般洪水不会引发洪水淹没，因此系统默认选择为【一维】；当一维水动力模型推演的断面水位接近堤顶高程时，可能会有洪水淹没发生，此种情况下系统自动提示选择【一二维耦合】，采用一二维耦合水动力模型进行推演作业计算（图8.4-11）。

图8.4-11 调度预演作业（制定调度方案）

2）预演结果可视化展示

结合二维地图或三维场景，对调度预演的作业计算成果进行可视化展示，包括水库洪水风险、下游防洪控制站洪水风险、沿河场镇转移风险、洪水淹没风险等。其中，水库洪水风险基于水库常规防洪调度模型计算的库水位过程与水库特征水位（如汛限水位、设计水位、校核水位）、水库大坝安全分析成果进行综合研判；下游防洪控制站洪水风险、沿河场镇转移风险分别基于一维水动力模型推演的下游防洪控制断面水位过程与特征水位（如警戒水位、保证水位）/流量过程与安全泄量、沿河场镇控制断面的水位过程与特征水位（提醒关注水位、准备转移水位、立即转移水位）进行识别；洪水淹没风险则基于二维水动力模型推演的洪水淹没动态（包括淹没范围、淹没水深、淹没历时等)与灾损分析模型计算的淹没损失分析成果(淹没影响人口、淹没影响土地等)进行感知(图 8.4-12 至图 8.4-15)。

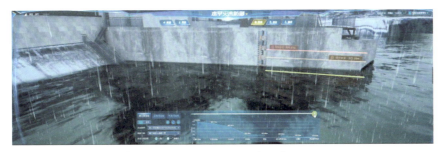

图 8.4-12　水库洪水风险

图 8.4-13　下游防洪控制站洪水风险

图 8.4-14　沿河场镇转移风险

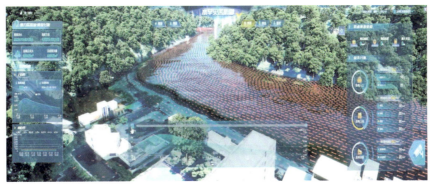

图 8.4-15　洪水淹没风险

（2）逆向推演调度方案

1）调度快速分析

从洪水水量（包括流域来水、水库调度拦蓄、下游防洪控制）与流域险情对当前调度方案的情势进行快速分析，以指导新调度方案的合理制定。其中，流域来水展示各子流域/区间的来水洪量情况；水库调度拦蓄展示各调蓄水库的最高水位及其出现时间、调度（方案）蓄水量、调度（方案）泄洪量、调度（方案）超额洪量等重要调度指标信息；下游防洪控制展示下游防洪控制站的洪峰流量、断面行洪量与超额洪量；流域险情对流域内上报的险情信息（如险情类别、险情问题描述、上报时间、相关图片或视频）进行展示，其会造成防洪调度目标的改变，影响水库目标水位与下游防洪控制站目标流量的设定。水库的超额洪量是基于调度模型、一二维水动力模型的模拟成果与用户设定的调度目标水位（包括目标最高水位、目标期末水位）计算得到的，其值等于（模拟最高水位对应库容—目标最高水位对应库容）与（模拟期末水位对应库容—目标期末水位对应库容）之和，当模拟期末水位低于目标期末水位值，后一项取为0。当超额洪量大于0时，当前的水库调度方案不满足调度目标，需要进行优化调整；下游防洪控制站的超额洪量是基于一二维水动力模型的断面过流量模拟结果与用户设定的目标流量计算得到的，其值等于超过用户所设定目标流量（默认为龙驹镇水文站的安全泄量）部分的洪量（图8.4-16）。

图8.4-16　调度快速分析界面

2）逆向推演作业

经调度快速分析，若当前调度方案不能满足调度目标（包括水库洪水风险、下游防洪控制站洪水风险、沿河场镇转移风险、洪水淹没风险）时，可基于预设的水库洪水风险控制目标（如库水位控制目标）、下游防洪控制站洪水风险控制目标（如泄量控制目标）等主要调度目标，利用优化调度模型进行快速计算，逆向推演出一套基本符合目标的调度方案;若优化调度模型无法计算出调度方案,即调度目标无法实现,则需调整预设的调度控制目标,并再次利用优化调度模型推演调度方案(图 8.4-17)。

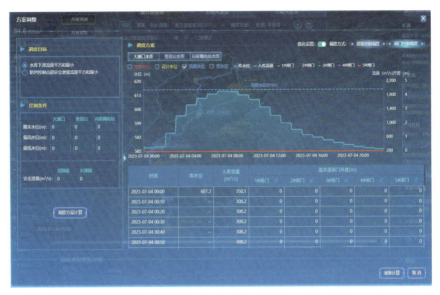

图 8.4-17 逆向推演方案

8.4.2.4 以多部门多环节贯通、精准定位等技术支撑防汛"预案"及应急响应

打通四预过程,根据预警预演结果,贯通多部门组织体系与多环节责任体系,运用远程喇叭喊话、LBS 精准定位与避险转移、消息靶向推送、无人机巡查等现代化监控通信技术,实现"预案上报下发—应急形势实时监控—应急响应(巡险、抢险、避险等)提醒—人员调配—抢险物资调拨—避险转移监控引导—应急响应总结"全过程业务动态处置(图 8.4-18、图 8.4-19)。

图 8.4-18 应急形势实时监控

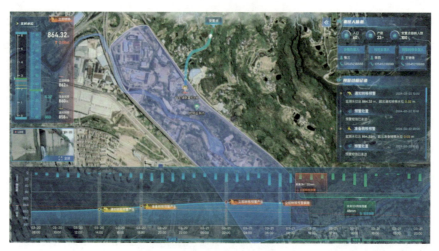

图 8.4-19　应急全过程处置记录

8.5　本章小结

本章系统介绍了数字孪生中小流域关键技术的原理及其应用实践，包括短期降雨—径流集合滚动预报、基于视频 AI 监测水位的山洪分级预警、防洪调度高保真高效率预演、基于 LBS 的应急避险等关键技术。在集成各项关键技术的基础上，搭建了数字孪生中小流域防洪"四预"智能管控平台，构建了以精细降雨及洪水"预报"构建防汛第一道防线、以实时智能监测"预警"构建防汛第二三道防线、以调推演模型"预演"支撑防洪调度科学决策、以多部门多环节贯通、精准定位等技术支撑防汛"预案"及应急响应的业务功能体系，可实现降雨—径流预报精度提升与预见期延长、山洪风险精准识别预警、防洪调度科学决策与应急全过程高效响应，有力提升流域洪水防御处置能力。

第9章 长距离引调水工程智慧管控

9.1 智能化供水计划编制

9.1.1 引调水工程供水计划编制流程

9.1.1.1 整体业务流程

水量调度业务流程主要包括供水计划编制、调度方案指令生成(含日常供水调度与应急调度)、调度执行与反馈、调度实时监控、水量统计与水费计量、调度评价总结等几个阶段。水量调度业务流程见图9.1-1。

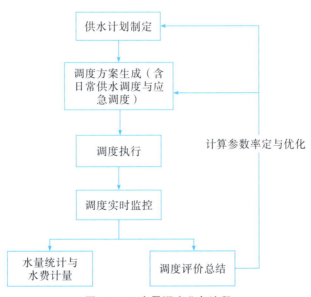

图 9.1-1 水量调度业务流程

(1)供水计划编制

供水计划编制主要为引调水工程管理局根据各受水区提出的用水计划申请以及流域管理机构批复的可引水量,综合考虑分水口门以及渠道过流能力、工程检修、在线水库调蓄能力,完成供水计划编制。具体包括年、月计划编制以及旬计划调整,详细见供水计划编制业务流程。

(2)调度方案生成(含日常供水调度与应急调度)

对于审批后的短期供水计划,利用控制指令生成模型,自动生成各个节制闸、分水闸阀的流量调度指令,作为实时调度前馈控制的依据。

(3)调度执行

调度执行时,首先将前馈流量调度指令转化为可执行的各孔闸门及阀门的开度指令,并最终发送至闸站远程自动控制系统执行。实时调度时还会利用反馈调节机制对前馈流量不断进行修正,实时生成新的流量调度指令,并转化为各闸阀的开度指令后交由闸站远程自动控制系统执行。远程控制执行时,需在现场闸站安排一名值守人员进行值守。

(4)调度实时监控

各级调度管理人员可利用综合信息服务系统(最终对用户来说,在使用上与水量调度系统同为一个大系统下的不同页面),实现日常以及调度执行期的工程的实时监控,主要关注内容包括工程水位、流量、水质、PPCP 压力、闸门开度等以及受水区的相关河道水库水情、雨情、气象等。系统通过对监测数据进行分析,可自动判断各类数据异常情况,并进行推送提醒。同时可通过视频监控直观了解现场情况。

(5)水量统计和水费计算

每月调度结束后,系统自动根据分水口流量监测生成水量统计,并经过与各县区会商协商后形成最终的水量结果作为水费计量依据,并依据水费计收办法自动进行水费计算。

(6)调度评价总结

调度运行部于每月初完成全线上月水量调度执行情况总结报告,在调度年结束后完成全线年度水量调度计划实施总结报告。系统可支持根据申请水量、审批水量、调度指令、实际供水量以及应急调度执行情况为实施总结报告提供数据支撑。

9.1.1.2 年供水计划编制业务流程

(1)需水信息收集

引调水工程受水区各县(市、区)根据测算的用水需求(分生活、工业和农业),在水量分配份额内于每年 9 月 30 日前按分水口门向引调水工程管理局申报年度用水计划。

(2)需水计划校核与上报

引调水工程管理局利用供水计划模型,逐月对各分水口门需水量是否满足分水口门设计用途、分水口最大分水流量限制、渠道输水能力和工程检修计划进行校核，并将调整确认后的需水计划上报至流域管理机构。

（3）可引水信息收集

流域管理机构统筹供水水库上游来水预测、水库蓄水量、本流域水资源供需情况，以及其他引调水工程年调水量，提出年可引水量，并于每年10月中旬抄送所属各地方人民政府和引调水工程管理局。

（4）年供水计划编制

引调水工程管理局根据年可引水过程以及受水区各分水口门年需水过程，考虑水库在线调蓄作用，进行年供水计划编制，实现出水口各月水量在各分水口门分配（图9.1-2）。

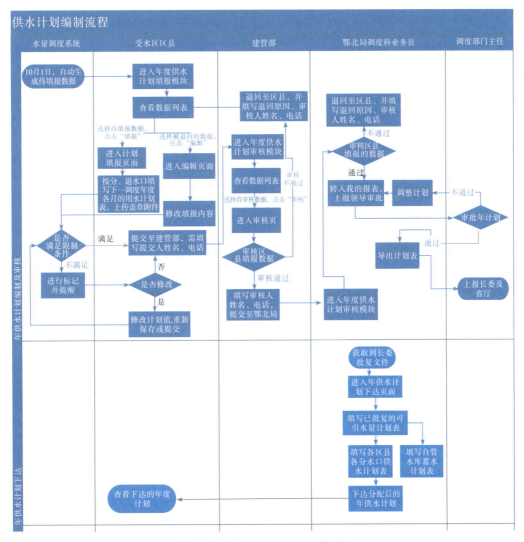

图 9.1-2 年供水计划编制业务流程

（5）年供水计划审批与发布

各地方县市应根据年供水计划，调整当地水的供水计划，并可对年供水计划提出意见和建议。对于各地方县市的意见和建议，在省级水行政主管部门的主持下，可对年供水计划进行协商，并做适当调整。经省级水行政主管部门协商调整和审批后的年供水计划，于10月底发布，并下达给有关县市和引调水工程管理局执行。

9.1.1.3 月供水计划编制业务流程

（1）供需水信息收集与调整

1）出水总干渠水量

流域管理机构在每月末发布下月出水总干渠可引水量，为各旬可引水量总和。

2）累计结余水量（可正可负）

引调水工程管理局在每月末根据本月供水计划和各分水口门实际用水情况，生成供水计划执行情况，将各分水口门的当月结余水量反馈至各地方政府水行政主管部门，用作下月需水计划申报参考。

3）月需水计划

每月20日前，引调水工程受水区各县（市、区）水利局综合考虑受水区下月需水量、当地可用水资源量、年度水量调度计划中下月分配水量和累计结余水量，按分水口门向引调水工程管理局报送下月用水计划（要求按生活、工业、农业三类用途上报）。

4）较年度计划调整

受水区各县（市、区）月用水计划建议与年度水量调度计划确定的月度计划不一致时，应同时向引调水工程管理局提出后续月用水计划优化调整安排。调整幅度在月供水计划20%以内的，由引调水工程管理局纳入考虑并实行逐月滚动修正；调整幅度超过月供水计划20%的，原则上不予调整。确有特殊情况的，受水区各县（市、区）报流域管理机构批准。

5）各县（市、区）水量转让

各县（市、区）之间转让水量时，应提前一个月向引调水工程管理局申请，并报省水利厅审批。批复后，引调水工程管理局统筹协调后予以安排。

（2）月供水计划编制

假设流域管理机构公布的出水总干渠下月可引水量在各旬内均匀分配，根据引调水工程受水区申报后经初步校核的下月需水计划，引调水工程管理局利用供水计划编制模型，在每月24日前编制完成下月水量调度方案。

供水计划模型编制时，从面临月的上旬开始，对各分水口门各旬的需水量进行审核,检查是否满足分水口门设计用途、分水口最大分水流量限制、渠道输水能力和工程检修计划;然后考虑当旬出水总干渠可引水量,根据供需水量平衡,对引调水工程受水区各分水口门的需水量进行水量再分配,生成引调水工程各分水口门当旬供水计划;然后继续制定下一旬的供水计划。

（3）月供水计划审批和发布

月供水计划经分管局领导审核后,报省水利厅批复实施;审批后的计划下达给有关县市和引调水工程管理局执行（图9.1-3）。

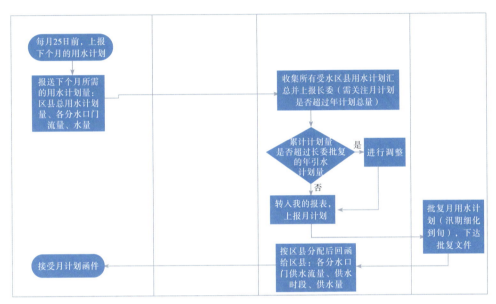

图9.1-3　月供水计划编制业务流程

9.1.2　引调水工程供水计划编制算法

随着经济的快速发展和人口的不断增长,水资源的供需矛盾日益突出,尤其是在水资源分布不均的地区。引调水工程作为缓解这一矛盾的重要手段,在优化水资源配置、提高水资源利用效率方面发挥着关键作用。供水调度作为引调水工程的核心环节,其研究与应用不仅关系到工程运行的安全与效率,还直接影响到区域经济社会发展的可持续性和生态环境的保护。

引调水工程供水调度研究需要综合考虑引调水工程的分水口分水能力、渠道输水能力、在线调节水库的调节能力和充蓄水库的蓄水能力,通过引入考虑在线调节水库的最大引水调度策略,实现水资源高效利用,指导调度工作人员进行调水工作。

9.1.2.1　供水调度模型

供水调度模型从分水口、渠道输水能力、在线调节能力、充蓄水库蓄水能力考虑,见式(9.1-1)至式(9.1-9)。

分水口过流能力约束：

$$q_{n,t} \leqslant \overline{q_n} \tag{9.1-1}$$

式中：n——工程从下向上的分水口编号；

t——时刻编号；

$q_{n,t}$——第 n 个分水口 t 时段的分水流量；

$\overline{q_n}$——第 n 个分水口的最大过流能力。

渠道输水能力约束：

$$\begin{cases} \sum_{n=1}^{m} q_{n,t} \leqslant \overline{qC_m} & m < a \\ \sum_{n=a}^{m} q_{n,t} \leqslant \overline{qC_m} & m \geqslant a \end{cases} \tag{9.1-2}$$

式中：m——工程从下向上的渠段编号，与分水口相对应；

a——在线调节水库入库分水口对应的编号；

$\overline{qC_m}$——m 段渠道对应的最大过流能力。

水库水量平衡约束：

$$V_{j,t+1} = V_{j,t} + I_{j,t} + W_t^{in} - W_{j,t}^s - W_{j,t}^n - W_{j,t}^q - loss_{j,t} - W_t^{out} \tag{9.1-3}$$

式中：$V_{j,t}$——j 水库 t 时段末的水库库容；

$I_{j,t}$——j 水库 t 时段的来水量；

$loss_{j,t}$——j 水库 t 时段的水量损失；

$W_{j,t}^s$、$W_{j,t}^n$、$W_{j,t}^q$——j 水库周边生活、周边农业、泄洪在 t 时段的用水量；

W_t^{in}、W_t^{out}——引调水工程的入库水量和出库水量。

水库水位库容约束：

$$Z_{j,t} = f(V_{j,t}) \tag{9.1-4}$$

式中：$Z_{j,t}$——j 水库 t 时段末的水库水位。

水库水位约束：

$$\underline{Z_{j,t}} \leqslant Z_{j,t} \leqslant \overline{Z_{j,t}} \tag{9.1-5}$$

式中：$\underline{Z_{j,t}}$、$\overline{Z_{j,t}}$——j 水库在 t 时段的水位下限、上限。

水库水量损失约束：

$$Z_{j,t}^{ave} = \frac{(Z_{j,t-1} + Z_{j,t})}{2} \tag{9.1-6}$$

$$V_{j,t}^{ave} = \frac{(V_{j,t-1} + V_{j,t})}{2} \tag{9.1-7}$$

$$S_{j,t}^{ave} = f(Z_{j,t}^{ave}) \tag{9.1-8}$$

$$loss_{j,t} = \gamma_j \times S_{j,t}^{ave} \times \alpha_j \times 0.1 + \lambda_j \times V_{j,t}^{ave} \tag{9.1-9}$$

式中：$V_{j,t}^{ave}$ ——j 水库 t 时段的平均库容；

$\quad\quad S_{j,t}^{ave}$ ——j 水库 t 时段的水库平均面积；

$\quad\quad \gamma_j$ ——j 水库蒸发强度；

$\quad\quad \alpha_j$ 、λ_j ——j 水库蒸发和渗漏系数。

9.1.2.2 最大引水调度策略

在供水调度中，考虑在线调节水库的特殊性，既是上段工程的末端，又是下段工程的水源，且调节性能较强。采用最大引水策略进行调度。当计划供水量小于需水量，优先引用渠首丹江口水库的水量，下段分水口由在线调节水库进行供水。当两水源供水仍不能满足需水时，对各个分水口需水进行折减。当计划供水量大于需水量，按照最大引水原则从丹江口水库引水，优先充蓄库容最大的在线调节水库，王家冲水库次之，七里冲水库最后。

最大引水调度策略的核心为水库的在线调节能力。本书以在线调节水库为例展开说明，按照供求关系和水库水量现状，划分为 5 种情景。

情景 1：当计划供水量大于需水量，且在线调节水库水位高于充蓄水位时，在线调节水库引水量为 0。

情景 2：当计划供水量大于需水量，且在线调节水库水位低于充蓄水位高于限制水位时，在线调节水库引水量为最大可引水量。

情景 3：当计划供水量大于需水量，且在线调节水库水位低于限制水位时，在线调节水库引水量大于等于最小可引水量。

情景 4：当计划供水量小于需水量，且在线调节水库水位高于限制水位时，在线调节水库引水量大于等于最小可引水量。

情景 5：当计划供水量小于需水量，且在线调节水库水位低于限制水位时，在线调节水库出库流量为 0，且需增加渠首引水量，或减少上段供水。

在线调节水库的入库流量和出库流量对工程的供水计划编制至关重要，受水库充蓄水位线和限制水位线影响。针对以上 5 种情景，本书提出从在线调节水库最大入库流量、最小入库流量和渠首可供水量结合分析，实现在线调节水库的出入库计划编制，在汛期保证供水的同时减少泄洪风险，在枯期可保证下段供水。

在线调节水库 t 时段最大入库流量受水库最大可容纳水量、入库节制闸最大流量和引调水渠道工程最大过流流量限制，水库最大可容纳水量见式（9.1-10）与式（9.1-11）。

$$Q_{\max,t} = \min \begin{cases} q_t^{\max} \\ \overline{q_a} \\ qq_t \end{cases} \tag{9.1-10}$$

$$q_t^{\max} = (\overline{Z_t} - V_{t-1} - I_t + W_t^s + W_t^n + W_t^q + loss_t)/\Delta t \tag{9.1-11}$$

式中：$Q_{\max,t}$——在线调节水库 t 时段最大入库流量；

$\quad q_t^{\max}$——在线调节水库 t 时段最大可引水流量；

$\quad \overline{q_a}$——在线调节入库节制闸最大过流流量；

$\quad qq_t$——在线调节水库上段 t 时段渠道最大过流流量；

$\quad \overline{Z_t}$——在线调节水库 t 时段的充蓄水位；

$\quad \Delta t$——相邻时段的时间间隔秒数。

在线调节水库 t 时段最小入库流量受水库最小引水流量、入库节制闸最大流量和引调水渠道工程最大过流流量限制，即水位低于限制水位则无法向引调水工程下段供水，见式（9.1-12）至式（9.1-13）。

$$Q_{\min,t} = \min \begin{cases} q_t^{\min} \\ \overline{q_a} \\ qq_t \end{cases} \tag{9.1-12}$$

$$q_t^{\min} = (\underline{Z_t} - V_{t-1} - I_t + W_t^s + W_t^n + W_t^q + loss_t)/\Delta t \tag{9.1-13}$$

式中：$Q_{\min,t}$——在线调节水库 t 时段最小入库流量；

$\quad q_t^{\min}$——在线调节水库 t 时段最小引水流量；

$\quad \underline{Z_t}$——在线调节水库 t 时段的限制水位。

在线调节水库 t 时刻的实际入库水量受渠首引水量、最大入库流量和最小入库流量限制，见式（9.1-14）。

$$W_t^{in} = \begin{cases} Q_{\max,t} \times \Delta t & W_t^{qs} > Q_{\max,t} \times \Delta t \\ W_t^{qs} & Q_{\max,t} \times \Delta t \geqslant W_t^{qs} \geqslant Q_{\min,t} \times \Delta t \\ Q_{\min,t} \times \Delta t & W_t^{qs} < Q_{\min,t} \times \Delta t \end{cases} \tag{9.1-14}$$

式中：W_t^{qs}——根据渠首引水量和上段工程其他分水口分水量得到的水量。

在线调节水库 t 时刻的实际出库水量受水库水位高度、下段分水口分水流量、出库节制闸过流能力限制，见式（9.1-15）。

$$W_t^{out} = \begin{cases} \min(V_t^{kg}, \sum_{n=1}^{a} q_{n,t} \times \Delta t, \overline{q_c} \times \Delta t,) & Z_t > \underline{Z_t} \\ 0 & Z_t \leqslant \underline{Z_t} \end{cases} \tag{9.1-15}$$

$$V_t^{kg} = V_{t-1} - f(\underline{Z_t}) \tag{9.1-16}$$

式中：V_t^{kg}——在线调节水库 t 时段可供下段水量；

$\overline{q_c}$——在线调节出库节制闸最大过流流量。

9.1.3 应用实践

鄂北地区受自然降水少、分布不均、水资源有限等多重因素影响,难以满足日益增长的用水需求。鄂北工程旨在通过引调水工程,将丹江口水库的水资源引入鄂北干旱地区,从根本上改善该地区的用水条件。

鄂北工程以丹江口水库为水源,自丹江口水库清泉沟隧洞开始,由西北向东南横穿鄂北岗地,沿途经过襄阳市的老河口市、襄州区和枣阳市,随州市的随县、曾都区和广水市,止于孝感市的大悟县王家冲水库。鄂北工程为Ⅱ等大(2)型工程,输水线路总长 269.67km,全线自流引水,渠首设计引水流量位 38m³/s,输水干渠设计流量 38.0~1.8m³/s。工程利用 36 座水库进行联合调度,其中,补偿调节水库 17 座、充蓄调节水库 18 座、在线调节水库 1 座(图 9.1-4)。

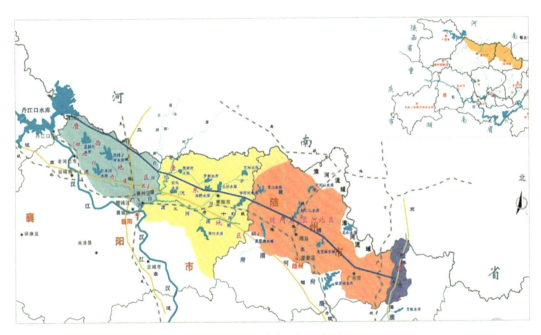

图 9.1-4 鄂北工程示意图

封江口水库是以防洪灌溉为主,兼有城镇供水等综合效益的大(2)型水利工程,作为鄂北工程的在线调节水库,可作为广梧段水源。水库坝址以上承雨面积 460km²,正常蓄水位 124m,死水位 113.9m。

王家冲水库处于鄂北工程的最末端,位于大悟县城关镇罗城村,水库作为大悟县城市供水的水源、大悟二水厂的日调节池和鄂北总干渠的退水水库。流域面积 0.89km²,水库总库容 134 万 m³,正常蓄水位 100m,死水位 82.5m。溢洪道采用无闸门控制实用堰形式,堰顶高程为100m。

七里冲水库位于广水二水厂附近,通过鄂北工程广水应山城区分水口分水至广水二水厂,向广水市应山城区及周边乡镇补充城镇生活、工业用水。七里冲水库总库容30.6万m³,正常蓄水位92.5m,死水位88m,校核洪水位94m。溢洪道采用宽顶堰形式,堰顶高程为92.5m。

在鄂北工程中,以封江口水库为节点,分为上下两段。封江口水库既是上段工程的终端,也是下段工程的水源。王家冲水库为下段工程的终端,供水至大悟二水厂。七里冲水库位于下段工程广水应山城区分水口,供水至广水二水厂。构建上下两段模型概化图(图9.1-5)。

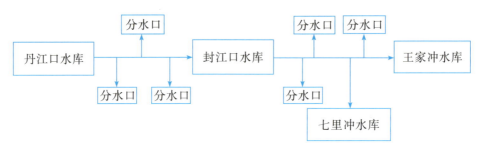

图9.1-5 模型概化图

假定封江口水库初始水位为115m,基于封江口水库的充蓄水位线和限制水位线,采用最大引水调度策略进行鄂北工程供水调度计算,封江口水库的水位变化见图9.1-6,整个调度周期内水库水位趋近于充蓄水位。引调水工程渠首计划引水量基本与可引水量相同,仅在8月、10月由于期末水位会超过充蓄水位,有弃水风险,从而减小渠首计划引水量、封江口水库入库水量、出库流量,实现供水调度计划编制(图9.1-7)。

图9.1-6 封江口水库水位变化

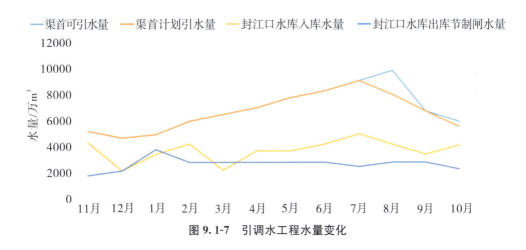

图 9.1-7　引调水工程水量变化

9.2　引调水工程渠道运行控制

9.2.1　引调水工程运行控制方式

9.2.1.1　干渠控制系统类型及运行概念选择

大型渠隧控制系统设计,首先需要解决的问题就是判别渠道系统类型,并选择运行概念。渠隧系统类型一般可以分为两种,即集水系统和配水系统。

所谓集水系统,即河道、农田排水沟系、城市排水管网,其流量、水位的变化来自河道上游或支流、排水系统的支斗农毛沟后汇聚到干流、干渠或干管。集水系统的功能是尽快汇集或排出上游来水,一般无需也难以进行系统内的流量或水位控制。集水系统用于排水时,一般无需长期持续运用,且一般允许系统结构一定程度的破坏以实现排水功能。

所谓配水系统,即类似于南水北调中线等供水干渠,农田供水渠系以及城市供水管网等。其流量、水位变化要求来自分水口、用水户或者田块。配水系统的功能是按照分水口、用水户、田块的需求,完成水量的输送和分配,必须通过水位和流量的相对准确控制,实现供水功能,并确保工程安全。

引调水工程属于配水系统,其流量变化需求来自下游用水户。因此,引调水工程干渠运行控制应当采用下游运行概念,即节制闸控制响应其下游渠段分水口变化,以提高运行控制效率、并减少弃水。

9.2.1.2　干渠控制方式

引调水工程采用中央集中控制方式,即由引调水工程管理局调度中心、分中心通过现地监测数据,参考自动化调度系统和算法,生成控制指令,下发给节制闸执行。

引调水工程采用中央集中控制,可以在较短的时间内实现稳定流态,但是其控制操作必须通过数值模拟,以确保操作和过渡过程符合结构安全限制条件和功能限制条件。

为保证中央集中控制的优势发挥,保障运行控制安全,引调水工程调度运用中,全线各节制闸闸门开度指令均由控制中心调用控制器计算生成并确认后,发送到所有的远端装置,以便同时、协调地控制所有节制闸。控制器控制算法的设计和参数率定,就是本书利用水动力学数值模拟需要进行的主要工作。

中央集中控制的实现,必须依赖于全线监测、传输、控制设备的建设和调试完成。

9.2.1.3 干渠运行方式

输调水工程通过控制渠道水体处于稳定的状态,实现平稳安全供水。这种稳定状态必须由节制闸在控制流量变化实现供水计划的同时,控制渠道蓄量和水位达到目标值或范围来实现。

运行方式控制对象一般为控制渠段中某一点水位或者渠段的蓄量:当以渠段中某点水位为控制目标时,根据渠段内水位控制点位置的不同,一般有上游常水位运行、下游常水位运行、等体积运行(或中点常水位)3种;当以渠段蓄量为控制目标时,有控制蓄量运行方式。

(1)上游常水位运行

上游常水位运行方式即不同流量下,渠段上游端保持水位不变、稳定水面线以渠段上游端为轴(上游支枢点)转动(图9.2-1)。

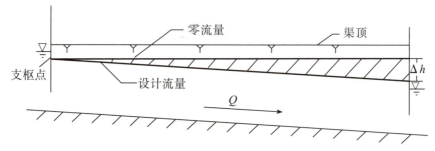

图9.2-1 上游常水位运行方式

上游常水位运行也被称为"水平渠堤"运行方式,渠堤必须水平以容纳零流量情况下的水面线。上游常水位运行方式适用于小流量、短渠段、以分水口需求决定输水流量的渠道。由于渠堤呈水平状,故建设费用高。

(2)下游常水位运行

下游常水位运行方式即不同流量下,渠段下游端保持水位不变、稳定水面线以渠段上游端为轴（下游支枢点）转动（图9.2-2）。

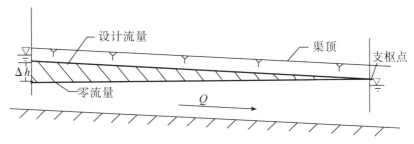

图9.2-2 下游常水位运行方式

下游常水位运行方式的渠道的尺寸可以按根据最大恒定流量设计，稳定流状态的水深不超过设计流量（或加大流量）下正常水深，因此渠道的尺寸和超高最经济，从而降低了工程建设费用。

（3）等体积运行

等体积运行方式等渠段不同流量下稳定水面线以渠道中点附近为轴（中点支枢点）转动（图9.2-3）。

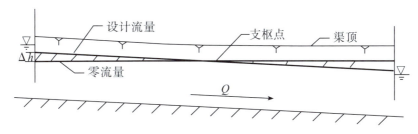

图9.2-3 等体积运行方式

等体积运行方式也称为"中点常水位运行"。当渠道流量变化时，渠段楔形蓄水量的变化出现在渠段中点支枢点的两侧，且上、下游楔形蓄量变化体积相等、方向相反，故不同稳定流量时渠段蓄量不变。

等体积运行方式也称为"同步运行方式"，其主要优点是能迅速实现稳定输水状态之间的过渡，但每一渠段下游都需要加高渠堤和衬砌高度，增加建设成本；且对节制闸的操作要求高。当渠道纵坡较陡，渠段较长时，难以实现等容量控制。

（4）控制蓄量运行

控制蓄量运行方式是通过控制渠池蓄水量来实现整个渠道系统的控制，这种运行方式下水面可以上升也可以下降，运行的灵活性主要受水位波动范围的限制（图9.2-4）。

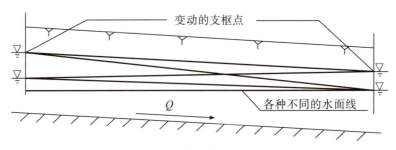

图 9.2-4　控制蓄量运行方式

9.2.2　控制指令生成模型逻辑框架

一般而言,对于引调水工程干渠自动监控系统,运行监控系统的基本逻辑框架见图 9.2-5。

被控对象指以引调水工程内水体,执行器指干渠节制闸,传感器指水位、流量监控设备。而控制器,或者称控制指令生成模型,即根据实时监测的水位、流量、开度等数据,通过前馈及反馈算法,结合闸门模型,生成干渠节制闸开度指令,以执行供水计划。

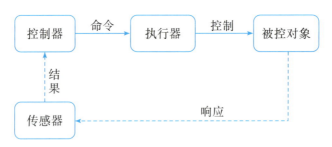

图 9.2-5　运行监控系统基本逻辑框架

9.2.2.1　模型的组成模块

控制指令生成模型,由供水计划控制执行模块、节制闸流量计划生成模块、节制闸前馈控制模块、节制闸反馈控制模块 4 个模块组成。

(1)供水计划控制执行模块

所谓供水计划执行模块,是供水计划生成模型同控制指令生成模型相衔接的模块,可以根据输入的供水计划,输出全线所有分水口各时步分水流量,其功能及组成见图 9.2-6。

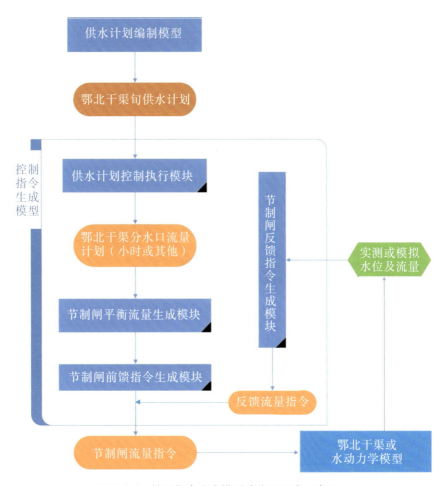

图 9.2-6　控制指令生成模型功能及组成示意图

（2）节制闸平衡流量生成模块

节制闸平衡流量生成模块指该模块根据输入的分水口流量计划，根据流量平衡生成的闸门流量计划（图 9.2-6）。

在程序实现中，需要在每一个模拟时步读取旁侧出流边界数据，自下游渠末向上游回溯，依次计算各节制闸平衡流量（图 9.2-7）。

（3）节制闸前馈指令生成模块

前馈指针对已知的供水计划，根据经验和规律，特别是对供水计划执行过程中必然会造成稳定蓄量变化、水位波动的预估，对闸门流量计划进行的修正，以调整渠段蓄量、抑制水位波动。

节制闸前馈指令生成模块，即根据渠道水力学原理，计算及判断节制闸流量计划执行所需的渠段稳定蓄量及响应的蓄量调整要求，并依此生成前馈修正指令（图 9.2-8）。

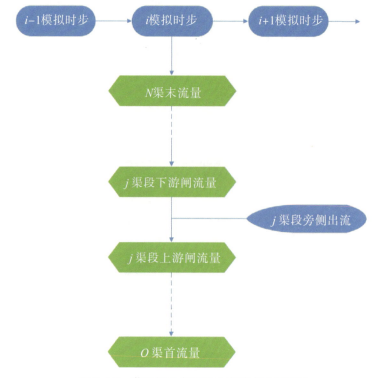

图 9.2-7 节制闸平衡流量生成模块数据流程

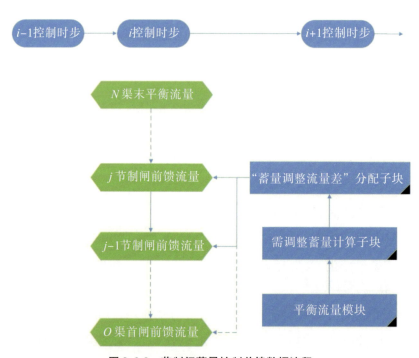

图 9.2-8 节制闸蓄量控制前馈数据流程

（4）节制闸反馈指令生成模块

反馈控制指在分水口完成调整、闸门操作指令执行后，将实测结果同预期理想结果进行对比，从而对下一步指令进行修正。

节制闸反馈指令生成模块（图9.2-9），即根据对前步操作的水动力学系统模拟结果或实时监测结果，对比控制目标，生成对下一步闸门流量指令的反馈修正。

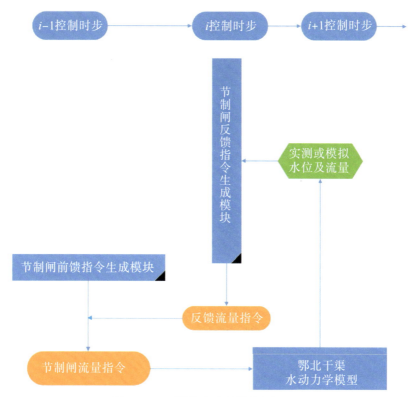

图 9.2-9 反馈指令生成模块数据流程

9.2.2.2 模型的应用流程

模型的应用流程，是指控制指令生成模型在引调水工程自动化调度系统投入运行后的应用流程，主要包括：

（1）实时数据读取

调度中心通过自动化监测系统，获得节制闸开度、流量、闸前后水位，分水闸开度、流量、闸前后水位，渠道控制点及监测点水位、流量等实时监测数据。

（2）根据供水计划，计算日常调度指令

调度中心根据实时监测数据，调用控制指令生成模型，生成全线节制闸开度指令、分水闸阀流量指令，以实现供水计划。

（3）日常调度指令下发

当执行供水计划时，调度指令直接发送给闸（泵）站监控系统执行，现地站进行监测和复核。

引调水工程运行调度管理工作流程见图 9.2-10。

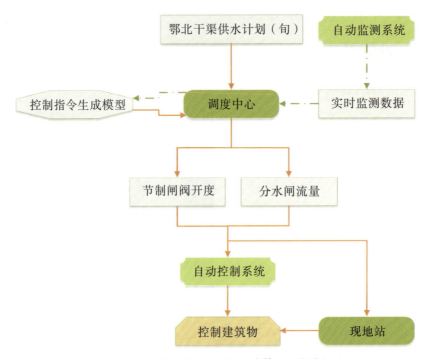

图 9.2-10　引调水工程运行调度管理工作流程

9.2.2.3　模型的参数率定流程

控制指令生成模型的建立必须通过数值模拟以率定关键参数，并在投入运行后采用实测数据，对关键参数进行进一步率定调整。这是由于模型参数率定过程是以渠道水动力学模型代替实际渠道反应控制效果。

模型研究期间，关键参数的率定流程见图 9.2-11。

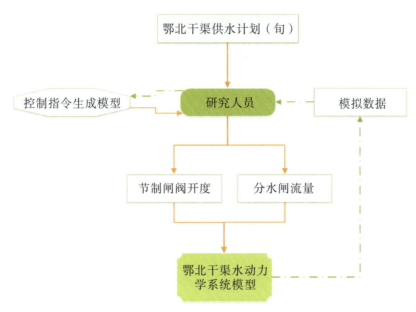

图9.2-11 控制指令生成模型率定流程

9.2.3 闸门前馈—反馈控制算法

国内外针对长距离输水渠道控制算法研究取得了不少实践经验。常见于诸文献的算法有 PID 控制（Proportional-Integral-Derivative，比例—积分—微分）、MPC 控制（Model Predictive Control，模型预测控制）、LQR 控制（Linear Quadratic Regulator，线性二次型）、前馈蓄量补偿算法、三点反馈控制算法等。PID 算法是工业中最常用的控制算法，也在渠道控制算法中得到广泛应用。它通过比例(P，Proportional)、积分(I，Integral)和微分(D，Derivative)3 个环节来调整控制量，以达到稳定控制目的。Bolea 等比较了分别基于马斯京根模型和积分时滞模型的输水渠系 PID 算法控制效果。王涛和韩延成等结合人工神经网络算法，对 PID 参数做进一步整定，提升了渠道抗干扰能力。LQR 算法通过最小化一个由系统状态偏差和控制输入所构成的二次型代价函数，实现对系统状态的最优控制。王忠静等研究了 LQR 算法在控制具有显式和隐式有限差分模型渠道控制系统中的应用，证明 LQR 在处理具有大量状态变量的系统时的实用性。MPC 是一种基于模型的控制策略，通过预测未来系统行为并优化控制输入来实现控制目标。Aydin 等研究了基于移动窗口估计的无偏 MPC 算法，用于输水干渠的控制，展示了 MPC 在处理系统非线性和延迟方面的优势。渠系前馈控制算法运行目标是在满足下游分水需求的基础上，尽量保持节制闸闸前水位恒定，渠段稳定后的水面线以渠段下游端为轴变化。其主要实现思路是考虑到渠池在不同流量状态下的稳定蓄量有差异，在调节过程中主动将这一蓄量差通过闸门的提前调度实现。Shen 等基于蓄量阶跃补偿算法,结合 PID 反馈算法,证明了前馈算法的有效性。三点反馈控制法是根据渠系运行误差,以步进方式调整闸门开度。黄会勇等通过多重嵌套水位三点控制和水量三点控制组合的反馈控制模式,验证了三点式反馈算法在长距离输水干渠运行调度中的可靠性。

MPC 控制和 LQR 算法均需辨识出渠系精确的数学控制模型,计算成本较高,神经网络算法的可解释性较差,引调水工程对方案的实时性和稳定性有一定要求,宜采用简明算法达到初步控制目的,因此采用渠系前馈控制算法初步生成调水方案。闸前常水位运行也是南水北调中线、东线等调水工程采用的运行方式。前馈算法是开环控制算法,对渠系运行期间的不可知扰动和闸门控制误差无法做出响应,因此采用前馈与反馈耦合的形式,达到闭环控制效果,保障引调水工程渠系稳定运行。

9.2.3.1 前馈算法原理

在长距离输水渠道中,当分水口需求变化时,若节制闸未能提前调整,渠池蓄量变化就会滞后,无法满足闸前常水位运行要求。前馈算法的出发点是根据已制订的分水计划,提前调度节制闸以满足蓄量调整需求。前馈算法的目的就在于推求出节制闸提前调度的具体时间。近年来,研究者针对前馈蓄量补偿时间开展了大量工作。崔巍等基于蓄量补偿原理,综合考虑渠系安全运行因素,提出使用改进蓄量补偿法计算前馈蓄量补偿时间,对应提出了多渠池多需求蓄量补偿法前馈时间。管光华等分别使用动力波算法和水量平衡模型算法求解前馈蓄量补偿时间,动力波算法的结果对受控渠系的稳定时间和水位偏离影响较小。

在各类求解算法中,动力波算法能够得到涨水波到达时间,配合节制闸及时调整开度,达到闸前常水位目的。当渠首闸门(节制闸 1)调节产生的涨水波到达节制闸 2 闸前时(图 9.2-12(a)),节制闸 2 立即调整开度(图 9.2-12(b)),节制闸 1 和节制闸 2 之间的渠池初步完成蓄量调整,节制闸 2 闸前水位基本维持不变。随后涨水波继续往下游传播,涨水波到达节制闸 3 闸前时,节制闸 3 立即调整开度(图 9.2-13(c))。以此类推,逐步完成各渠池蓄量调整。Corriga 等基于动力波理论,通过计算水体初始状态,得到涨水波波峰前缘到达取水口断面的时间,动力波时滞参数 $\Delta\tau_{DW}$ 计算如式(9.2-1)所示。使用动力波算法得到的时滞参数,会令闸门在涨水波波峰前缘刚到下游节制闸时就移动闸门,可能会造成水位下降过快。明渠水波运动的公式中动力波公式可用于估算绝大部分波到达下游所需的时间,运动波时滞参数 $\Delta\tau_{kW}$ 如式(9.2-2)所示。与运动波情况相反,使用动力波算法得到的时滞参数可能会造成水位偏高。崔巍等认为时滞参数应介于 $\Delta\tau_{DW}$ 和 $\Delta\tau_{kW}$ 之间,本书取二者均值作为时滞参数结果。对应的节制闸开度由各节制闸流量—水位—开度经验曲线查表得到。

$$\Delta\tau_{DW} = \frac{L}{v_0 + c_0} \tag{9.2-1}$$

式中：L ——渠池长度，m；

v_0 ——渠道初始平均流速，m/s；

c_0 ——初始平均波速，m/s。

$$\Delta\tau_{kW} = \frac{L}{\dfrac{1}{B}\dfrac{\mathrm{d}Q}{\mathrm{d}y}} \tag{9.2-2}$$

式中：B ——渠池宽度，m；

Q ——渠道流量，m^3/s；

y ——渠池水深，m。

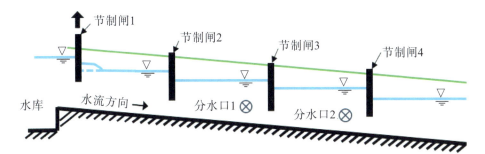

(a)节制闸 1 增大开度

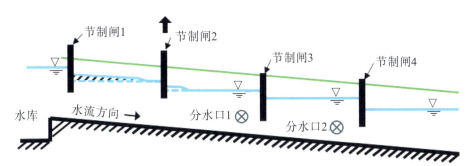

(b)涨水波到达节制闸 2

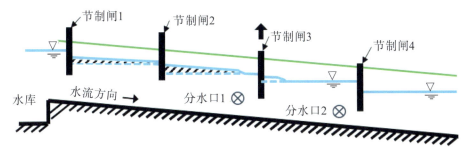

(c)涨水波到达节制闸 3

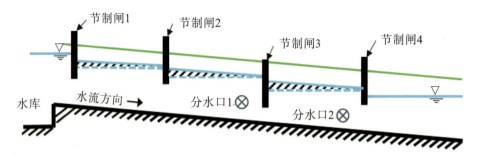

（d）形成新的明渠均匀流稳态

图 9.2-12　前馈蓄量补偿原理示意图

9.2.3.2　反馈算法原理

在实际水渠运行中，水波在渠池传播中存在反射和叠加等复杂现象，准确计算涨水波到达下游较为困难，且流量开度反算也会存在一定误差，闸门也存在机械操作误差，闸前水位难免会出现波动，因此需要针对闸前水位开展反馈调整。本书综合考虑引调水工程的运行特点，从算法实用性和规则简明性出发，开发了三点水位复合反馈算法。

为使三点式反馈控制在长距离调水工程中有足够的精度，本书对传统三点控制做了进一步改进（图 9.2-13），通过增加对不同水位误差的分级，给出动态调整策略。三点水位复合反馈计算方法如式（9.2-3）所示。由于闸门存在 1～2cm 的操作死区，所以在反馈中，对于较小的水位误差，不予调整，称之为静带区，在水位超过目标的水位上下限时，采用步进方式调整闸门开度，在闸前水位进一步偏离目标水位时，采取更大闸门开度调整策略。对于用户来说，控制规则简明，计算量小，操作性强。各节制闸在一个调度过程中，均为单向动作，减少闸门操作次数。

$$\Delta G_b = \begin{cases} 0, |d| < \sigma \\ e, \sigma < |d| < 2\sigma \\ \alpha e, |d| \geqslant 2\sigma \end{cases} \tag{9.2-3}$$

式中：ΔG_b ——节制闸反馈开度；

$\quad\quad d$ ——节制闸闸前水位与目标水位差；

$\quad\quad \sigma$ ——允许水位误差；

$\quad\quad \alpha$ ——经验调整系数。

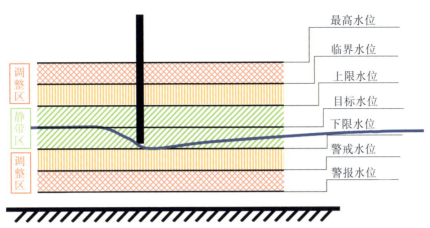

图 9.2-13 反馈算法原理示意图

9.2.3.3 前馈反馈耦合原理

考虑到渠系运行误差可能一直存在，反馈调整也会一直存在，因此存在前馈和反馈同时存在情况。为使流量能够快速调整到目标，如式（9.2-4）所示，可将前馈和反馈指令线性叠加，待前馈调整到位后，再根据水位要求逐步调整开度。

$$\Delta G_T = \Delta \dot{G_f} + \Delta G_b \tag{9.2-4}$$

9.2.4 应用实践

9.2.4.1 前馈计算成果

在鄂北工程实际运行中，为减少闸门操作，部分节制闸并非所有的节制闸都要参与调度，因此在前馈蓄量补偿实际操作中，前馈的对象需要跳过部分节制闸，此时将需要跳过的节制闸对应的子渠池的蓄量补偿时间求和，即得实际调度的节制闸前馈时间。以封江口下段为例，具体蓄量补偿时间见表 9.2-1。各节制闸之间按上下游关系分别延迟若干小时不等，整体调度时间约 60h，调度人员可根据各节制闸调度时间科学安排人员及时调度闸门。

表 9.2-1 渠系前馈计算结果

序号	节制闸名称	桩号	蓄量补偿耗时/h
1	封江口出库节制闸	182＋363	0.00
2	漂水检修闸	192＋620	3.90
3	两河口节制闸	199＋560	5.70
4	千家河倒虹吸出口节制闸	208＋472	9.32
5	余店河倒虹吸出口节制闸	219＋192	11.18
6	四家门楼节制闸	232＋740	5.92

续表

序号	节制闸名称	桩号	蓄量补偿耗时/h
7	广水节制闸	242+160	8.48
8	宝林检修闸	243+425	1.73
9	广水河倒虹吸出口节制闸	260+502	12.56

9.2.4.2 渠系控制效果

经与渠系水力学模型结合测试,部分关键节制闸开度见图9.2-14,部分节制闸闸前水位波动见图9.2-15。在接受了前馈调度指令后,各节制闸在对应的调度时间有一次较大的开度调整。前馈控制效果较好的节制闸,如两河口节制闸,只调整了一次节制闸开度,水位短暂波动后,即回复到初始闸前水位,因此没有启动反馈调整。四家门楼节制闸和广水河倒虹吸出口节制闸在接受了一次前馈指令后,水位仍与初始水位差距较大,分别触发了一次水位反馈调整,使其回到了初始水位附近。为了避免闸门反复调整,反算算法的静带区域设置得比较宽,并未完全恢复到初始水位,有约4cm的水位差距,在可接受的范围内。

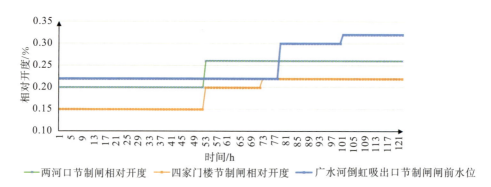

图 9.2-14 部分节制闸前反馈调整开度成果

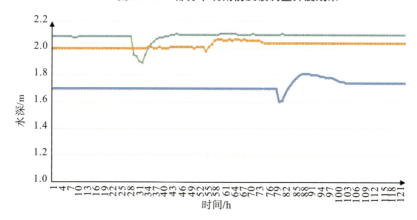

图 9.2-15 部分节制闸水位变化波动情况

9.3 引调水工程调度模拟

9.3.1 引调水渠道—倒虹吸—闸门水动力模型

水动力学系统由水力学模型等多部分组成,系统组成部分及各组分相互作用,见图 9.3-1。

9.3.1.1 水动力学系统组成

对于长距离输水渠隧,水动力学系统主要由 4 个部分组成。

(1)水体水力学模型

水体水力学模型指用于描述和计算渠段内水体要素变量(指流速(流量)、水位(压强))的水力学模型。

(2)节制闸水力学模型

节制闸水力学模型指用于描述节制闸前后水位—闸门开度—过流流量关系的水力学模型。

(3)系统的渠组边界及内边界

渠组边界指无法直接控制,但影响全线水动力学情况的边界条件,主要指各上下游水库水位(随时间变化)。

所谓内边界主要指无法或者没有必要进行模型化的建筑物,如倒虹吸进口段。

(4)系统的旁侧出流边界

渠道的旁侧出流包括正常运行期间的分水口分流、突发事故时的退水口分流,以及沿程渗漏。本书范围仅包括正常运行工况,故不考虑突发事故时的退水口分流。沿程渗漏在本模型中用输水建筑物沿程渗漏率计入。

本书建立的水动力学系统旁侧出流边界主要指分水口分流。

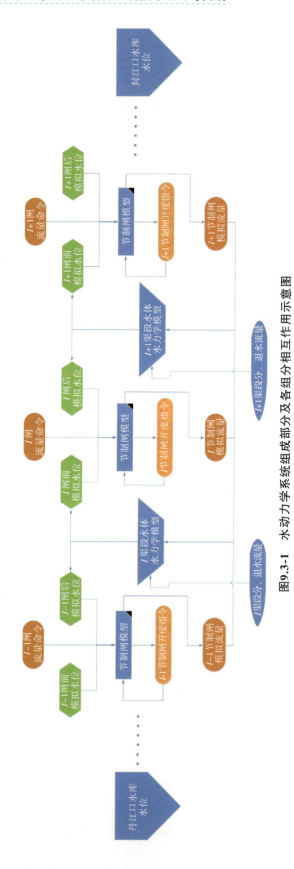

图9.3-1　水动力学系统组成部分及各组分相互作用示意图

9.3.1.2 系统各组成部分的相互作用

系统各组成部分的相互作用,模型化描述就指各组成模型之间传递的数据内容。

(1)水体水力学模型

水体水力学模型是对渠道内水体(稳定状态、受到扰动以及控制指令后)水位、流量等水力学要素变量的模拟计算手段。为了说明渠段水体水力学模型同其他系统组分的数据传递,由图 9.3-1 简化单个渠段水体水力学模型的数据传递关系(图 9.3-2)。

图 9.3-2 渠段水体水力学模型同其他系统组分的数据传递示意图

上图中,对于单个渠段,在输入上下游段节制闸流量,以及旁侧出流流量时,可以模拟计算包括上游 I-1 闸后水位、I 闸闸前水位在内的渠段内水体水位及流量。

(2)节制闸水力学模型

节制闸水力学模型是用来根据流量控制指令以及水动力学模型或监测数据提供的闸前、后水位,计算生成节制闸可以执行的开度指令。为了说明节制闸水力学模型同其他系统组分的数据传递,单个节制闸水力学模型的数据传递关系见图 9.3-3。

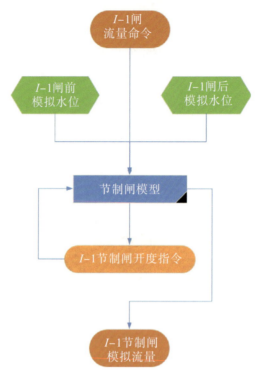

图 9.3-3 节制闸水力学模型同其他系统组分的数据传递示意图

上图中,对于单个节制闸,水力学模型接受自动控制算法生成的或调度管理人员下达的流量指令,并根据水体水力学模型模拟,或者监测数据提供闸前、后水位,计算得到节制闸开度指令。计算得到的开度指令经节制闸操作后,实际开度与命令开度相比有误差、在下一次控制命令下达前闸前后水位也在不断变化,因此还需要调用节制闸水力学模型模拟各时刻实际过流流量。

(3)渠组边界

系统的渠组边界主要指在线水库的库水位同渠组的相互关系,以上游水库为例,上游水库水位即渠首 0 号取水闸闸前水位,0 号渠首闸闸后水位仍由 1 号渠段水体水力学模型模拟计算得到。

上游水库同渠组数据传递流程见图 9.3-4。

在线水库和下游水库同渠组数据传递具有相似的情况。

(4)系统的旁侧出流边界

系统的旁侧出流边界包括输水建筑物的沿程渗漏及分水口分流量两个部分,其在系统中主要作为水体水力学模型的计算边界。

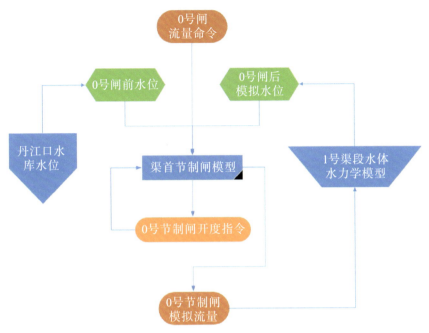

图 9.3-4 上游水库同渠组数据传递流程

9.3.2 模拟中的闸门控制设置

针对模拟过程中的闸门控制,由于前馈算法计算得出的闸门指令一般为流量指令,因此水动力模型中的闸门模块既支持开度过程指令,又支持流量指令以满足对前馈指令的模拟。闸门模块通常只支持闸门开度指令,因此针对流量指令需要在模拟过程中将目标流量转换为目标流量,由于闸门启闭的时间间隔通常大于水动力模型计算步长,如闸门启闭的时间间隔通常为1h,而水动力模型计算步长通常为5s,因此模型会每5s判断一次该时刻是否会执行闸门启闭动作,如果有则会提取该时刻的闸前、闸后模拟水位,并通过闸门水动力学公式计算将目标流量转换为所需的目标开度,并传给闸门水动力模块执行后续模拟。

水动力模型除了支持输入闸门前馈算法得到的闸门流量指令外,还支持在每个模拟步长利用9.2.3节提到的反馈算法或者其他常见反馈算法如PID等在模拟过程中对闸门进行反馈调整,具体包括节制闸闸前水位反馈控制和分水闸分水流量反馈控制,算法支持反馈控制目标的设置以及闸门反馈调整的时间间隔设置。

需要说明的是,由于水动力模型与工程实际运行时的水位、流量总会存在偏差,在工程实际调度执行时不能将水动力模拟过程中计算得到的闸门开度过程直接用于实际闸门调度指令,而是应该直接利用前馈、反馈算法,以工程实际运行水位、流量作为前馈、反馈算法输入得到闸门目标开度。因此,对于工程实际闸门控制,建立水动力模型并不是必须的,而建立水动力模型的主要意义一是可以用来验证所提出的前馈、反馈算法或者一些其他更加简化的调度规程是否合理,二是可以用在应急调度等非日常工况下,可通过预演检验由人工经验或者会商形成的调度方案是否合理可行。

9.3.3 应用实践

仍然以鄂北引调水工程为例进行应用实践说明。由于鄂北工程中间有一个在线调节水库即封江口水库且该水库库容较大,水库的水位在一轮闸门调整过程中通常不会有明显的变化,在实际调度中一般可忽略水库上下段的水力联系,将封江口上段以及封江口下段分开进行考虑。本次针对上段和下段均建立了水动力模型(图 9.3-5、图 9.3-6)。

图 9.3-5 封江口上段水动力模型

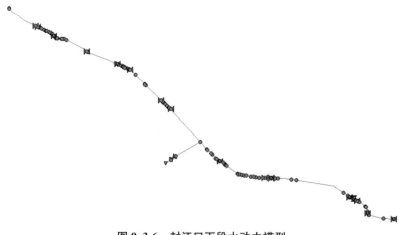

图 9.3-6 封江口下段水动力模型

经 20230328、20230410、20230512 等多场次数据验证,模型结果与监测数据吻合度较高。部分点位验证结果见图 9.3-7 至图 9.3-18。

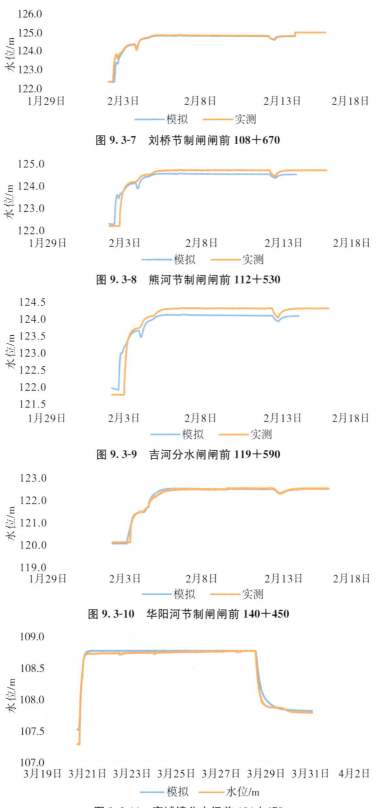

图 9.3-7 刘桥节制闸闸前 108＋670

图 9.3-8 熊河节制闸闸前 112＋530

图 9.3-9 吉河分水闸闸前 119＋590

图 9.3-10 华阳河节制闸闸前 140＋450

图 9.3-11 高城镇分水闸前 191＋670

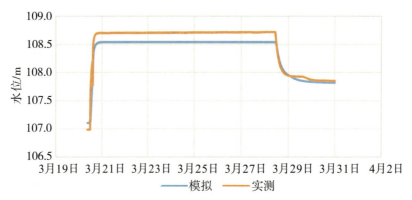

图 9.3-12　漂水检修闸前 192＋620

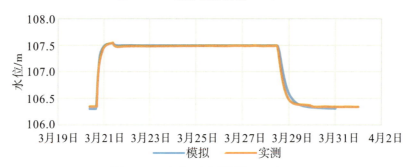

图 9.3-13　两河口节制闸前 199＋560

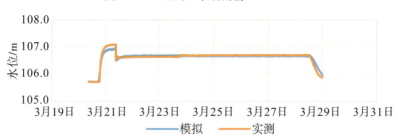

图 9.3-14　老虎沟倒虹吸进口检修闸 205＋890

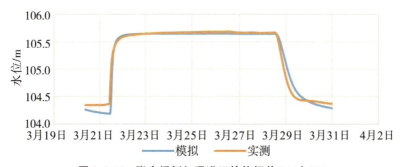

图 9.3-15　张家桥倒虹吸进口检修闸前 216＋850

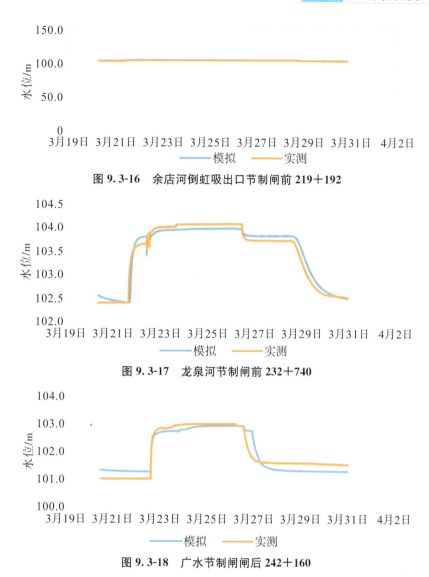

图 9.3-16 余店河倒虹吸出口节制闸前 219＋192

图 9.3-17 龙泉河节制闸前 232＋740

图 9.3-18 广水节制闸闸后 242＋160

9.4 长距离引调水工程智慧管控平台

9.4.1 系统架构

以需求为牵引，以应用为导向，广泛采用以物联网、大数据、云计算、移动互联为代表的最新信息技术，开展信息化项目建设，形成集信息网络、采集监测、工程监控、视频监视、数据处理、综合应用、信息安全为一体的信息化综合体系，为工程管理和水资源优化配置提供现代化技术手段，最大限度地发挥长距离引调水工程的效益，实现工程监测感知全面化、调度控制智能化、用水计量和水费征管精细化、工程运行管理标准化、数据资源服务化、工程三维仿真可视化。整体架构见图 9.4-1。

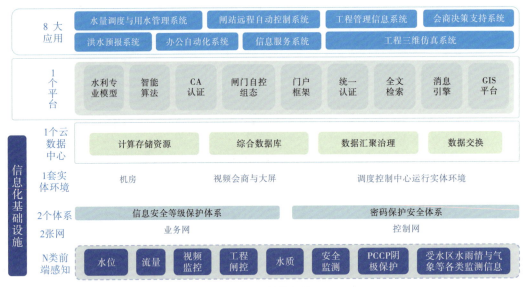

图 9.4-1　整体架构

9.4.2　平台功能

9.4.2.1　工程运行监视

实现引调水工程全线渠道水情水质、闸阀运行、工程安全、视频监控以及受水区水雨情、气象数据的汇聚,支撑工程运行报警、调度控制、用水计量以及运行诊断分析(图 9.4-2、图 9.4-3)。

图 9.4-2　综合信息页面展示图

图 9.4-3　水雨情信息页面展示图

9.4.2.2　供水计划编制

实现业务全覆盖,包括年计划管理、月计划管理、实时用水申报、月计划调整、年月供水计划执行分析等业务;实现用户全覆盖,包括受水区县水利局、工程建管部、工程管理局各角色用户;实现流程全覆盖,包括受水区用水计划建议上报、工程用水计划建议上报、上级批复供水计划、工程供水计划调整等(图 9.4-4)。

图 9.4-4　受水区用水计划页面展示图

考虑在线水库、自管水库调蓄能力实现水量优化配置,针对可引水量、渠道输水能力、水库调蓄能力等的限制,提供供水计划在线智能校核与调整提示(图 9.4-5)。

图 9.4-5　供水计划编制页面展示图

提供年计划、月计划执行情况自动对比分析，计算用水地区计划执行率，年度用水总结、月调度运行月报自动生成和在线编辑，辅助日常计划总结工作高效开展（图 9.4-6 至图 9.4-7）。

图 9.4-6　年度计划页面展示图

图 9.4-7　调度月报页面展示图

9.4.2.3　日常调度方案

利用前馈算法,通过读取各个分水口的分水计划和干渠初始状态参数,以当前闸前水位波动最小为目标,综合考虑分水口和节制闸的流量单次调整限制,实时生成节制闸和分水口的流量调整目标值和流量调整时间(图9.4-8)。

图 9.4-8　分水需求设置页面展示图

生成的前馈调度指令分别以动画和表格的形式展示各个闸门和分水口的流量调度目标值和流量调整时间(图 9.4-9)。

图 9.4-9　调度方案计算页面展示图

9.4.2.4　调度模拟

调度模拟自动提取实时监测值作为模型初始条件进行调度预演,也可假定不同工况进行模拟。支持闸门流量、开度两种指令方式;支持设置闸门按闸前水位或过闸流量自动进行反馈调节。调度方案支持手动设置,或提取系统按闸前常水位控制得到的前馈方案(图9.4-10)。

图 9.4-10　调度方案设置页面展示图

利用水动力模型实现调度预演,展示渠道水面线、流量和闸门开度变化(图 9.4-11)。

图 9.4-11　水利模型验算页面展示图

水力学模型预演后,提示超过安全限制的渠段或闸门,并给出优化建议。预警问题类型包括水位超设计、衬砌土渠水位降幅过快、倒虹吸进口水位低于最低淹没水位、渠道漫堤、闸门单次流量调整过大等(图 9.4-12)。

图 9.4-12　调度模拟结果页面展示图

9.4.2.5　调度执行

实现调度指令结构化,替代传统纸质调度令,便于时候查询、统计、追溯,实现调度指令编制、审批、下发、签收、反馈全过程在线管理,指令状态实时跟踪,支持现地指令与远程指令,掌握每个闸门历史及当前开度远程指令实现与闸站自动控制系统对接,实现指令快速导入导出(图9.4-13、图9.4-14)。

图9.4-13　调度指令管理页面展示图

图9.4-14　历史指令页面展示图

9.4.2.6　用水计量与水费征收

利用在线监测设备采集的流量数据自动统计用水量,复核过程可进行水量修正。接入闸控数据,结合闸门开度记录辅助复核水量准确性。根据复核结果一键生成水量确认单(图9.4-15)。

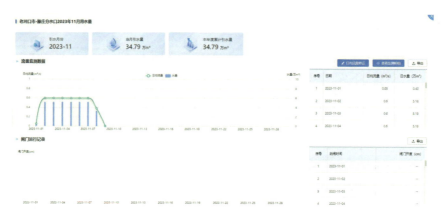

图 9.4-15　水量统计页面展示图

对基本水价、计量水价等水费标准进行管理，对水权进行管理，依据确认后的水量和水费标准自动计算应缴纳水费，支持通过配置水费缴纳通知短信一键下发区县进行催缴，并可录入实际缴纳金额，统计缴纳比例(图 9.4-16)。

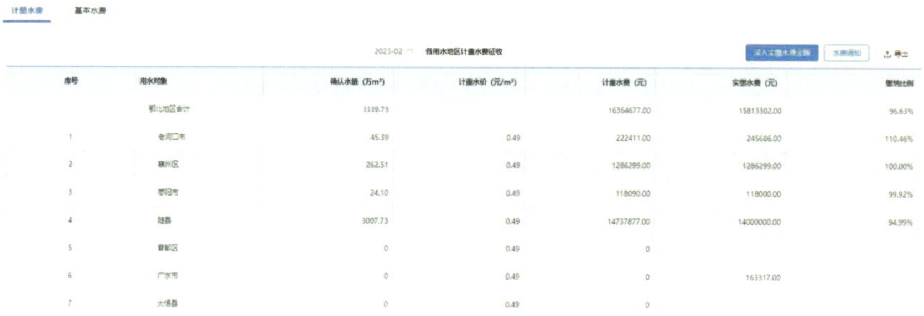

序号	用水对象	确认水量（万m³）	计量水价（元/m³）	计量水费（元）	实缴水费（元）	缴纳比例
	鄂北地区合计	3339.73		16364677.00	15813302.00	96.63%
1	老河口市	45.39	0.49	222411.00	245686.00	110.46%
2	襄州区	262.51	0.49	1286299.00	1286299.00	100.00%
3	枣阳市	24.10	0.49	118090.00	118000.00	99.92%
4	随县	3007.73	0.49	14737877.00	14000000.00	94.99%
5	曾都区	0	0.49	0		
6	广水市	0	0.49	0	163317.00	
7	大悟县	0	0.49	0		

图 9.4-16　水费征收页面展示图

9.4.2.7　水量调度评价

从引水、供水、退水、渠道报警等多角度实现年度、月度调度计划评价，展示不同评价指标的详情以及评分情况，便于快速定位调度方案实施过程中的问题。通过维护不同指标的权重和评价标准，实现不同评价体系的创建。通过对比不同的年度水量调度评价方案，从不同评价指标等多维度实现历史年度调水方案对比，对不同指标进行趋势分析，为提高水量调度工作提供判断依据。

9.4.2.8　工程三维仿真

构建虚拟现实场景，实现：

①结合水雨情、水质、视频监控等实时运行监控数据实时反映工程，实现工程的数字化映射；

②接入水量调度系统中调度模拟方案数据，提供调水过程仿真模拟与预演，接入

历史监测与运行数据对历史典型的调度过程进行回溯,辅助用户进行工程调度决策(图 9.4-17);

图 9.4-17 水量调度分析评价页面展示图

③接入安全监测信息、工程基础资料与工程运行管理信息,实现工程安全监测,辅助安全问题分析(图 9.4-18 至图 9.4-20)。

图 9.4-18 三维系统综合页面展示图

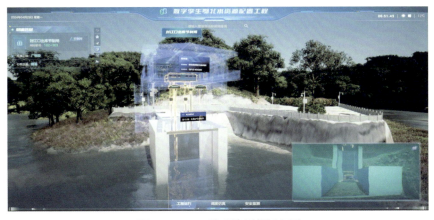

图 9.4-19 三维系统局部展示图

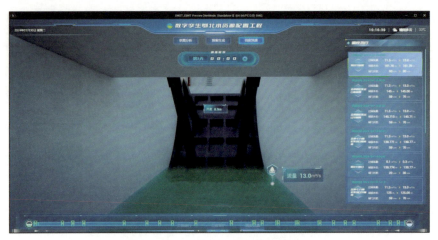

图 9.4-20　三维系统调度预演展示图

9.5　本章小结

本章介绍了长距离引水调水工程智慧管控平台的构建和应用,该平台通过集成多种信息技术,实现了对引调水工程的全面监控和管理。平台的整体架构深度融合现代化技术手段与水利工程管理,提升工程效益和水资源优化配置能力。

平台的核心功能覆盖了从工程运行监视、供水计划编制,到日常调度方案生成、调度模拟、调度执行,再到用水计量与水费征收,以及水量调度评价等多个关键环节。这些功能不仅提高了调度的效率和准确性,还增强了对工程状态的实时监控和预警能力,确保了供水安全和水资源的合理分配。特别是通过前馈算法和反馈控制算法的应用,平台能够自动生成调度指令,减少人工操作,提高响应速度和调度精度。

在实践应用中,平台已经展现出其强大的数据处理能力和决策支持功能。通过对鄂北引调水工程的实际运行数据进行验证,模型结果与监测数据的高吻合度证明了平台的有效性和可靠性。此外,平台的三维仿真功能为工程调度决策提供了直观的辅助手段,使得管理者能够更加直观地理解和掌握工程状态,也为水资源的合理利用和保护提供了强有力的技术支持。

第 10 章 总结与展望

10.1 总结

数字孪生技术与智慧水利系统的融合为我们提供了一种新的思路和方法来解决当前水利管理中的许多问题。本书提出了基于专业模型驱动的数字孪生水利智慧管控平台的总体架构，并详细阐述了数字孪生水利数据底板、数字孪生工程关键技术、数字孪生灌区水资源智慧管控、"互联网＋农村供水"智慧管控、厂网河湖一体化调度智慧管控、流域水旱灾害防御与应急管控、长距离引调水工程智慧管控等一系列关键技术的技术原理及应用实践，为各级水利部门构建数字孪生水利应用提供了成熟的解决方案，有助于实现水利管理工作的动态分析、精准预测和智能决策。

10.2 展望

水利部大力推进数字孪生水利建设，在大江大河重点河段、主要支流及重要水利工程开展数字孪生流域（工程）建设先行先试，引领和带动了全国的数字孪生水利建设。数字孪生水利建设取得了一定的成果，但是仍存在很多问题需要进一步研究解决。

（1）数据底板

数据是数字孪生最核心的要素，目前的数字孪生水利建设中仍存在数据更新不及时、数据共享难度大、数据精度不高等问题。后期仍需从管理机制、技术标准、技术研发等多方面共同推动数据汇聚共享，进一步优化高精度数据底板的建设精度及共享效率。

（2）模型平台

目前虽然针对水旱灾害防御、水资源优化配置、农村供水管网监测诊断、引调水工程运行调度等业务建设了水利专业模型，但是仍存在模型精度不高、通用化水平低等问题。建议将机器学习技术、知识图谱与水利专业模型融合，提升专业模型精准度。从关键专业模型底层算法方面进行突破,研发面向机理模型和智能模型耦合的通用模型服务平台。可视化模型需要用到高性能 GPU 服务器,需进一步研发能够满足实际使用需求的国产 GPU。

(3)知识平台

目前各级项目中知识平台的应用还处在文档管理等方面,缺乏与水利业务管理的深度融合。建议引入 AI、机器学习、知识图谱、大模型等技术,进一步加强与水利业务的融合。单一行政区划、水利工程或流域所涉及知识数量不足,无法支撑模型进行机器学习,建议由顶层规划统一建设知识平台,分级按需构建知识库。

(4)信息化基础设施

目前高性能算力仍存在不足,监测感知设备覆盖程度不够完善,存在恶劣环境下设备信号不佳等情况。建议进一步加强信息技术的应用,升级改造传统水利监测站网和通信网络,构建新型水利监测网。

(5)业务应用

业务应用建设方面,建议进一步加强水利专业模型与业务流程的融合,切实提升"2+N"业务四预能力,辅助业务管理工作。

主要参考文献

[1]徐健,赵保成,魏思奇,等.数字孪生流域可视化技术研究与实践[J].水利水电快报,2023,44(08):127-130.

[2]蔡阳,成建国,曾焱,等.加快构建具有"四预"功能的智慧水利体系[J].中国水利,2021(20):2-5.

[3]冯钧,朱跃龙,王云峰,等.面向数字孪生流域的知识平台构建关键技术[J].人民长江,2023,54(03):229-235.

[4]李国英.加快建设数字孪生流域 提升国家水安全保障能力[N].光明日报,2022-08-10(4).

[5]周逸琛,杨非,钱峰.数字孪生水利建设保障体系应用与思考[J].水利信息化,2023(3):31-35.

[6]李国英.建设数字孪生流域 推动新阶段水利高质量发展[N].学习时报,2022-06-29(1).

[7]蔡阳.数字孪生水利建设中应把握的重点和难点[J].水利信息化,2023(3):1-7.

[8]钱峰,周逸琛.数字孪生流域共建共享相关政策解读[J].中国水利,2022(20):14-17.

[9]李国英.推动新阶段水利高质量发展 为全面建设社会主义现代化国家提供水安全保障[J].中国水利,2021(16):1-5.

[10]蔡阳,成建国,曾焱,等.加快构建具有"四预"功能的智慧水利体系[J].中国水利,2021(20):2-5.

[11]夏润亮,李涛,余伟,等.流域数字孪生理论及其在黄河防汛中的实践[J].中国水利,2021(20):11-13.

[12]余卓衡,舒德伟,白畯文,等.基于GIS＋BIM的滇中引水工程数字场景构建研究[J].水利信息化,2023(2):34-38.

[13]朱乔利,何成威,刘亦超.面向Cesium的数字孪生场景多源数据融合可视

化研究[J].科学技术创新,2023(23):43-46.

[14] 夏润亮,李涛,余伟,等.流域数字孪生理论及其在黄河防汛中的实践[J].中国水利,2021(20):11-13.

[15] 陈健,蒲杰,程容涛.关于智慧水务运营管理系统设计及实施的几点探讨[J].给水排水,2018(S2):3.

[16] Lee S W,Sarp S,Jeon D J,et al. Smart water grid:the future water management platform[J]. Desalination & Water Treatment,2015,55(2):339-346.

[17] House-Peters,L. A. ,H. Chang. Urban water demand modeling:Review of concepts,methods,and organizing principles[J],Water Resour. Res. ,2011,47(15):WO5401. 1-WO5401. 15.

[18] 朱晓庆,殷峻暹,张丽丽,等.深圳市智慧水务应用体系研究[J].水利水电技术,2019,50(S2):176-180.

[19] 吕建伟,李士义,李世奇.盐城市区第Ⅲ防洪区水环境综合治理智慧水务体系初探[J].中国住宅设施,2020(09):74-75+57.

[20] 孔令仲.大型明渠输水工程常态控制与应急调控算法研究[D].杭州:浙江大学,2019.

[21] 白秦涛.延安黄河引水工程管理调度系统总体架构与调度控制设计[D].西安:西安理工大学,2016.

[22] 陈翔.南水北调中线干线工程应急调控与应急响应系统研究[D].北京:中国水利水电科学研究院,2015.

[23] 郭攀.基于 BIM 的桥梁信息化协同平台技术研究[D].武汉:华中科技大学,2019.

[24] 陈旺.基于 BIM 的长距离引水工程建设管理系统开发研究[D].天津:天津大学,2016.

[25] Conde G,Quijano N,Ocampo-Martinez C. Modeling and control in open-channel irrigation systems:A review[J]. Annual Reviews in Control,2021,51:153-171.

[26] Bolea Y,Puig V,Grau A. Discussion on Muskingum versus Integrator-Delay Models for Control Objectives[J]. Journal of Applied Mathematics,2014,2014(1):197907.

[27] 王涛,吴小钰,曾红专,等.基于 BP 神经网络的 PID 控制器在渠道自动控制中的应用[J].水利学报,2004(11):91-96.

[28] 韩延成,高学平.基于 RBF 人工神经网络的下游常水位自适应渠道输水控

制研究[J].西北农林科技大学学报(自然科学版),2007(8):202-206.

[29] 王忠静,郑志磊,徐国印,等.基于线性二次型的多级联输水渠道最优控制[J].水科学进展,2018,29(03):383-389.

[30] Aydin B E,Van Overloop P J,Rutten M,et al. Offset-Free Model Predictive Control of an Open Water Channel Based on Moving Horizon Estimation[J]. Journal of Irrigation and Drainage Engineering,2017,143(3):B4016005.

[31] Shen J,Kang B,Tao Y,et al. Study of a Control Algorithm with the Disturbance of Massive Discharge on an Open Channel[J]. Water,2022,14(20).

[32] 黄会勇,闫弈博,高汉,等.南水北调中线总干渠运行调度反馈控制方式研究[J].人民长江,2014,45(6):56-59.

[33] 曹玉升,畅建霞,陈晓楠,等.南水北调中线输水调度控制模型改进研究[J].水力发电学报,2016,35(06):95-101.

[34]管光华,廖文俊,毛中豪,等.渠系前馈蓄量补偿控制时滞参数算法比较与改进[J].农业工程学报,2018,34(24):72-80.

[35] 唐鑫.自动限流截留井截留上海崇明东滩生态城初期雨水的应用研究[D].兰州:兰州交通大学,2016.

[36] 薛甜,石烜,赵楠,等.污水管网不同汇流条件下沉积物运移分布规律[J].中国给水排水,2023,39(7):107-113.

[37] 徐祖信,张竞艺,徐晋,等.城市排水系统提质增效关键技术研究——以马鞍山市为例[J].环境工程技术学报,2022,12(2):348-355.